马 强 主编

信息学奥赛导学
初赛篇

U0360053

清华大学出版社

北 京

内 容 简 介

本书是为了帮助考生全面备战信息学奥赛初赛而精心编写的。全书共三部分 7 章,第一部分包括第 1~5 章,是信息学奥赛初赛考核的知识点讲解及专题练习;第二部分为第 6 章,包括 CSP-J 和 CSP-S 两个级别的模拟卷、答案及思路解析;第三部分为第 7 章,包含近几年信息学奥赛初赛真题、答案及思路解析。本书旨在引导考生从基础知识学习出发,经过模拟题的实战演练,直至深入掌握真题考点,系统地逐步提升自己在竞赛中的实力。

本书是一本针对性强、实用性高的信息学奥赛初赛辅导书,适合准备参加信息学奥赛初赛或有一定基础的考生学习使用,也适合教师教学参考使用。

图书在版编目(CIP)数据

信息学奥赛导学 . 初赛篇 / 马强主编 . — 北京:清华大学出版社,2024.10.
ISBN 978-7-302-67323-1

Ⅰ. TP311.1

中国国家版本馆 CIP 数据核字第 20241EA261 号

责任编辑: 焦晨潇
封面设计: 常雪影
责任校对: 赵琳爽
责任印制: 杨 艳

出版发行: 清华大学出版社
　　　　　网　　　址:https://www.tup.com.cn,https://www.wqxuetang.com
　　　　　地　　　址:北京清华大学学研大厦 A 座　　　邮　编:100084
　　　　　社 总 机:010-83470000　　　　　　　　　邮　购:010-62786544
　　　　　投稿与读者服务:010-62776969,c-service@tup. tsinghua. edu. cn
　　　　　质量反馈:010-62772015,zhiliang@tup. tsinghua. edu. cn
印 装 者: 北京联兴盛业印刷股份有限公司
经　　销: 全国新华书店
开　　本: 210mm×285mm　　　印　张:24.75　字　数:678 千字
版　　次: 2024 年 10 月第 1 版　　　　　印　次:2024 年 10 月第 1 次印刷
定　　价: 79.00 元

产品编号:105478-01

大家好！我是北京童程童美科技有限公司的创始人韩少云，非常荣幸能在这里与大家分享《信息学奥赛导学　初赛篇》这本图书。这本书不仅是你们踏入信息学奥赛领域的得力助手，更是你们未来成为优秀工程师道路上的一块重要基石。

一、精准把握初赛考点，详细讲解知识内容

本书由行业资深专家精心编写，内容全面覆盖了信息学奥赛初赛的重要考点。从计算机基础知识到 C++ 编程语言，从数据结构到算法设计，再到数学基础，这本书几乎涵盖了所有初赛可能涉及的知识点。通过阅读本书，你们将能够系统地了解初赛的考试内容和规则，为接下来的备考打下坚实的基础。

这本书将复杂的知识点条理清晰地展现在你们面前，通过深入浅出的讲解，让初学者也能轻松掌握。这种科学系统的学习路径，对于提高你们的学习效率和解题能力有着不可估量的帮助。

二、实战演练与真题解析，提升解题技巧与应试能力

除了知识点的详细讲解外，本书还包含了大量的模拟题和历年真题，并附有详细的解析。这些题目紧扣初赛的实际难度和出题风格，能够帮助你们更好地适应考试节奏，提高解题速度和准确率。

通过实战演练，你们将逐渐熟悉各种题型的解题技巧，了解自己在知识掌握上的薄弱环节，并有针对性地进行强化训练。同时，通过对真题的深入剖析，你们还能了解考试的命题趋势和考查重点，为最终的考试做好充分准备。

三、激发学习兴趣，培养工程师思维

在我看来，学习信息学不只是为了应对考试，更重要的是培养一种工程师的思维方式。这本书通过丰富的实例和生动的讲解，可以成功激发你们对信息学的兴趣和热情，还可以让你们意识到学习信息学不仅是一门技术，更是一种探索未知、解决问题的乐趣。

在解题过程中，你们将逐渐学会如何从多个角度分析问题，如何运用所学知识创造性地解决问题。这种工程师的思维方式将对你们未来的学习和工作产生深远的影响。我相信，通过这本书的学习，你们将逐渐成长为具有创新精神和实践能力的新一代工程师。

四、树立积极学习态度，为成为工程师而努力

此外，我想对大家说，成为工程师的道路并非一帆风顺，但只要你们保持积极的学习态度，勇于挑战自我，不断追求卓越，就一定能够实现自己的梦想。这本书不仅是一本学习资料，更是激励你们勇往直前的动力源泉。

在这里，我要特别鼓励每一位正在阅读这本书的同学，珍惜每一次学习的机会，把握每一次实践的可能。请相信，通过不懈的努力和坚持，你们一定能够在信息学奥赛的舞台上绽放光芒，为未来的工程师之路奠定坚实的基础。

最后，祝愿每一位同学都能够在本书的陪伴下取得优异的成绩，为成为优秀的工程师而努力奋斗！加油，同学们！期待在未来的舞台上看到你们璀璨的身影！

韩少云

北京童程童美科技有限公司董事长

2024 年 9 月

在人工智能和信息技术迅猛发展的今天，计算机技术已成为国家教育体系中不可或缺的组成部分，特别是在拔尖创新人才培养战略中占据了重要地位。全国青少年信息学奥林匹克竞赛作为提升青少年科学思维与创新能力的五大学科竞赛之一，已成为选拔和培养未来科技领军人物的重要平台。

《信息学奥赛导学　初赛篇》一书从系统性、实用性出发，精准对接信息学奥赛的知识体系，特别是初赛阶段对学生逻辑思维、算法能力及编程技能的综合考查要求，不仅涵盖了近年来初赛真题的精细解读与分析，还对计算机科学领域的核心概念进行了深入浅出的阐释。尤其在面对基础薄弱的初学者时，书中提供的分步解析与大量实例化解了许多高难度概念的理解障碍，为参赛学生提供了全方位的指导与支持。

本书由北京童程童美科技有限公司与清华大学出版社联合出版，并由童程童美信息学教研总监马强担任主编。作为 STEM 教育领域的长期实践者，童程童美带领学员在全国青少年信息学奥林匹克竞赛中屡创佳绩，累计获得了 6 枚金牌、18 枚银牌和 12 枚铜牌。本书正是融合了童程童美在多年的奥赛培训中积累的丰富经验与实践成果，致力于为更多参赛学生提供精准的知识指导和应试策略。2024 年取得了 11 名学生获得初赛满分，239 名学生获得 90 分以上的好成绩。

对于希望在信息学奥赛中取得佳绩并进一步拓展计算机科学领域知识的学生来说，这本书无疑是值得信赖的学习伙伴。它不仅为竞赛学习提供了直接的帮助，更为培养学生面向未来的竞争力奠定了坚实的基础。

孙滢

北京童程童美科技有限公司 CEO

中国民办教育协会科学教育专业委员会副理事长

北京科技教育促进会科技培训专委会副主任

《北京青少年科普课程资源质量标准》起草组成员

2024 年 9 月

在信息科技日新月异的今天，掌握信息技术已经成为衡量个人综合能力的重要标准之一。而信息学奥林匹克竞赛（简称"信息学奥赛"）作为检验青少年计算机编程和算法设计能力的顶级赛事，不仅吸引了无数科技爱好者的目光，更是培养未来科技创新人才的重要平台。《信息学奥赛导学　初赛篇》一书是为帮助全面备战信息学奥赛初赛的学子精心编写的，是为那些怀揣梦想、渴望在信息学领域深耕细作的学子量身打造的。

本书作者马强具有丰富的教育教学和竞赛指导经验，本书是他近二十年的教研总结和智慧结晶，内容涵盖了信息学奥赛的基础知识、核心算法、解题技巧、备赛策略，并附有CSP-J、CSP-S模拟题及参考答案、思路解析，以及信息学初赛真题、答案及思路解析。它不仅是一本图书，更像是一位循循善诱的导师，引领着读者一步步走进信息学的奇妙世界，感受编程之美，体验算法的魅力。

一、系统全面，由浅入深

本书从计算机科学的基本概念讲起，逐步深入到数据结构、算法设计、图论、动态规划等核心知识点，每个章节都配有详细的例题解析和练习题，确保读者能够学以致用，巩固所学知识。这种循序渐进的安排，既适合初学者快速入门，也便于有一定基础的选手进一步提升。

二、实战导向，紧贴赛制

本书特别注重实战能力的培养，通过分析历年信息学奥赛的真题，讲解解题思路与策略，帮助读者熟悉竞赛考点，提升解题速度和准确率。同时，书中还介绍了如何高效备赛、管理时间、调整心态等实用技巧，为参赛者提供了全方位的支持。

三、激发潜能，培养创新思维

本书不仅强调技术层面的传授，更注重激发读者的创新思维和解决问题的能力。书中穿插的编程小故事、算法背后的数学原理探讨，以及前辈选手的经验分享，都能激发读者对信息学的浓厚兴趣，鼓励读者在探索中不断成长，勇于创新。

总之，本书是一本集理论与实践、知识与趣味于一体的优秀教材，它不仅能够帮助有志于信息学奥赛的青少年打下坚实的基础，更能在他们心中种下科技创新的种子，引导他们走向更加宽广的科技探索之路。如果你对编程充满热情，梦想在信息学领域有所建树，那么，这本书无疑是你必不可少的良师益友。

沈献章

原中国人民大学附属中学朝阳学校校长

原中国人民大学附属中学副校长

2024 年 10 月

20 世纪末，互联网飞速发展，我们目睹了技术变革对社会各个层面的深刻影响。如今，人工智能的崛起更是给人们带来了前所未有的震撼，甚至引发了某种程度的恐慌。在这场技术革命中，计算机学习是否应成为中小学生教育中不可或缺的一部分，已受到家长、教育工作者乃至全社会的关注。

计算机学习的目的、内容及方法一直是困扰家长和学校的难题。他们渴望找到一个明确的方案，以确保孩子不会在这场技术竞赛中落后。那么，计算机学习究竟能为孩子带来什么呢？除了掌握新知识、跟上时代步伐、培养逻辑思维能力外，更重要的是，计算机学习能为孩子提供一个向世界顶尖专家学习的平台。计算机学科作为一个综合性极强的领域，吸引了众多行业的顶尖人才投身其中，他们的智慧与成果通过这一学科平台得以展现。

有目标的学习往往更为高效。对于许多孩子来说，参加教育部公布的白名单赛事便是他们学习计算机的一大目标。在这些赛事中，中国计算机学会组织的信息学系列竞赛因其先发优势和高含金量而备受瞩目。该系列竞赛启动时间早，历经多年发展，已成为众多学子和家长心中的目标和标杆。

然而，对于初学者和首次参赛的学生来说，信息学奥赛的初赛与复赛之间的关系往往令人困惑。从考试顺序上看，先考初赛，再考复赛；从考试内容上看，初赛的考核范围更为广泛，这就要求学生在参加复赛之前必须充分掌握初赛所需的知识。初赛作为第一轮筛选测试，其重要性不言而喻。遗憾的是，初赛的淘汰率极高，在某些省份甚至高达 80%。因此，对于希望通过初赛进入复赛的学生来说，明确初赛考试内容并进行有针对性的准备至关重要。

本书正是为了满足这一需求而编写的。我们通过对近 20 年 NOIP 和 CSP 初赛真题的归纳和分析，结合教师团队的总结和心得，以及 2023 年 CCF 给出的 NOI 大纲，确定了本书的编写内容。在编写过程中，我们发现许多专业名词难以用通俗易懂的语言进行解释，如真值、回路测试、域名管理系统等。为了帮助学生更好地理解这些知识点，我们在每个考核知识点后都附上了详细的例子，通过例子揭示知识点的内涵。同时，我们也提供了每个知识点对应的考点和答案，以便学生通过记忆和理解等方式了解考核内容。

本书分为三部分。第一部分包含第 1~5 章，是初赛考核的知识点讲解，涵盖了计算机的基础知识、C++ 基础知识、数据结构、算法和数学知识，它们既相互独立，又相互联系，共同构成了信息学奥赛的基石。本书精选了信息学奥赛初赛的必考内容和高频考点，确保考生能够集中精力攻克重点。本书知识点的编排遵循由易到难、由浅及深的原则，使考生能够循序渐进地掌握知识。同时，每个知识点都配备了详细的讲解和对应的练习题及专题练习，旨在帮助考生迅速将所学知识转化为实际能力。考生既可以选择自学，也可以在老师的指导下完成第一部分内容的学习，无论哪种方式，都能够为后续的竞赛打下坚实的基础。

第二部分为第 6 章，包含 CSP-J 和 CSP-S 两个级别的模拟卷、答案及思路解析。这部分共包括 4 套普及组模拟卷和 4 套提高组模拟卷。这些模拟卷不仅涵盖了第一部分的知识点，还融入了往年真题的精髓和新的考试题型，具有很强的针对性和实战性。通过对模拟卷的练习，考生可以检验自己对知识的掌握程度，熟悉考试的题型和难度，提升自己的应试能力。每套模拟卷后都附有详细的思路解析，方便考生查漏补缺，巩固所学。

第三部分为第 7 章，是近几年信息学奥赛初赛真题、答案及思路解析。本部分收录了 2019 年—2024 年 CSP-J 的真题以及 2021 年—2024 年 CSP-S 的真题，并提供了详细的思路解析。2019 年和 2020 年 CSP-S 的试题难度跳跃，经慎重考虑，未收录在本书中。真题是了解考试趋势、把握考试重点的最佳途径，通过对真题的深入剖析，考生可以更好地了解往年的考试情况，明确自己的备考方向。同时，真题的解析部分不仅给出了题目的正确答案，还详细分析了解题思路和方法，有助于考生形成正确的思维方式和解题习惯。

当然，信息学奥赛的相关专业知识浩如烟海，我们无法做到面面俱到。在选择内容时，我们主要依据两个原则：一是考核大纲中提到的知识点；二是在考试中应用频率较高的知识点。对于那些不符合这两个原则的内容，如 C++ 语法中的某些函数模块等，我们进行了适当的舍弃。希望读者能够理解我们的这种取舍。

除了知识层面的学习外，我们还特别强调对学生阅读程序能力和解题能力的培养。这可以通过做模拟题和历年真题得到提高。有些学生可能对复赛充满信心，却对初赛感到惶恐不安。这主要是因为复赛更注重考查学生用自己的方法解决问题的能力，而初赛更需要学生适应题目中的代码书写习惯并理解他人的解题思路。这无疑是一项极具挑战性的任务。我们编写本书的初衷之一就是帮助学生克服这些困难，顺利通过初赛并进入复赛。

在本书的编写过程中，我们始终秉持着对读者高度负责的态度，力求做到内容的准确无误。然而，由于考点内容繁多，题目难度跨越了普及组和提高组的不同层次，我们深知难免会出现一些疏漏或错误。读者如发现错误或不当之处，还请及时向我们指出。

在此，我要感谢张健老师的辛勤付出，他完成了 4 套 CSP-J 模拟题的出题和思路解析工作。出题的过程往往比做题更为艰辛，需要深厚的专业知识、敏锐的洞察力和丰富的实践经验。张健老师是一名优秀的教师，有 8 年教学教研经验，深受学生好评，所教授学生成绩斐然，有近百名学生考入清华大学、北京大学等重点大学，同时，他完成了第 1 章和第 3 章的内容编写工作。我还要感谢张巷、李锦涛、刘星、刘佳睿等老师，提供了很多素材和题目解析。另外，我还要感谢魏婉、李思朦、侯秋娜等小伙伴的贡献和支持，他们的努力使这本书更加完善和丰富。

最后，我要感谢家人的付出和陪伴，他们的支持和鼓励是我不断前行的动力源泉。希望这本书能够成为孩子学习计算机知识、备战信息学奥赛的得力助手，为他们的成长和发展贡献一份力量。

马　强

2024 年 9 月

目 录

第一部分 初赛考核知识点讲解

第1章 计算机的基础知识

1.1 计算机的发展历程 …………………… 2
  1.1.1 基础知识介绍 ………………… 2
  1.1.2 专题练习 …………………… 2

1.2 关于计算机的著名人物及成就 …… 3
  1.2.1 计算机相关科学家介绍 …… 3
  1.2.2 专题练习 …………………… 4

1.3 计算机类常见奖项 ………………… 5
  1.3.1 基础奖项知识介绍 ………… 5
  1.3.2 拓展知识：其他奖项 ……… 6
  1.3.3 专题练习 …………………… 7

1.4 计算机的应用方向 ………………… 7
  基础知识介绍 …………………… 7

1.5 计算机的基本结构 ………………… 8
  1.5.1 计算机的组成 ……………… 8
  1.5.2 计算机的硬件系统 ………… 9
  1.5.3 计算机的软件系统 ……… 14
  1.5.4 专题练习 ………………… 16

1.6 计算机网络 ………………………… 16
  1.6.1 计算机网络的基本概念 … 16
  1.6.2 计算机网络的主要功能 … 17
  1.6.3 计算机网络的分类 ……… 17
  1.6.4 网络体系结构 …………… 20

  1.6.5 IP 地址与域名 …………… 22
  1.6.6 专题练习 ………………… 24

1.7 计算机安全 ………………………… 25
  1.7.1 自然环境的防护 ………… 25
  1.7.2 计算机病毒 ……………… 25
  1.7.3 防火墙 …………………… 26
  1.7.4 专题练习 ………………… 26

1.8 原码、补码和反码 ………………… 27
  1.8.1 机器数 …………………… 27
  1.8.2 真值 ……………………… 27
  1.8.3 原码、反码和补码 ……… 28
  1.8.4 专题练习 ………………… 29

1.9 数制转换与编码 …………………… 29
  1.9.1 进制转换 ………………… 30
  1.9.2 二进制转十进制 ………… 30
  1.9.3 十进制整数转二进制 …… 30
  1.9.4 十进制小数转二进制 …… 31
  1.9.5 八进制与二进制的相互转换 … 31
  1.9.6 十六进制与二进制的相互转换 … 32
  1.9.7 专题练习 ………………… 32

1.10 计算机的存储 …………………… 33
  1.10.1 计算机的存储单位 …… 33
  1.10.2 关于图像大小的计算 … 34
  1.10.3 关于视频容量的计算 … 34

1.10.4　专题练习 ································ 35

1.11　综合练习 ····································· 35

第2章　C++基础知识

2.1　基本概念 ····································· 37

2.1.1　常量 ····································· 37

2.1.2　变量 ····································· 37

2.1.3　基本数据类型 ························ 38

2.1.4　编辑、编译、调试 ················ 38

2.1.5　逗号表达式 ·························· 39

2.1.6　专题练习 ···························· 39

2.2　常见函数 ····································· 40

2.2.1　输入函数（scanf） ··············· 40

2.2.2　输出函数（printf） ·············· 41

2.2.3　绝对值函数（abs） ·············· 42

2.2.4　平方根函数（sqrt） ············· 42

2.2.5　专题练习 ···························· 43

2.3　数组 ··· 43

2.3.1　数组基础知识 ······················ 44

2.3.2　字符数组 ···························· 44

2.3.3　string ································· 45

2.3.4　二维数组 ···························· 48

2.3.5　指针 ································· 49

2.3.6　专题练习 ···························· 51

2.4　结构体和联合体 ························· 52

2.4.1　结构体 ······························· 52

2.4.2　联合体 ······························· 53

2.4.3　专题练习 ···························· 54

第3章　数据结构

3.1　基础知识 ····································· 56

3.2　链表 ··· 57

3.2.1　链表的定义 ·························· 57

3.2.2　单向链表 ···························· 58

3.2.3　双向链表 ···························· 62

3.2.4　循环链表 ···························· 63

3.2.5　专题练习 ···························· 63

3.3　栈 ··· 64

3.3.1　栈的定义 ···························· 64

3.3.2　栈的基本操作 ······················ 65

3.3.3　出栈序列 ···························· 66

3.3.4　专题练习 ···························· 67

3.4　队列 ··· 68

3.4.1　队列的定义 ·························· 68

3.4.2　队列的基本操作 ··················· 69

3.4.3　循环队列 ···························· 70

3.4.4　专题练习 ···························· 72

3.5　树和二叉树 ································· 73

3.5.1　树 ····································· 73

3.5.2　二叉树 ······························· 77

3.5.3　二叉树的三个主要性质 ·········· 78

3.5.4　二叉树的两种特殊形态 ·········· 79

3.5.5　二叉树的遍历 ······················ 81

3.5.6　序列构造二叉树 ··················· 83

3.5.7　表达式 ······························· 84

3.5.8　树和二叉树以及森林的转换 ···· 85

3.5.9　哈夫曼树和哈夫曼编码 ·········· 88

3.5.10　二叉排序树 ······················ 91

3.5.11　专题练习 ·························· 92

3.6　图论基础 ····································· 92

3.6.1　欧拉与图论 ·························· 92

3.6.2　图论的基本概念 ··················· 93

3.6.3　图的存储 ···························· 96

3.6.4　欧拉路径和欧拉回路 ············· 97

3.6.5　哈密顿回路 ·························· 98

3.6.6　图的搜索 ···························· 99

3.7　专题练习 ····································· 99

第4章　算法

4.1　基本概念 ····································· 102

4.1.1　算法 ································· 102

4.1.2　专题练习 ···························· 102

4.2 枚举算法 ┄┄┄┄┄┄┄┄ 104
　　4.2.1 枚举算法 ┄┄┄┄┄ 104
　　4.2.2 专题练习 ┄┄┄┄┄ 106

4.3 模拟算法 ┄┄┄┄┄┄┄┄ 107
　　4.3.1 模拟算法 ┄┄┄┄┄ 107
　　4.3.2 专题练习 ┄┄┄┄┄ 108

4.4 贪心算法 ┄┄┄┄┄┄┄┄ 109
　　4.4.1 贪心算法 ┄┄┄┄┄ 109
　　4.4.2 专题练习 ┄┄┄┄┄ 110

4.5 递推算法 ┄┄┄┄┄┄┄┄ 112
　　4.5.1 递推算法 ┄┄┄┄┄ 112
　　4.5.2 专题练习 ┄┄┄┄┄ 114

4.6 递归算法 ┄┄┄┄┄┄┄┄ 115
　　4.6.1 递归算法 ┄┄┄┄┄ 115
　　4.6.2 专题练习 ┄┄┄┄┄ 118

4.7 二分算法 ┄┄┄┄┄┄┄┄ 121
　　4.7.1 二分算法 ┄┄┄┄┄ 121
　　4.7.2 专题练习 ┄┄┄┄┄ 122

4.8 倍增算法 ┄┄┄┄┄┄┄┄ 124
　　4.8.1 倍增算法 ┄┄┄┄┄ 124
　　4.8.2 专题练习 ┄┄┄┄┄ 125

4.9 排序算法 ┄┄┄┄┄┄┄┄ 127
　　4.9.1 常见排序算法 ┄┄┄ 127
　　4.9.2 各种排序算法的比较 ┄ 130
　　4.9.3 专题练习 ┄┄┄┄┄ 131

4.10 深度优先搜索算法 ┄┄┄ 133
　　4.10.1 深度优先搜索算法 ┄ 133
　　4.10.2 专题练习 ┄┄┄┄ 134

4.11 广度优先搜索算法 ┄┄┄ 134
　　4.11.1 广度优先搜索算法 ┄ 134
　　4.11.2 专题练习 ┄┄┄┄ 136

4.12 动态规划 ┄┄┄┄┄┄┄ 138
　　4.12.1 动态规划 ┄┄┄┄ 138
　　4.12.2 常见动态规划类型 ┄ 139
　　4.12.3 专题练习 ┄┄┄┄ 140

第5章　数学知识

5.1 素数筛法 ┄┄┄┄┄┄┄┄ 143
　　5.1.1 埃拉托色尼筛法 ┄┄ 143
　　5.1.2 线性筛法 ┄┄┄┄┄ 144

5.2 排列组合相关知识 ┄┄┄┄ 145
　　5.2.1 基础概念 ┄┄┄┄┄ 145
　　5.2.2 专题训练 ┄┄┄┄┄ 149

第二部分　CSP-J 模拟卷、CSP-S 模拟卷、答案及思路解析

CSP-J 模拟卷（一）┄┄┄┄┄ 152
CSP-J 模拟卷（二）┄┄┄┄┄ 159
CSP-J 模拟卷（三）┄┄┄┄┄ 167
CSP-J 模拟卷（四）┄┄┄┄┄ 174
CSP-S 模拟卷（一）┄┄┄┄┄ 183
CSP-S 模拟卷（二）┄┄┄┄┄ 194
CSP-S 模拟卷（三）┄┄┄┄┄ 204
CSP-S 模拟卷（四）┄┄┄┄┄ 216

CSP-J 模拟卷（一）答案及思路解析┄┄┄ 228
CSP-J 模拟卷（二）答案及思路解析┄┄┄ 232
CSP-J 模拟卷（三）答案及思路解析┄┄┄ 235
CSP-J 模拟卷（四）答案及思路解析┄┄┄ 239
CSP-S 模拟卷（一）答案及思路解析┄┄┄ 243
CSP-S 模拟卷（二）答案及思路解析┄┄┄ 246
CSP-S 模拟卷（三）答案及思路解析┄┄┄ 249
CSP-S 模拟卷（四）答案及思路解析┄┄┄ 252

第三部分　初赛真题、答案及思路解析

2024 CSP-J CCF 非专业级别软件能力认证
第一轮 ……………………………… 256

2023 CSP-J CCF 非专业级别软件能力认证
第一轮 ……………………………… 263

2022 CSP-J CCF 非专业级别软件能力认证
第一轮 ……………………………… 271

2021 CSP-J CCF 非专业级别软件能力认证
第一轮 ……………………………… 280

2020 CSP-J CCF 非专业级别软件能力认证
第一轮 ……………………………… 290

2019 CSP-J CCF 非专业级别软件能力认证
第一轮 ……………………………… 299

2024 CSP-S CCF 非专业级别软件能力认证
第一轮 ……………………………… 307

2023 CSP-S CCF 非专业级别软件能力认证
第一轮 ……………………………… 319

2022 CSP-S CCF 非专业级别软件能力认证
第一轮 ……………………………… 329

2021 CSP-S CCF 非专业级别软件能力认证
第一轮 ……………………………… 339

2024 CSP-J CCF 非专业级别软件能力认证
第一轮答案及思路解析 ……………… 353

2023 CSP-J CCF 非专业级别软件能力认证
第一轮答案及思路解析 ……………… 356

2022 CSP-J CCF 非专业级别软件能力认证
第一轮答案及思路解析 ……………… 360

2021 CSP-J CCF 非专业级别软件能力认证
第一轮答案及思路解析 ……………… 363

2020 CSP-J CCF 非专业级别软件能力认证
第一轮答案及思路解析 ……………… 366

2019 CSP-J CCF 非专业级别软件能力认证
第一轮答案及思路解析 ……………… 369

2024 CSP-S CCF 非专业级别软件能力认证
第一轮答案及思路解析 ……………… 372

2023 CSP-S CCF 非专业级别软件能力认证
第一轮答案及思路解析 ……………… 376

2022 CSP-S CCF 非专业级别软件能力认证
第一轮答案及思路解析 ……………… 379

2021 CSP-S CCF 非专业级别软件能力认证
第一轮答案及思路解析 ……………… 382

第一部分

初赛考核
知识点讲解

第1章 计算机的基础知识

1.1 计算机的发展历程

知识目标

- 掌握计算机发展的 4 个阶段。
- 了解计算机每个阶段的发展时间段及应用范围。
- 掌握每个阶段的 CPU 元器件以及程序、软件使用情况。

1.1.1 基础知识介绍

计算机的发展历史通常依据其使用的电子元器件来划分，至今已经经历了 4 个阶段，见表 1-1。

表 1-1

阶段	时间	电子元器件	使用语言与软件	应用范围
第一代	1946 年—1958 年	电子管	机器语言和汇编语言 管理软件	军事和科学计算
第二代	1959 年—1964 年	晶体管	高级语言（FORTRAN 等） 管理软件	数据处理、事务处理
第三代	1965 年—1970 年	集成电路	出现了操作系统	数据处理、过程控制
第四代	1971 年至今	大规模和超大规模 集成电路	各类编程语言等 系统软件、应用软件	已经深入各行各业

练一练

第（　　）代计算机开始使用高级语言进行编程。

　　A. 一　　　　　　　B. 二　　　　　　　C. 三　　　　　　　D. 四

【答案】B

【解析】第二代晶体管计算机开始使用高级语言进行编程，如 FORTRAN 等语言。

1.1.2 专题练习

1. 电子管时代是第（　　）代计算机。

　　A. 一　　　　　　　B. 二　　　　　　　C. 三　　　　　　　D. 四

2. 使用大规模和超大规模集成电路是第（　　　）代计算机。

  A. 一   B. 二   C. 三   D. 四

3. 第一代计算机使用（　　　）进行编程。

  A. C++ 和 C 语言   B. FORTRAN 和汇编语言

  C. 机器语言和汇编语言   D. 机器语言和 C 语言

4. 最早的计算机的用途是（　　　）。

  A. 军事   B. 天气预报   C. 算命   D. 过程控制

5. 晶体管计算机是第（　　　）代计算机。

  A. 一   B. 二   C. 三   D. 四

【答案】ADCAB

【解析】

1. 第一代计算机使用电子管，第二代计算机使用晶体管。

2. 第四代计算机使用的元器件是大规模和超大规模集成电路。

3. 第一代计算机只能使用机器语言和汇编语言进行编程。

4. 最早的计算机应用于军事，如弹道计算等。

5. 第二代计算机使用晶体管。

1.2   关于计算机的著名人物及成就

◎ 知识目标

- 了解对计算机发展做出重大贡献的著名人物。

1.2.1   计算机相关科学家介绍

  在计算机发展过程中，有很多科学家做出了卓越贡献，表 1-2 列举了部分科学家的介绍。

表 1-2

姓名	国籍	成就	主要贡献	称号
约翰·冯·诺依曼（John von Neumann）	美国（美籍匈牙利人）	数学家	其理论总结：①计算机硬件设备由存储器、运算器、控制器、输入设备和输出设备 5 部分组成。②存储程序思想——把计算过程描述为由许多命令按一定顺序组成的程序，然后把程序和数据一起输入计算机，计算机对已存入的程序和数据处理后，输出结果。当今的计算机仍然属于冯·诺依曼架构	计算机之父、博弈论之父

姓名	国籍	成就	主要贡献	称号
艾伦·麦席森·图灵（Alan Mathison Turing）	英国	计算机科学家、数学家、逻辑学家	二战期间协助军方破解德国的著名密码系统英格玛（Enigma），1950年发表了论文《机器能思考吗》，使图灵赢得了"人工智能之父"的称号。还提出了一种用于判定机器是否具有智能的测试方法，即图灵测试。为了纪念他对计算机科学的巨大贡献，美国计算机协会（Association for Computing Machinery，ACM）于1966年设立了一年一度的图灵奖	计算机科学之父、人工智能之父
克劳德·艾尔伍德·香农（Claude Elwood Shannon）	美国	数学家、密码学家、信息论创始人	在1948年发表了经典的论文《通信的数学理论》，在这篇论文中提出了信息熵和比特这两个概念，奠定了现代信息论的基础。被誉为信息时代的先驱和领袖	现代信息理论的奠基人
姚期智	中国	计算机科学家	2000年图灵奖获得者，研究方向包括计算理论及其在密码学和量子计算中的应用。贡献如下：①创建理论计算机科学的重要领域：通信复杂性和伪随机数生成计算理论。②奠定现代密码学基础，在基于复杂性的密码学和安全形式化方法方面有根本性贡献。③解决线路复杂性、计算几何、数据结构及量子计算等领域的开放性问题并建立全新典范	中国计算机科学家
戈登·摩尔（Gordon Moore）	美国	科学家、intel公司创始人	提出了著名的摩尔定律：当价格不变时，集成电路上可容纳的晶体管数目，约每隔18～24个月便会增加一倍，性能也将提升一倍	
阿达·洛芙莱斯（Ada Lovelace）	英国	数学家、计算机程序创始人	建立了循环和子程序概念	计算机程序创始人、世界上第一位写程序的人
董铁宝	中国	力学家、计算数学家	中国计算机研制和断裂力学研究的先驱之一，是中国早年真正大量使用过计算机的专家	中国计算机之父、中国第一位写程序的人

1.2.2 专题练习

1.艾伦·图灵是（　　）国人。

    A.英   B.美   C.德   D.西班牙

2.约翰·冯·诺依曼是（　　）国人。

    A.英   B.美   C.德   D.匈牙利

3.计算机之父是（　　）。

    A.艾伦·图灵   B.约翰·冯·诺依曼   C.戈登·摩尔   D.克劳德·香农

4.中国的计算机之父，也是中国第一位写程序的人是（　　）。

    A.董铁宝   B.姚期智   C.钱学森   D.王选

5. 世界上第一位写程序的人是（ ）。

  A. 戈登·摩尔   B. 约翰·冯·诺依曼 C. 艾伦·图灵   D. 阿达·洛芙莱斯

【答案】ABBAD

【解析】

1. 艾伦·图灵是英国数学家、计算机科学家、逻辑学家。

2. 约翰·冯·诺依曼是美籍匈牙利人，所以按照国籍来说是美国人。

3. 艾伦·图灵是人工智能之父，约翰·冯·诺依曼是计算机之父。

4. 董铁宝是中国第一个写程序的人。

5. 阿达·洛芙莱斯是世界上第一个写程序的人。

1.3 计算机类常见奖项

◎ 知识目标

- 掌握计算机类奖项的基本情况。
- 了解奖项的颁奖机构。

1.3.1 基础奖项知识介绍

计算机类主要奖项基本情况见表 1-3。

表 1-3

奖项名称	设立时间	颁奖机构	命名来源	表彰领域	地位
图灵奖（Turing Award），全称为 A.M. 图灵奖（ACM A.M. Turing Award）	1966 年	美国计算机协会（Association for Computing Machinery，ACM）	来自英国数学家及逻辑学家，艾伦·麦席森·图灵（Alan Mathison Turing）	对计算机事业做出重要贡献的个人，通常每年只授予一名计算机科学家	计算机领域的国际最高奖项，图灵奖被誉为"计算机界的诺贝尔奖"
约翰·冯·诺依曼奖（IEEE John von Neumann Medal）	1990 年	电气和电子工程师协会（Institute of Electrical and Electronics Engineers，IEEE）	以约翰·冯·诺依曼命名，他是一位对计算机科学做出重大贡献的现代计算机创始人	表彰在计算机科学和技术领域取得突出成就的科学家	计算机领域的重要奖项之一

📝 练一练

图灵奖是由（ ）设立的。

  A. ACM   B. CCF   C. IEEE   D. AIEE

【答案】A

【解析】图灵奖是由美国计算机协会（ACM）设立的。

1.3.2 拓展知识：其他奖项

常见非计算机类奖项情况见表 1-4。

表 1-4

奖项名称	设立 / 首次颁发时间	颁奖机构	设立初衷	表彰领域	地位	备注
诺贝尔奖（Nobel Prize）	1901 年	瑞典皇家科学院、卡罗林斯卡学院、瑞典文学院、挪威诺贝尔委员会	旨在表彰在物理学、化学、和平、生理学或医学以及文学上"对人类做出最大贡献"的人士	包含物理学奖、化学奖、和平奖、生理学或医学奖、文学奖，旨在表彰"对人类做出最大贡献"的人士	被普遍认为是世界范围内，所有颁奖领域（物理学、化学、和平、生理学或医学、文学和经济学）能够取得的最高荣誉	诺贝尔经济学奖由瑞典中央银行于 1968 年设立，旨在表彰在经济学领域做出杰出贡献的人
菲尔兹奖（Fields Medal）正式名称为"国际杰出数学发现奖（International Medals for Outstanding Discoveries in Mathematics）"	1936 年首次颁发	由国际数学联合会主办的国际数学家大会上颁发	加拿大数学家约翰·查尔斯·菲尔兹要求设立的国际性数学奖项	该奖项每四年评选一次，获奖者必须在该年元旦前未满 40 岁，且必须是在数学领域做出卓越贡献的年轻数学家	数学领域的国际重要奖项之一，数学界的诺贝尔奖	华裔数学家丘成桐是世界上第一位获得菲尔兹奖的华人
沃尔夫奖（Wolf Prize）	1976 年	R. 沃尔夫（Ricardo Wolf）及其家族成立的沃尔夫基金会	宗旨是促进全世界科学、艺术的发展	涵盖了医学、农业、数学、化学和物理学等科学领域，以及绘画、雕塑、音乐和建筑等艺术领域	数学领域的国际重要奖项之一	—
阿贝尔奖（Abel Prize）	2001 年	挪威政府	为了纪念挪威著名数学家尼尔斯·亨利克·阿贝尔诞辰 200 周年，挪威政府决定设立此奖项	扩大数学的影响，吸引年轻人从事数学研究是设立阿贝尔奖的主要目的	数学领域的国际重要奖项之一	—
弗洛伦斯·南丁格尔奖（Florence Nightingale Award）	1907 年设立，1912 年首次颁发	红十字国际委员会	为了纪念护士职业的创始人、英国护理学先驱和现代护理教育奠基人弗洛伦斯·南丁格尔	表彰为护理事业做出贡献的人员	护理事业的最高奖项	—

练一练

以下属于计算机类的奖项是（　　　）。

　　A．弗洛伦斯·南丁格尔奖　　　　　　　B．阿贝尔奖

　　C．菲尔兹奖　　　　　　　　　　　　　D．约翰·冯·诺依曼奖

【答案】D

【解析】弗洛伦斯·南丁格尔奖是护理学奖项。阿贝尔奖和菲尔兹奖是数学奖项。

1.3.3　专题练习

1．被称为计算机界的诺贝尔奖的是（　　　）。

　　A．约翰·冯·诺依曼奖　　　　　　　　B．阿贝尔奖

　　C．戈登贝尔奖　　　　　　　　　　　　D．图灵奖

2．以下不属于数学界的三大奖项的是（　　　）。

　　A．菲尔兹奖　　　　　　　　　　　　　B．阿贝尔奖

　　C．弗洛伦斯·南丁格尔奖　　　　　　　D．沃尔夫奖

3．诺贝尔奖中没有的是（　　　）。

　　A．数学奖　　　　　　B．化学奖　　　　　　C．物理学奖　　　　　　D．文学奖

4．约翰·冯·诺依曼奖是由（　　　）设立的。

　　A．ACM　　　　　　　B．CCF　　　　　　　C．IEEE　　　　　　　D．AIEE

【答案】DCAC

【解析】

1．图灵奖是计算机界的诺贝尔奖。

2．弗洛伦斯·南丁格尔奖是护理学奖项。

3．诺贝尔奖中没有数学奖项。

4．约翰·冯·诺依曼奖是由 IEEE（电气与电子工程师协会）设立的。

1.4　计算机的应用方向

◎ 知识目标

- 了解计算机的应用情况。
- 熟练掌握一些计算机应用的名词。

基础知识介绍

计算机应用的常见名词及应用方向见表 1-5。

表 1-5

序号	应用名词	应用方向或领域
1	科学计算、数值计算	弹道轨迹、天气预报、高能物理等
2	信息管理	企业管理、物资管理、电算化等
3	数据处理	对各种数据进行收集、存储、整理、分类、统计、加工、利用等
4	自动控制、过程控制	机械、冶金、石油、化工、纺织、水电、航天等领域
5	人工智能	计算机视觉、语音识别、自然语言处理等领域
6	辅助工程	CAD、CAM、CAT、CAI、CIMS 等
7	计算机网络与通信	应用范围广泛，涵盖了各个行业和领域，如教育、娱乐、通信等

名词解释

1. CAD：computer-aided design，计算机辅助设计。

2. CAM：computer-aided manufacturing，计算机辅助制造。

3. CAT：computer-aided test，计算机辅助测试。

4. CAI：computer-aided instruction，计算机辅助教学。

5. CIMS：computer-integrated manufacturing system，计算机集成制造系统。

练一练

计算机辅助设计的缩写是（　　　）。

    A. CAI   B. CAD   C. CAT   D. CAM

【答案】B

【解析】CAD 是计算机辅助设计（computer-aided design）的缩写，是指通过计算机上的软件进行设计活动的过程。

1.5　计算机的基本结构

知识目标

- 掌握计算机的基本架构。
- 掌握计算机的硬件知识。
- 掌握计算机的软件知识（系统软件和应用软件）。

1.5.1　计算机的组成

计算机是由软件系统和硬件系统组成的。

计算机的硬件系统分为 5 个部分：控制器、运算器、存储器、输入设备、输出设备。详见图 1-1 和图 1-2。

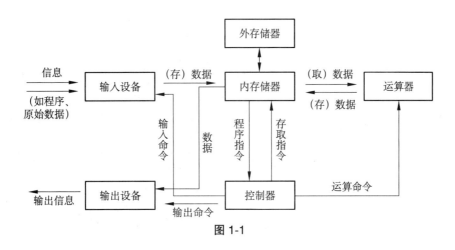

图 1-1

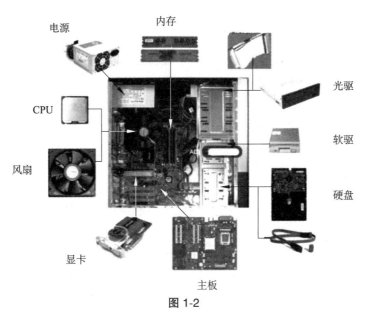

图 1-2

1.5.2 计算机的硬件系统

1.5.2.1 中央处理器（central processing unit，CPU）

1. CPU 简介

在（超）大规模集成电路时代，CPU 随着处理器架构的不断迭代和集成电路工艺的持续提升日趋完善。起初，CPU 的设计主要服务于数学运算，而后逐渐拓展至通用计算领域。其处理能力的位数也从 4 位逐步扩展至 8 位、16 位、32 位，并最终达到 64 位。同时，随着不同厂商之间指令集架构规范的形成，CPU 的兼容性得到了显著的提升。自诞生以来，CPU 的发展速度之快令人瞩目。

2. CPU 发展的 6 个阶段

CPU 发展的 6 个阶段见表 1-6。

表 1-6

阶段	时间	规格	代表产品	特点
第 1 阶段	1971 年—1973 年	4 位，8 位低档微处理器	Intel 4004 处理器	运算器和控制器一体化集成
第 2 阶段	1974 年—1977 年	8 位中高档微处理器	Intel 8080	指令系统比较完善
第 3 阶段	1978 年—1984 年	16 位微处理器	Intel 8086	比较成熟的产品
第 4 阶段	1985 年—1992 年	32 位微处理器	Intel 80386	多任务、多用户作业
第 5 阶段	1993 年—2005 年	奔腾系列微处理器	Pentium 处理器	超标量指令流水线结构
第 6 阶段	2005 年至今	更多核心，更高并行度	Intel 酷睿系列处理器、AMD 的锐龙系列处理器	并行化、多核化、虚拟化、远程管理系统

练一练

以下 CPU 是 32 位处理器的是（　　　　）。

　　A. Intel 4004 处理器　　　B. Intel 8080　　　　C. Intel 80386　　　　D. Intel 8086

【答案】C

【解析】Intel 80386 是 32 位处理器。为促进用户使用 64 位处理器，Pentium 处理器既有 32 位版本也有 64 位版本，64 位版本是 32 位版本的升级版本。

3. CPU 的组成结构

CPU 由运算器、控制器组成，见图 1-3。

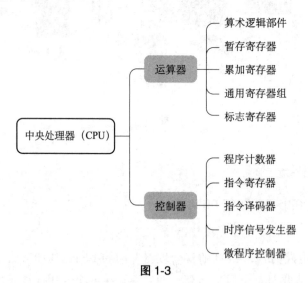

图 1-3

名词解释

1. 控制器：计算机的指挥控制系统。

2. 运算器：进行各种算术运算和逻辑运算的核心部件。

3. 寄存器：寄存器也是 CPU 的组成部分，可以存储二进制代码。寄存器的读写速度非常快，所以寄存器之间传送数据的速度也非常快。

📝 练一练

【2000 NOIP 普及组初赛真题】计算机主机是由 CPU 与（　　　）构成的。

    A. 控制器　　　　　　B. 运算器　　　　　　C. 输入、输出设备　　D. 内存储器

【答案】D

【解析】计算机包括运算器、控制器、存储器、输入设备、输出设备 5 个部分，而主机不包含输入和输出设备，CPU 包含控制器和运算器，故选 D。

4. CPU 的性能指标

CPU 的主要性能指标是主频和字长，见图 1-4。

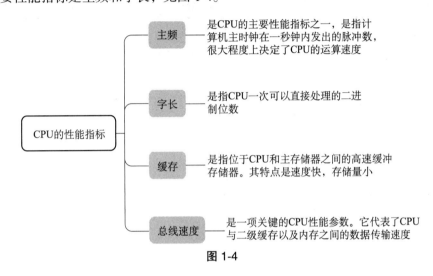

图 1-4

📝 练一练

CPU 的主要性能指标是（　　　）。

    A. 地址总线和数据总线　　　　　　　　B. CPU 指令集和地址总线

    C. 字长和缓存　　　　　　　　　　　　D. 主频和字长

【答案】D

5. CPU 的指令和指令系统

指令是一组二进制代码，它规定了由计算机执行的程序的一步操作。一条指令由操作码和操作数组成。前者规定指令要完成的操作，必不可少；后者是这个操作针对的对象，可以没有。

指令系统是一种计算机所能识别并可执行的全部指令的集合。一台计算机的指令系统和它所用的 CPU 有直接关系。不同厂商生产的 CPU，指令系统可能不同。

📝 练一练

不同品牌的计算机，它的指令系统可能不同，取决于（　　　）。

    A. 内存　　　　　　　B. 硬盘　　　　　　　C. CPU　　　　　　　D. 操作系统

【答案】C

1.5.2.2　存储器

1. 存储器简介

对于计算机来说，存储器就像人类大脑，有了存储器，计算机才能像人一样有记忆能力。计算机的存储器可分成内存储器和外存储器。CPU 能直接访问的存储器称为内部存储器（内存），CPU 不能直接访问的存储器称为外部存储器（外存），外存中的信息必须调入内存后才能被 CPU 处理。存储器常见分类如图 1-5 所示。

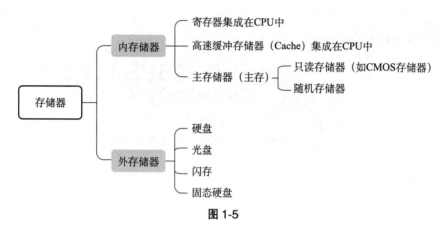

图 1-5

注：只读存储器的英文是 read-only memory（ROM）。随机存储器的英文是 random access memory（RAM）。

存储器读取数据的快慢如图 1-6 所示。

快 --> 慢

寄存器 ——→ 高速缓冲存储器（Cache）——→ 主存储器 ——→ 外存储器

图 1-6

（1）内存储器

内存储器包括寄存器、高速缓冲存储器、主存储器。其中，寄存器和高速缓冲存储器集成在 CPU 内部。主存储器按照读写功能分为只读存储器和随机存储器。

随机存储器是可读写的存储设备，一旦断电，其存储的数据将会丢失，如我们通常所说的内存条。只读存储器只能读，不支持写入，其存储的内容能够永久保存，如 CMOS 存储器。

📝 **练一练**

1. 下列属于只读存储器的是（　　）。

　A. 寄存器　　　　　　　　　　　　　B. Cache

　C. CMOS 存储器　　　　　　　　　　D. 固态硬盘

【答案】C

【解析】CMOS 存储器是只读存储器，属于主存储器；Cache 和寄存器都集成在 CPU 中，属于内存储器，但不属于主存储器；固态硬盘属于外存储器。

2. 只读存储器是指（　　）。

　A. ROM　　　　　　　　　　　　　　B. RAM

　C. Cache　　　　　　　　　　　　　　D. 寄存器

【答案】A

（2）外存储器

外存储器又称辅助存储器，主要用来存储数据，断电后数据不会丢失。外存储器通过专门的接口与主机相连接。外存储器有存储量大的优势，但存取速度相对内存储器要慢一些。

练一练

下面关于外存储器的描述正确的是（　　　）。

  A. 存储量小，存取速度最快   B. 存储量大，存取速度最快

  C. 断电数据会丢失   D. 断电后数据不会丢失

【答案】D

【解析】外存储器的特点是存储量大，但是存取速度比内存储器要慢，断电后数据不会丢失。

2. 输入 / 输出设备（I/O 设备）

（1）输入设备

常见的输入设备有键盘、鼠标、手写笔 、触摸显示屏、麦克风、扫描仪、视频输入设备、条形码扫描器、光学标记阅读机、光学字符阅读机等。

（2）输出设备

常见的输出设备有显示器、打印机、绘图仪、音箱等。

练一练

既是输入设备，又是输出设备的是（　　　）。

  A. 绘图仪   B. 条形码扫描器   C. 触摸显示屏   D. 显示器

【答案】C

【解析】可以通过触摸显示屏输入，也可以通过触摸显示屏显示结果，所以触摸显示屏既是输入设备也是输出设备。

3. 总线

总线是指计算机硬件之间相互通信的公共通信干线。按照计算机硬件传输信息总类区分，总线分为数据总线、地址总线和控制总线三种。硬件与总线之间的关系，如图 1-7 所示。

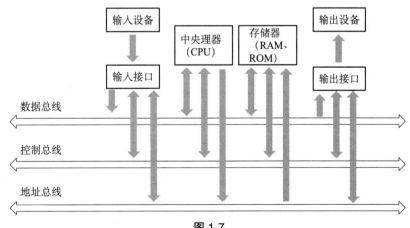

图 1-7

（1）数据总线

数据总线用来传送数据信息。它主要连接 CPU 与各个部件，是它们之间交换信息的通路。数据总线是双向的，具体的传送方向由 CPU 控制。

（2）地址总线

地址总线用来传送地址信息。CPU 通过地址总线中传送的地址信息访问存储器。通常地址总线是单向的。同时，地址总线的宽度决定可以访问的存储器容量大小，如 20 条地址总线可以控制 1MB 的存储空间。（注意：2^{20}B = 1MB）

（3）控制总线

控制总线主要用来传送控制信号和时序信号。控制信号中，有的是微处理器送往存储器和输入输出设备接口电路的，如读 / 写信号、片选信号、中断响应信号等；也有是其他部件反馈给 CPU 的，如中断申请信号、复位信号、总线请求信号、设备就绪信号等。因此，控制总线的传送方向由具体控制信号而定，一般是双向的，控制总线的位数要根据系统的实际控制需要而定。

练一练

微机中控制总线上完成传输的信号有（　　　）。

①存储器和 I/O 设备的地址码

②所有存储器和 I/O 设备的时序信号与控制信号

③来自 I/O 设备和存储器的响应信号

    A. ①

    B. ②和③

    C. ②

    D. ①②③

【答案】B

【解析】CPU 的控制总线传输控制信号和时序信号，I/O 设备和存储器的响应信号也通过控制总线完成。存储器和 I/O 设备的地址码则由地址总线传输。

1.5.3　计算机的软件系统

1.5.3.1　基础知识介绍

计算机软件是计算机系统的灵魂，是用户与硬件之间的桥梁，指计算机程序及相关文档的集合。相关文档包括数据和用户手册等。

计算机软件系统分为系统软件和应用软件两大类，如图 1-8 所示。

1.5.3.2　操作系统

操作系统（operating system，OS）是一种用于管理和控制计算机硬件和软件资源的系统软件程序，它负责组织和管理用户交互，并提供公共服务相互关联的集合。操作系统分类及名称见表 1-7。

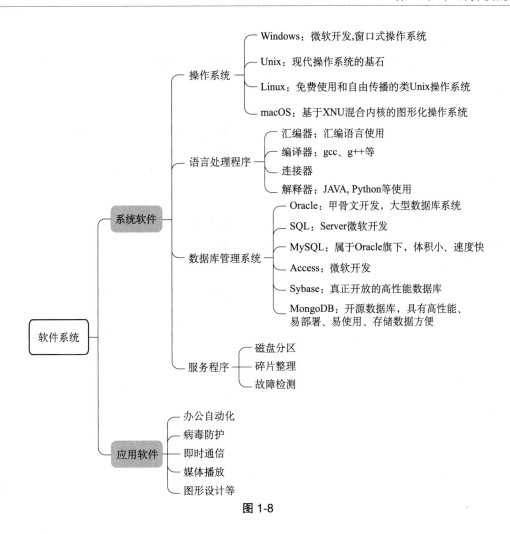

图 1-8

表 1-7

分类	操作系统名称
微软的操作系统	①命令行：DOS。 ②图形化:Windows 95、Windows 98、Windows 2000、Windows XP、Windows 7、Windows 8、Windows 10、Windows 11。 ③服务器版本：Windows Server 2003、Windows Server 2008、Windows Server 2016 和 Windows Server 2019 等
Linux	①Debian 系：主要有 Debian、Ubuntu、Mint 等及其衍生版本。 ②Redhat 系：主要有 RedHat、Fedora、CentOs 等。 ③其他：Slackware、Gentoo、Arch linux、LFS 等
Unix	①FreeBSD：FreeBSD、NetBSD、OpenBSD 等。 ②Solaris x86：由 Sun 公司开发的 Unix 系统。 ③SCO Unix：由厂商支持的 Unix 系统，包括 SCO Unix、HP Unix、SUN Unix (Solaris) 等
macOS	macOS

1.5.4 专题练习

1. 计算机的存储中存取速度最快的是（　　　）。

A. 寄存器　　　　　　B. 主存　　　　　　C. 高速缓冲存储器　　　D. 固态硬盘

2. 以下设备断电后信息会丢失的是（　　　）。

A. 硬盘　　　　　　　B. RAM　　　　　　C. ROM　　　　　　　D. 闪存

3. 以下不属于操作系统的是（　　　）。

A. macOS　　　　　　B. AIX　　　　　　C. Debian　　　　　　D. CIMS

4. RAM 中的信息（　　　）。

A. 由计算机工作时随机写入　　　　　　B. 由生产计算机时写入，不能更改

C. 断电后不会丢失　　　　　　　　　　D. 不能写入，防止病毒入侵

5. 一个完整的计算机系统包括（　　　）。

A. 主机和显示器　　　　　　　　　　　B. 计算机及其外设

C. 系统软件和应用软件　　　　　　　　D. 硬件系统和软件系统

【答案】ABDAD

【解析】

1. 按存取速度快慢排序：寄存器＞高速缓冲存储器＞内存＞外存。

2. RAM 是随机存储器，断电后信息会丢失；ROM 是只读存储器，断电后信息不会丢失。

3. macOS 是苹果计算机的操作系统，AIX 是 IBM 的 Unix 操作系统，Debian 是 Linux 的操作系统。CIMS 是计算机集成制造的意思。

4. RAM 是随机存储器，计算机工作时可随机写入。

5. 完整的计算机系统包括硬件系统和软件系统。

1.6　计算机网络

◎ 知识目标

- 了解计算机网络的概念。
- 了解计算机网络的分类。
- 了解计算机网络的体系结构。
- 了解计算机网络的协议。
- 了解因特网。

1.6.1 计算机网络的基本概念

计算机网络是由地理位置各不相同，且具有独立功能的计算机及其外部设备通过通信线路连接在一起组成的。在网络操作系统、网络管理软件及网络通信协议的管理和协调下，这些设备可以实现资源的共享和信息的传递。计算机网络也是计算机技术与最新通信技术的完美融合。

练一练

下列有关计算机网络的描述错误的是（　　　　）。

    A. 计算机网络是指计算机通过通信线路连接在一起

    B. 计算机网络可以传播病毒

    C. 计算机网络可资源共享

    D. 公司内部计算机组网，因规模太小不能称为网络

【答案】D

【解析】网络规模不论大小，只要两台以上计算机相连，就可称为网络。

1.6.2　计算机网络的主要功能

计算机网络的主要功能有以下四项。

1. 资源共享

计算机网络实现了硬件、软件及数据资源的共享能力。用户通过网络访问共享资源。这种资源共享提高了资源利用率，避免了资源的重复投入，节约了成本，同时促进了信息交流与协作。资源共享是计算机网络最主要的功能。

2. 信息传输

信息传输是计算机网络将数据（包括文本、图像、音频和视频等）从一端传至另一端的基本功能。它使地理位置分散的用户能够实时交换和共享信息。

信息传输广泛应用于电子邮件、即时通信、文件传输、视频会议、在线购物和网上银行等。这些应用依托于网络的信息传输能力，实现了数据的迅速交换和共享，提升了工作效率和生活品质。

3. 分布处理

分布处理是将任务分解为子任务，并由网络中的多台计算机或系统协作完成。这种处理方式充分利用了网络中的计算资源，增强了处理能力和效率。其特点包括并行性、灵活性等。

4. 综合信息服务

综合信息服务融合了信息通信技术和网络技术，形成了一种新型的信息服务。这种服务具备多元化、高效率、安全性、可扩展性、便捷性，支持多媒体应用，促进了智慧城市的建设和发展。

1.6.3　计算机网络的分类

1.6.3.1　按照地理范围分类

1. 局域网（local area network，LAN）

局域网地理范围很小，一般为几百米到十几千米，属于小范围内的网络连接，如一个公司内、一个学校内、一个工厂的厂区内等的网络。局域网的组建相对简单、灵活，使用起来非常方便。

2. 城域网（metropolitan area network，MAN）

城域网地理范围可从几十千米到上百千米，可覆盖一个城市或地区，是一种中等规模的网络。一般用作骨干网络，负责连接某一城市或者某一区域内的所有主机、数据库等，通常采用光缆连接，传输速度较快。

3. 广域网（wide area network，WAN）

广域网地理范围属于跨地区或跨国家范围的联网，是网络系统中最大型的网络，能实现大范围的

资源共享，如国际性的因特网。

1.6.3.2 按照传输方式分类

1. 有线网

有线网建设成本高、时间长，但是稳定性好。

有线网通常采用的传输介质有双绞线、同轴电缆和光导纤维。

（1）双绞线

双绞线（见图1-9）是由两根绝缘金属线互相缠绕而成（一根线辐射出的电波会被另一根线辐射出的电波抵消，可以最大限度降低信号干扰），这样的一对线作为一条通信线路，由四对双绞线构成双绞线电缆。双绞线中的信号传输速率为10~600兆，通信距离不能超过100m。

（2）同轴电缆

同轴电缆（见图1-10）由内、外两个导体组成，内导体可以由单股或多股线组成，外导体一般由金属编织网组成，如有线电视网络等。

（3）光导纤维

光导纤维（见图1-11）简称光纤，由两层折射率不同的材料组成。内层由具有高折射率的玻璃单根纤维体组成，外层包着一层折射率较低的材料。传输距离可达几十千米。光纤的优点是不受电磁干扰，传输距离远，传输速率高；缺点是安装维护比较困难。

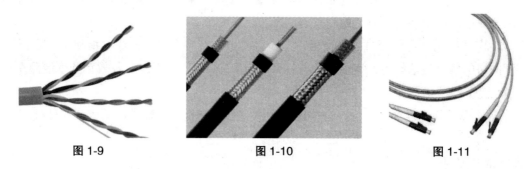

图1-9　　　　　　　　图1-10　　　　　　　　图1-11

2. 无线网

无线网建设成本低、时间短，信号传输范围有限，信号容易受障碍物影响。

采用无线介质连接的网络称为无线网。目前无线网主要采用三种技术：微波通信、红外线通信和激光通信。这三种技术都是以大气为介质。其中微波通信用途最广，目前的卫星网就是一种特殊形式的微波通信，它利用地球同步卫星作为中继站转发微波信号，一个同步卫星可以覆盖地球三分之一以上的表面，三个同步卫星就可以覆盖地球上的全部通信区域。

1.6.3.3 按照拓扑结构分类

计算机网络的物理连接形式叫做网络的物理拓扑结构。连接在网络上的计算机、大容量的外存、高速打印机等设备均可看作网络上的一个结点，也称为工作站。计算机网络中常用的拓扑结构有总线型、星型、环型等。

1. 总线型拓扑结构

总线型拓扑结构（见图1-12）是一种共享通路的物理结构。这种结构中总线具有信息的双向传输功能，普遍用于局域网的连接。总线一般采用同轴电缆或双绞线。

总线型拓扑结构的优点是安装容易，扩充或删除一个结点很容易，不需停止网络的正常工作，结点的故障不会殃及系统。由于各个结点共用一个总线作为数据通路，故信道的利用率高。但总线型拓扑结构也有缺点，由于信道共享，连接的结点不宜过多。

2. 星型拓扑结构

星型拓扑结构（见图 1-13）是一种以中央结点为中心，把若干外围结点连接起来的辐射形互联结构。这种结构适用于局域网，近年来连接的局域网大都采用这种连接方式。这种连接方式以双绞线或同轴电缆作为连接线路。

星型拓扑结构的优点是安装容易，结构简单，费用低，通常以集线器作为中央结点，便于维护和管理。其缺点是中心结点是全网络的可靠瓶颈，中心结点出现故障会导致网络的瘫痪。因此中央结点的正常运行对网络系统来说是至关重要的。

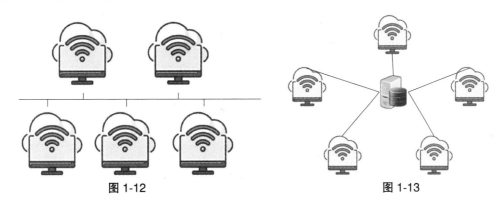

图 1-12   图 1-13

3. 环型拓扑结构

环型拓扑结构（见图 1-14）是将网络结点连接成闭合结构。信号顺着一个方向从一台设备传到另一台设备，每一台设备都配有一个收发器，信息在每台设备上的延时时间是固定的。这种结构特别适用于实时控制的局域网。

环型拓扑结构的优点是安装容易，费用较低，电缆故障容易查找和排除。有些网络系统为了提高通信效率和可靠性，采用双环结构，即在原有的单环上再套一个环，使每个结点都具有两个接收通道。环型拓扑结构的缺点是当结点发生故障时，整个网络就不能正常工作。

4. 网状拓扑结构

网状拓扑结构（见图 1-15）中，各结点通过传输线路相互连接起来，并且每一个结点至少与其他两个结点相连。网状拓扑结构具有较高的可靠性，但其结构复杂，实现起来费用较高，不易管理和维护，不常用于局域网。

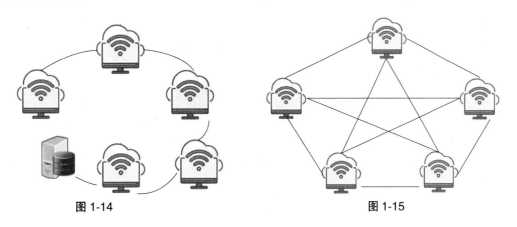

图 1-14   图 1-15

5. 混合型拓扑结构

混合型拓扑结构（见图1-16）是将两种或者多种单一拓扑结构混合起来，取它们的优点所构成的拓扑结构。

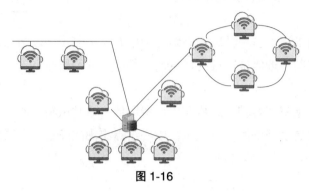

图 1-16

📝 练一练

大厦的内部网络属于（　　）。

    A. 广域网   B. 局域网   C. 城域网   D. 骨干网

【答案】B

【解析】大厦内部网络按照地理范围分类属于局域网。

1.6.4 网络体系结构

1.6.4.1 OSI 七层模型

为了使不同计算机厂家生产的计算机能够相互通信，以便在更大的范围内建立计算机网络，国际标准化组织（international organization for standardization，ISO）在1978年提出了"开放系统互联参考模型"，即著名的OSI/RM模型（open system interconnection/reference model），标有1～7层，第1层在最底部，如图1-17和图1-18所示。

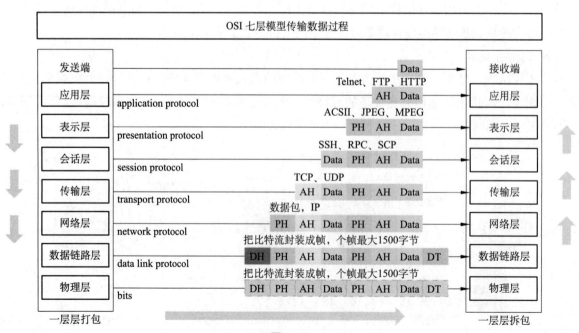

图 1-17

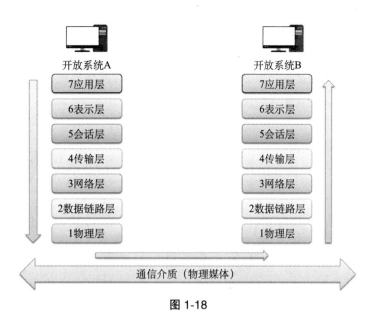

图 1-18

1.6.4.2 TCP/IP

网络中计算机与计算机之间的通信依靠协议进行。协议是计算机收、发数据的规则。TCP/IP 是一系列网络协议的总和，包括 TCP、IP、UDP、ARP 等上百个子协议。在这些协议中，TCP 和 IP 是两个核心协议。

除了标准的 OSI/RM 七层模型以外，常见的网络层次划分还有 TCP/IP 四层模型及 TCP/IP 五层模型，它们之间的对应关系如图 1-19 所示。

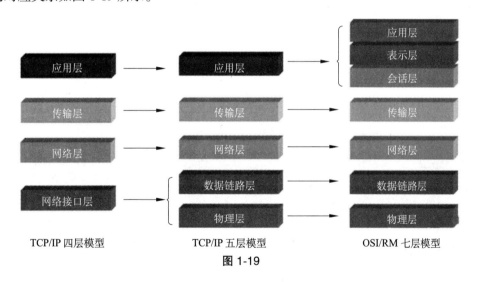

图 1-19

1. 数据链路层（网络接口层）
数据链路层功能是提供网络相邻结点间的信息传输，并进行错误检测和纠正，以确保数据的可靠传输。

2. 网络层（IP 协议层）
网络层功能是提供源结点和目的结点之间的信息传输服务，包括寻址和路由器选择等功能。

3. 传输层
传输层功能是提供网络上的各应用程序之间的通信服务，该层两个最核心的协议就是传输控制协议（TCP）和用户数据报协议（UDP）。

4. 应用层

应用层是 TCP/IP 模型的最高层，其功能是为用户提供访问网络环境的各种服务，主要提供 FTP、TELNET、DNS、SMTP、GOPHER 等功能软件。

具体应用见图 1-20。

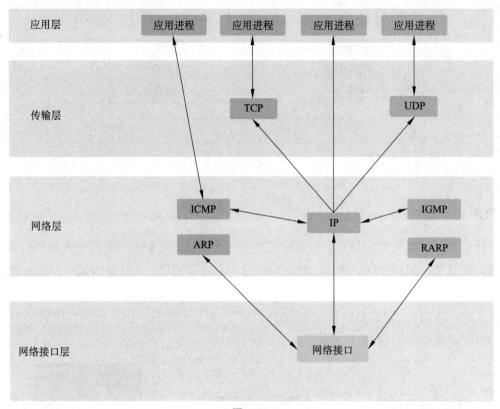

图 1-20

📝 练一练

以下不属于 OSI/RM 七层模型分层的是（　　　）。

    A. 数据链路层　　　　　　B. 物理层　　　　　　C. 传输层　　　　　　D. 网络接口层

【答案】D

【解析】网络接口层属于 TCP/IP 四层模型。

1.6.5　IP 地址与域名

1.6.5.1　IP 地址

我们将整个 Internet 看作一个单一的、抽象的网络。所谓 IP 地址就是为 Internet 中的每一台主机分配一个在全球范围的唯一地址。IPv4 地址由 32 位二进数码表示，为方便记忆，把这 32 位二进制数每 8 个一段用"."隔开，再将每一段的二进制数化成十进制数，也就得到所看到的 IP 地址。

IP 地址是用"."隔开的四个十进制整数，每个数字取值为 0～255。

IP 地址分 A、B、C、D、E 五类，目前大量使用的是 A、B、C 三类，D 类为 Internet 体系结构委员会（internet architecture board，IAB）专用，E 类保留在以后使用。详见表 1-8。

表 1-8

类别	最大网络数	IP 地址范围	单个网段最大主机数	私有 IP 地址范围
A	126（2^7-2）	1.0.0.1～127.255.255.254	16777214	10.0.0.0～10.255.255.255
B	16384（2^{14}）	128.0.0.1～191.255.255.254	65534	172.16.0.0～172.31.255.255
C	2097152（2^{21}）	192.0.0.1～223.255.255.254	254	192.168.0.0～192.168.255.255

初赛中常让我们判断 IP 地址的正确性。

注意：IP 地址中以十进制"127"作为开头的这类地址不进行任何网络传输，127. 0. 0. 1～127. 255. 255. 255 用于回路测试，如 127.0.0.1 可以代表本机 IP 地址，用"http://127.0.0.1"就可以测试本机配置的 Web 服务器。后面的三个数字可以为 0，最大数值是 255。尽管 IP 地址的取值范围是 0～255，但是 0 和 255 不能分配给任何主机，如 192.168.1.0 和 192.168.1.255 这两个 IP 地址不能分配给任何主机。C 类地址第一个数字最大只到 223。

未来的 IPv6 协议中，IP 地址长度为 128 位。

📝 练一练

IP 地址"192.168.3.105"属于（　　　）类 IP 地址。

　　A. A　　　　　　　　B. B　　　　　　　　C. C　　　　　　　　D. D

【答案】C

【解析】A 类 IP 地址范围为 1.0.0.1～127.255.255.254，B 类 IP 地址范围为 128.0.0.1～191.255.255. 254，C 类 IP 地址范围为 192.0.0.1～223.255.255.254。

1.6.5.2　域名

由于 IP 地址具有不方便记忆并且不能显示地址组织的名称和性质等缺点，人们设计出了域名，并通过域名系统（domain name system，DNS）将域名和 IP 地址相互映射。

顶级域名有三类：

• 国家顶级域名，如 cn（中国）、us（美国）、uk（英国）；

• 国际顶级域名，如 int，国际性组织可在 int 下注册；

• 通用顶级域名，如 com、net、edu、gov、org 等。

为了识别域名，人们设计了 DNS。DNS 就是以主机的域名代替其在因特网中实际 IP 地址的系统，它负责将因特网上主机的域名转化为计算机能识别的 IP 地址，是一个按照层次组织的分布式服务系统。

上面的 IP 地址、域名和 DNS 给了因特网上每一台主机唯一的定位。三者之间的具体联系过程如下：当连接网络并输入想访问主机的域名后，由本地机向域名服务器发出查询指令，域名服务器通过连接整个域名系统查询对应的 IP 地址，如找到则返回相应的 IP 地址，反之则返回错误信息。浏览器左下角的状态条上会有这样的信息："正在查找 www.aaa.com""www.aaa.com 已经发现，正在连接 www. aaa.com"，其实这就是域名通过 DNS 转化为 IP 地址的过程。

域名通过 DNS 转化为 IP 地址需要等待一段时间，如果所使用的域名服务器上没有域名的对应 IP

地址，它就会向上级域名服务器查询，依此类推，直至查到结果或返回无效信息。一般而言，这个查询过程非常短。

📝 练一练

英国的国家顶级域名是（   ）。

A. cn   B. jp   C. us   D. uk

【答案】D

【解析】英国的国家顶级域名是 uk，美国的是 us，中国的是 cn，日本的是 jp。

📰 名词解释

1. WWW：world wide web，万维网。

2. URL：uniform resource locator，统一资源定位器。

3. HTTP：hypertext transfer protocol，超文本传输协议。

4. FTP：file transfer protocol，文件传输协议。

5. TCP：transfer control protocol，传输控制协议。

6. Internet：因特网。

1.6.6 专题练习

1. 计算机网络最主要的功能是（   ）。

    A. 提高计算机运算速度   B. 数据传输和资源共享

    C. 增强计算机的处理能力   D. 提供 E-mail 服务

2. 通常情况下，覆盖范围最广的是（   ）。

    A. 局域网   B. 广域网   C. 城域网   D. 公司办公网

3. 下面关于网络拓扑结构的说法中正确的是（   ）。

    A. 总线型拓扑结构比其他拓扑结构成本更高

    B. 局域网的基本拓扑结构一般有星型、总线型和环型等

    C. 每一种网络都必须包含星型、总线型和环型这三种网络结构

    D. 网络上只要有一个结点发生故障就可能使整个网络瘫痪的网络结构是星型拓扑结构

4. SMTP 属于 TCP/IP 的（   ）。

    A. 网络层   B. 传输层   C. 应用层   D. 网络接口层

5. 下面的 IP 地址错误的是（   ）。

    A. 201.107.39.67   B. 120.34.1.18   C. 21.19.34.44   D. 127.0.258.2

【答案】BBBCD

【解析】

1. 网络最主要的功能是数据传输和资源共享。

2. 从地理范围上区分，广域网的覆盖范围最大。

3. 按照拓扑结构分类，一般来说分为总线型、星型、环型。

4. SMTP 是简单邮件传送协议，因此属于应用层。

5. IP 地址的数值在 0～255 之间，故 D 错误。

1.7　计算机安全

◎ 知识目标

- 了解计算机的硬件安全知识。
- 了解计算机的病毒知识。
- 了解计算机的信息安全。

1.7.1　自然环境的防护

计算机在使用过程中，硬件设备只有处于一个适当安全的工作环境中，才能为用户提供服务。例如，环境温度、空气湿度、电磁场强弱、静电大小、灰尘等都是影响计算机硬件安全环境的因素。

①环境温度：温度过低会造成硬件设备的冻结；温度过高会造成设备高温宕机。

②空气湿度：空气湿度过低会出现静电；湿度过高会造成设备锈蚀。

③电磁场强弱：影响计算机信号的接收和数据的传输。

④灰尘：影响硬件设备散热设备运行。

⑤硬件泄密：如硬件设备中被写入病毒程序和黑客程序等。

📝 练一练

不会影响计算机硬件安全的因素是（　　　）。

　　A. 机房环境潮湿发霉

　　B. 机房长期处于高温环境下

　　C. 机房内装修灰尘特别大

　　D. 机房内噪声特别大，震耳欲聋

【答案】D

【解析】噪声不会直接影响计算机硬件安全。

1.7.2　计算机病毒

计算机病毒是人类自己想象和发明出来的，是一种特殊的程序，有着与生物病毒极为相似的特点。

①寄生性：计算机病毒大多依附在别的程序上。

②隐蔽性：计算机病毒是悄然进入系统的，人们很难察觉。

③潜伏性：计算机病毒通常潜伏在计算机程序中，只在一定条件下才发作。

④传染性：计算机病毒能够自我复制繁殖，并通过传输媒介蔓延。

⑤破坏性：计算机病毒轻则占用一定数量的系统资源，重则破坏整个系统。

对于计算机病毒应采取积极的防治态度。首先，要防止"病从口入"，病毒不是自生的，而是外来的，应尽量避免使用不安全的存储设备，以及浏览不安全的网站。其次，要使用防杀病毒软件，及时升级病毒库。

练一练

以下不是计算机病毒的特点的是（　　　）。

  A. 计算机病毒具有公开性　　　　　　B. 计算机病毒具有隐蔽性

  C. 计算机病毒具有传染性　　　　　　D. 计算机病毒具有破坏性

【答案】A

【解析】计算机病毒一般是隐蔽传播，不具有公开性。

1.7.3　防火墙

  防火墙是用于安全管理与安全筛选的软件设备和硬件设备，帮助计算机网络在其内、外网之间构建一道相对隔绝的保护屏障，保护用户资料与信息安全性的一种技术，如图 1-21 所示。

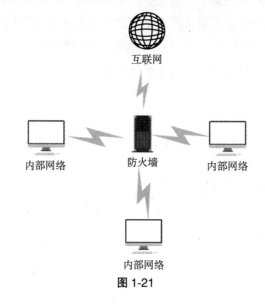

图 1-21

练一练

防火墙的主要作用是（　　　）。

  A. 杀病毒　　　　　B. 隔离内、外网　　　　　C. 防火　　　　　D. 防盗

【答案】B

1.7.4　专题练习

  1. 计算机病毒是（　　　）。

   A. 人类写的破坏性的程序　　　　　B. 用户误操作的结果

   C. 一类腐蚀硬件的病毒　　　　　　D. 计算机自我产生的破坏性的文件

  2. 以下不是计算机病毒特点的是（　　　）。

   A. 寄生性　　　　　B. 隐蔽性　　　　　C. 潜伏性　　　　　D. 免疫性

  3. 国家机关为了防止黑客入侵，最根本的解决方案是（　　　）。

   A. 安装杀毒软件　　　　　　　　　B. 禁止使用 U 盘

   C. 禁止使用网络　　　　　　　　　D. 使用防火墙系统

4. 计算机被病毒感染的途径可能是（　　　）。

A. 使用表面被污染的光盘　　　　　　　　B. 电压不稳定

C. 接收到不明邮件，并打开　　　　　　　D. 用键盘输入数据

5. 计算机病毒最不容易侵入的是（　　　）。

A. ROM　　　　　　B. RAM　　　　　　C. 硬盘　　　　　　D. 计算机网络

【答案】ADDCA

【解析】

1. 计算机病毒是人类自己想象和发明出来的一类破坏性的程序。

2. 计算机病毒的五个特性：寄生性、隐蔽性、潜伏性、传染性、破坏性。

3. 杀毒软件在某种程度上也能阻止黑客入侵，但不是根本的解决方案，最根本的解决方案是在内、外网之间架设防火墙。

4. 计算机防病毒很重要的一条就是不能随便打开陌生邮件，并及时更新杀毒软件。

5. ROM 是只读存储器，不具有写入功能，故不容易被计算机病毒侵入。

1.8 原码、补码和反码

知识目标

- 了解机器数和真值的概念。
- 掌握原码、反码和补码的定义。
- 掌握原码、反码和补码的转换方法。

1.8.1 机器数

所谓机器数就是数字在计算机中的二进制的表示形式，并将符号数字化，大小受计算机字长的限制。

符号数字化是指数的正负用 0 和 1 表示，并且用最高位存放。

举例说明：十进制数 +5，如果计算机字长是 8 位，则它的二进制表示为 00000101。十进制数 −5，如果计算机字长是 8 位，则它的二进制表示为 10000101。00000101 和 10000101 就是机器数。

练一练

−8 的机器数是（　　　），字长为 8。

A. 00001000　　　　B. 1000　　　　C. 10001000　　　　D. 11110111

【答案】C

【解析】8 的 8 位二进制数是 00001000。−8 的机器数要进行符号数字化，即 10001000。

1.8.2 真值

机器数的第一位是符号位，如果是 8 位二进制数，后 7 位才是真值。

举例说明：−5 的 8 位二进制数 10000101，如果最高位不看作符号位，直接转换成十进制数是 133，而不是 −5。

真值的计算如下：

10000101 的真值 = −0000101 = −5；

00000101 的真值 = +0000101 = +5。

练一练

8 位二进制数 10000110 的真值是（　　　）。

A. 6　　　　　　　B. 7　　　　　　　C. −6　　　　　　　D. −7

【答案】C

【解析】根据真值的计算方法，8 位二进制数 10000110 = −0000110 = −6。

1.8.3　原码、反码和补码

在计算机的发展过程中，原码、反码和补码是逐渐完善的，最开始是采用原码表示带符号数，但是在原码表示法中存在两个 0，即 +0 和 −0。于是又发明了反码表示法，正数不变，负整数的符号位不变，其他按位取反。因为减法运算规则，后来又发明了补码表示法，这样既解决了 0 的问题又解决了运算的问题，所以计算机的运算是基于补码进行的。

以下都是基于 8 位二进制数举例。

1. 原码

原码就是符号位加上真值。

举例说明：

+5 的原码 =00000101；

−5 的原码 =10000101。

2. 反码

①正整数的反码就是它本身。

②负整数的反码是在原码的基础上，符号位不变，其他位按位取反。

举例说明：

+5 的反码 =00000101；

−5 的反码 =11111010。

3. 补码

①正整数的补码就是它本身。

②负整数的补码是在反码的基础上加 1。

举例说明：

+5 的反码 =00000101，+5 的补码 =00000101；

−5 的反码 =11111010，−5 的补码 =11111011。

4. +0 和 −0 的原码、反码和补码

+0 的原码 =00000000，反码 =00000000，补码 =00000000；

−0 的原码 =10000000，反码 =11111111，补码 =00000000。

所以 +0 和 −0 的补码表示法是相同的。

📝 **练一练**

对 +0 和 −0 的描述正确的是（　　　）。

    A.+0 和 −0 的原码形式是相同的

    B.+0 和 −0 的反码形式是相同的

    C.+0 和 −0 的补码形式是相同的

    D. 都是以原码形式存储在计算机中

【答案】C

1.8.4　专题练习

1.计算机的字长为 8 位，则十进制数（−67）的补码为（　　　）。

    A. 1000011   B. 11000011

    C. 10111101   D. 10111111

2.对于一个正整数来说，其原码、反码和补码（　　　）。

    A. 是不同的   B. 都是原码本身

    C. 都是相反的   D. 都是互补的

3.假设 8 位机器数是 10110101，其补码是（　　　）。

    A. 11001011   B. 10110101

    C. 11001010   D. 11000011

4.已知 $[X]_补$ =10111110，则 X 的真值是（　　　）。

    A. 1000011   B. 11000010   C. 1000110   D. 1001010

5.+0 和 −0 的（　　　）是相同的。

    A. 原码   B. 反码   C. 补码   D. 二维码

【答案】CBABC

【解析】

1.−67 的机器数是 11000011，符号位不变其他取反为 10111100，补码 +1 为 10111101，所以选 C。

2.正整数的原码、反码和补码都是原码本身。

3.先对机器数取反，得 11001010；再加 1，得 11001011。

4.补码是 10111110。先减 1，得 10111101；再取反，得 11000010。

5.+0 和 −0 的补码是相同的。

1.9　数制转换与编码

◎ **知识目标**

● 掌握常见进制基数。

● 掌握常见进制的相互转换方法。

1.9.1 进制转换

常用的进制及它们之间的相互转换见表 1-9。

表 1-9

进制	基数	基数个数	进数规律
十进制	0、1、2、3、4、5、6、7、8、9	10	逢十进一
二进制	0、1	2	逢二进一
八进制	0、1、2、3、4、5、6、7	8	逢八进一
十六进制	0、1、2、3、4、5、6、7、8、9、A、B、C、D、E、F	16	逢十六进一

注：十六进制中的 A、B、C、D、E、F 分别表示 10、11、12、13、14、15。

1.9.2 二进制转十进制

方法："按权展开求和"。

例如：$(1011.01)_2 = 1 \times 2^3 + 0 \times 2^2 + 1 \times 2^1 + 1 \times 2^0 + 0 \times 2^{-1} + 1 \times 2^{-2}$

$$= 8 + 0 + 2 + 1 + 0 + 0.25$$

$$= 11.25$$

规律：个位上的数字的次数是 0，十位上的数字的次数是 1，依次递增，而十分位的数字的次数是 −1，百分位上数字的次数是 −2，依次递减。

练一练

二进制数 101011.1101 转换为十进制数是（　　　）。

    A. 43.825　　　　　　B. 43.8125　　　　　　C. 43.125　　　　　　D. 42.8125

【答案】B

【解析】按权展开求和：$101011.1101 = 1 \times 2^5 + 0 \times 2^4 + 1 \times 2^3 + 0 \times 2^2 + 1 \times 2^1 + 1 \times 2^0 + 1 \times 2^{-1} + 1 \times 2^{-2} + 0 \times 2^{-3} + 1 \times 2^{-4} = 43.8125$

1.9.3 十进制整数转二进制

方法："除以 2 取余，逆序输出"（短除反取余法）。

例如：$(89)_{10} = (1011001)_2$，具体计算过程见图 1-22。

```
2 ⌊ 89
2 ⌊ 44  ...... 1  ↑
2 ⌊ 22  ...... 0
2 ⌊ 11  ...... 0
2 ⌊ 5   ...... 1
2 ⌊ 2   ...... 1
2 ⌊ 1   ...... 0
    0   ...... 1
```

图 1-22

📝 **练一练**

将 $(21)_{10}$ 转换为二进制数是（   ）。

A. 10101　　　　　　B. 10110　　　　　　C. 11011　　　　　　D. 11000

【答案】A

1.9.4　十进制小数转二进制

方法："乘以 2 取整，顺序输出"。

例如：$(0.625)_{10} = (0.101)_2$，具体计算过程见图 1-23。

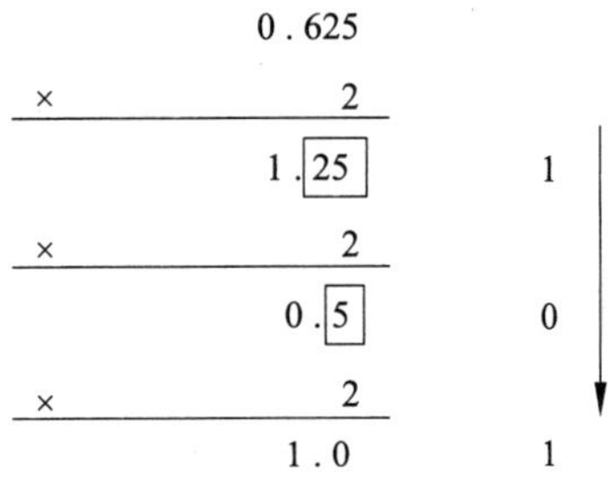

$$
\begin{array}{r}
0.625 \\
\times \quad\quad 2 \\
\hline
1.\boxed{25} \quad\quad 1 \\
\times \quad\quad 2 \\
\hline
0.\boxed{5} \quad\quad 0 \\
\times \quad\quad 2 \\
\hline
1.0 \quad\quad 1 \\
\end{array}
$$

图 1-23

📝 **练一练**

将（0.8125）$_{10}$ 转换为二进制数是（   ）。

A. 0.1101　　　　　　B. 0.1011　　　　　　C. 0.1111　　　　　　D. 0.1010

【答案】A

1.9.5　八进制与二进制的相互转换

二进制数转换成八进制数的方法：从小数点开始，整数部分向左、小数部分向右，每 3 位为一组，用一位八进制数的数字表示，不足 3 位的要用"0"补足 3 位，就得到一个八进制数。

八进制数转换成二进制数的方法：把每一个八进制数转换成 3 位的二进制数，就得到一个二进制数。

例如：将二进制的 10110.0011 转换成八进制。

010 110 . 001 100

　2　　6　.　1　　4

即（10110.0011）$_2$ =（26.14）$_8$。

例如：将八进制数 37.416 转换成二进制数。

　3　　7　.　4　　1　　6

011 111 . 100　001 110

即（37.416）$_8$ =（11111.10000111）$_2$。

📝 **练一练**

（11010100101.1010101）$_2$ 转换成八进制数为（   ）。

A. 3245.524　　　　　　B. 2345.534　　　　　　C. 2345.524　　　　　　D. 3245.534

【答案】A

【解析】三个一组，011 010 100 101.101 010 100，对应八进制数为 3245.524。

$$3 \quad 2 \quad 4 \quad 5.5 \quad 2 \quad 4$$

1.9.6 十六进制与二进制的相互转换

二进制数转换成十六进制数的方法：：从小数点开始，整数部分向左、小数部分向右，每 4 位为一组，用一位十六进制数的数字表示，不足 4 位的要用"0"补足 4 位，就得到一个十六进制数。

十六进制数转换成二进制数的方法：：把每一个十六进制数转换成 4 位的二进制数，就得到一个二进制数。

例如：将二进制数 1100001.111 转换成十六进制数。

0110　0001　.　1110

　6　　　1　.　E

即 $(1100001.111)_2 = (61.E)_{16}$。

例如：将十六进制数 5DF.9 转换成二进制数。

　5　　　D　　　F　.　9

0101　1101　1111　.　1001

即 $(5DF.9)_{16} = (10111011111.1001)_2$。

练一练

$(11010100101.1010101)_2$ 转换为十六进制数为（　　　　）。

    A. 6B5.BB   B. 6A5.AA   C. 6A4.BB   D. 6A4.AA

【答案】B

【解析】四个一组，0110 1010 0101.1010 1010，对应十六进制数为

$$6 \quad A \quad 5 . A \quad A$$

故结果是 6A5.AA。

1.9.7 专题练习

1. 十进制数 16/256 可用二进制数表示为（　　　　）。

    A. 10000/100000000   B. 10000/100000   C. 0.0001   D. 0.001

2. 十进制数 2008 等值于八进制数（　　　　）。

    A. 3730   B. 3724   C. 2766   D. 4002

3. $(100.625)_{10}$ 等值于二进制数（　　　　）。

    A. 1101100.111   B. 1100100.101   C. 1000100.011   D. 1000100.11

4. 以下二进制数的值与十进制数 23.456 的值最接近的是（　　　　）。

    A. 10111.0101   B. 11011.1111   C. 11011.0111   D. 10111.0111

5. 算式 $(2047)_{10} - (3FF)_{16} + (2000)_8$ 的结果是（　　　　）。

    A. $(2048)_{10}$ B. $(2047)_{10}$ C. $(3745)_8$ D. $(2AF7)_{16}$

6. 【2024 CSP-J 初赛真题】计算 $(14_8 - 1010_2) * D_{16} - 1101_2$ 的结果，并选择答案的十进制数。（　　　　）

    A. 13   B. 14   C. 15   D. 16

【答案】CABDA　A

【解析】

1. 计算机只能存储最终计算结果，故 A、B 不正确。16/256=0.0625，乘以 2 取整转换成二进制数是 0.0001，所以选 C。

2. 除 8 倒着取余：$2008=8\times251+0$

$$251=8\times31\ +3$$
$$31=8\times3\ \ +7$$
$$3=8\times0\ \ +3$$

所以结果是 3730。

3. 看 0.625 即可，0.625 转二进制数是 0.101，所以选 B。

4. $(23)_{10}=(10111)_2$。

0.456 转二进制数：

$0.456\times2=0.912$（取走整数 0）

$0.912\times2=1.824$（取走整数 1）

$0.824\times2=1.648$（取走整数 1）

计算到此可以判断选 D。

5. 转换成十进制，$2047-1023+1024=(2048)_{10}$。

6. 将计算结果转成十进制数是：$(12-10)*13-13=13$。

1.10 计算机的存储

⊚ 知识目标

- 了解计算机的存储单位并换算。
- 掌握图像大小的计算方式。
- 掌握视频大小的计算方式。

1.10.1 计算机的存储单位

bit（位）：比特，计算机中的最小单位，二进制数中的一个数位，0 或者 1。

Byte（字节）：在计算机中，最基本的存储信息的单位是字节，即 Byte，也是计算机中表示信息含义的最小单位。一个字节由 8 位二进制数组成。数据在计算机中至少需要一个字节存储，如 ASCII 码中的字符占用 1 个字节，一个中文字符占用 2 个字节。

KB 和 KiB（千字节）：计算机的一种计量单位，通常用来标记一些存储设备的容量。根据国际单位制标准，1KB=1000Byte。KiB 按照 IEC 命名标准，是二进制存储单位的标准命名。1KiB=1024Byte，通常计算时，我们采用 1KB=1024B。

其他单位换算参见表 1-10。

表 1-10

国际单位制				IEC 单位（二进制）			
单位名称	英文名称	中文名称	10 的次幂	单位名称	英文名称	中文名称	2 的次幂
B	Byte	字节	10^0	B	Byte	字节	2^0
KB	Kilobyte	千字节	10^3	KiB	Kibibyte	千字节	2^{10}
MB	Megabyte	兆字节	10^6	MiB	Mebibyte	兆字节	2^{20}
GB	Gigabyte	千兆 / 吉字节	10^9	GiB	Gibibyte	千兆 / 吉 位二进制字节	2^{30}
TB	Terabyte	万亿 / 太字节	10^{12}	TiB	Tebibyte	万亿 / 太 位二进制字节	2^{40}

📝 练一练

计算机存储信息的基本单位是（　　　）。

　　A. bit 　　　　　　B. Byte 　　　　　　C. MB 　　　　　　D. GB

【答案】B

【解析】计算机的最小单位是位，但是位只是二进制中的一个数位，存储不了信息，一个 ASCII 码占用一个字节，因此是 Byte（字节）。

1.10.2　关于图像大小的计算

位深度：简称位深，计算机在记录颜色的时候是采用位记录颜色数据，它用来记录每一个像素颜色的值，色彩越丰富，位就越多，每一个像素使用的这种位数就是位深度。通常表示为 8 位色、16 位色、24 位色。

8 位色位深是 8，颜色种类是 2^8，共计 256 种颜色。

BMP 图像计算公式如下：

分辨率 × 位深度 ＝（结果单位）位（bit）；

分辨率 × 位深度 ÷8 ＝（结果单位）字节（Byte）；

分辨率 × 位深度 ÷8÷1024 ＝（结果单位）千字节（KB）；

分辨率 × 位深度 ÷8÷1014÷1024 ＝（结果单位）兆（MB）。

📝 练一练

将一幅未经压缩的 1280×968 像素、16 位色 BMP 图片，转换成 JPEG 格式后，存储容量为 43.2KB，则压缩比约为（　　　）。

　　A. 38：1 　　　　　　B. 56：1 　　　　　　C. 48：1 　　　　　　D. 18：1

【答案】B

【解析】先计算 BMP 图片容量 1280×968×16÷8÷1024＝2420，再去除以 43.2，压缩比大约是 56：1。

1.10.3　关于视频容量的计算

视频容量计算公式如下：

分辨率 × 位深度 ×（帧频 × 时间）＝（结果单位）位（bit）；

分辨率 × 位深度 ×（帧频 × 时间）÷8 ＝（结果单位）字节（Byte）；

分辨率 × 位深度 ×（帧频 × 时间）÷8÷1024=（结果单位）千字节（KB）；

分辨率 × 位深度 ×（帧频 × 时间）÷8÷1024÷1024=（结果单位）兆（MB）。

练一练

某未经压缩的视频参数为尺寸为 800×600 像素、16 位色，若采用 25 帧 / 秒播放，则每分钟视频数据量约为（   ）。

A. 1343.3B   B. 1373.3MB   C. 1373.3GB   D. 1343.3KB

【答案】B

【解析】800×600×16×25×60÷8÷1024÷1024≈1373.3MB。

1.10.4　专题练习

1. 一幅未经压缩的 1024×768 像素、8 位色 BMP 图像，其存储容量约为（   ）。

A. 0.75MB   B. 0.75KB   C. 2MB   D. 2KB

2. 使用一个存储容量为 2048MB 的 U 盘存储未经压缩的 1280×968 像素、32 位色 BMP 图像，可以存储这种图像大约（   ）。

A. 350 张   B. 550 张   C. 400 张   D. 500 张

3. 一段未经压缩的视频参数：每帧画面为 640×480 像素，8 位色。若每秒钟视频数据量为 14.6MB，则每秒钟播放的帧数大约为（   ）。

A. 30   B. 50   C. 60   D. 15

4. 某未经压缩的 AVI 视频，参数为 480×320 像素、16 位色，帧频为 25fps，时长为 1 分钟，则该视频文件需要的磁盘存储容量大约是（   ）。

A. 500MB   B. 439.45GB   C. 439.45KB   D. 439.45MB

【答案】ACBD

【解析】

1. 1024×768×8÷8÷1024÷1024=0.75MB。

2. 1280×968×32÷8÷1024÷1024=4.73，2048÷4.73≈433 张。故大约存储 400 张。

3. 640×480×8÷8÷1024÷1024≈0.293MB，14.6/0.293≈49.83。故大约是 50 帧。

4. 480×320×16×25×60÷8÷1024÷1024≈439.45MB。

1.11　综合练习

1. 被称为博弈论之父的是（   ）。

A. 约翰·冯·诺依曼   B. 理查德·贝尔曼

C. 艾伦·图灵   D. 戈登·摩尔

2. （   ）计算机可以使用高级语言进行编程。

A. 第一代   B. 第二代   C. 第三代   D. 第四代

3. 下列网络上常用词缩写对应的中文解释错误的是（　　　　）。

    A. WWW（world wide web）：万维网

    B. URL（uniform resource locator）：统一资源定位器

    C. HTTP（hypertext transfer protocol）：超文本传输协议

    D. FTP（file transfer protocol）：快速传输协议

4. IPv4 地址是由（　　　　）位二进制数表示的。

    A. 16　　　　　　　　B. 32　　　　　　　　C. 24　　　　　　　　D. 8

5. 计算机病毒破坏的主要对象是（　　　　）。

    A. CPU　　　　　　　B. 内存　　　　　　　C. 硬盘　　　　　　　D. 程序和数据

6. 8 位二进制数 [x] 补码 =10011010，其原码为（　　　　）。

    A. 011001111　　　　B. 11101000　　　　C. 11100110　　　　D. 11100111

7. 十进制算术表达式：$4 \times 512 + 3 \times 64 + 2 \times 8 + 5$ 的运算结果，用二进制数表示为（　　　　）。

    A. 100011010101　　B. 11111100101　　C. 111110100101　　D. 11111101101

8. 将一幅未经压缩的 1280×968 像素、8 位色 BMP 图片转换成 JPEG 格式后，存储容量为 43.2KB，则压缩比约为（　　　　）。

    A. 28 : 1　　　　　　B. 18 : 1　　　　　　C. 8 : 1　　　　　　D. 4 : 1

9. 【2024 CSP-J 初赛真题】下面不是操作系统名字的是（　　　　）。

    A. Notepad　　　　　B. Linux　　　　　　C. Windows　　　　　D. macOS

10. 【2022 CSP-J 初赛真题】八进制数 32.1 对应的十进制数是（　　　　）。

    A. 24.125　　　　　　B. 24.250　　　　　　C. 26.125　　　　　　D. 26.250

【答案】ABDBD　CAA

【解析】

1. 约翰·冯·诺依曼被称为计算机之父和博弈论之父。艾伦·图灵是人工智能之父。

2. 第二代计算机开始使用高级语言（FORTRAN 等）进行编程。

3. FTP（file transfer protocol）是文件传输协议。

4. IPv4 由 32 位二进制数表示。

5. 计算机病毒主要是破坏程序和数据的。

6. 补码转原码，先减 1，再取反。10011010 减 1 是 10011001，取反 11100110，选 C。

7. 4×512，可以看成 $4 \times 2^9 = 4 \times 1000000000 = 4000000000$，二进制数中的 4 是 100，可以写成 100000000000，其他同理。算式可以写成 $100000000000 + 11000000 + 10000 + 101 = 100011010101$。

8. $1280 \times 968 \times 8 / 8 / 1024 = 1210$KB，$1210 / 43.2 \approx 28$。

9. Notepad 不是操作系统，是一个代码编辑器。

10. 八进制转十进制，$3 \times 8 + 2 + 1 \times 1 / 8 = 26.125$。

 **第 2 章** **C++ 基础知识**

2.1 基本概念

◎ 知识目标

- 掌握常量的相关知识。
- 掌握变量的相关知识。
- 了解命名空间的相关知识。
- 掌握基本数据类型。
- 了解编辑、编译、调试等概念。
- 掌握逗号表达式的相关知识。
- 掌握结构体的相关知识。
- 掌握联合体的相关知识。

2.1.1 常量

在程序中，常量是一个固定的值，初始化后其值无法被修改。通常用到关键字 const。程序如下：

```
const int maxn=1001;
```

如果后面跟着以下语句：

```
maxn=20001;
```

程序将报错。

2.1.2 变量

变量是在程序运行时其值可以改变的量。程序如下：

```
int maxn=1001;
maxn=2001;
```

变量的命名规则是：

①变量名称可以包含字母、数字和下划线。

②变量名称的第一个字符必须是字母或下划线，不能用数字开头。

③ C++ 大小写敏感，myVariable 和 myvariable 是两个不同的变量。

④变量名称不能是 C++ 的关键字或保留字，如 void、int 等。

📝 练一练

在 C++ 中，下列变量名称不正确的是（　　）。

A. _myVariable　　　　　B. myVariable25　　　　C. 25myVariable　　　　D. myVariable_

【答案】C

【解析】在 C++ 中，变量名称必须以字母或下划线开始，不能用数字开头。

2.1.3　基本数据类型

基本数据类型如表 2-1 所示。

表 2-1

数据类型	描述	存储大小 / 字节	数据范围
int	整型	4	−2147483648 到 2147483647
long	长整型	4	−2147483648 到 2147483647
long long	长长整型	8	-2^{63} 到 $2^{63}-1$
float	单精度浮点型	4	约 1.2E−38 到 3.4E+38
double	双精度浮点型	8	约 2.3E−308 到 1.7E+308
char	字符型	1	−128 到 127 或 0 到 255
bool	布尔型	1	true 或 false
void	空类型	0	无

int 和 float 类型数据通常占用 4 个字节，long long 和 double 类型数据通常占用 8 个字节。

char 类型数据通常占用 1 个字节，它用 ASCII 编码，所以 char 类型的数据可以转化为整数。

📝 练一练

【2019 CSP-J 初赛真题】一个 32 位整型变量占用（　　）个字节。

A. 32　　　　　　B. 128　　　　　　C. 4　　　　　　D. 8

【答案】C

【解析】在计算机中，一个字节占 8 位，32/8=4 个字节。

2.1.4　编辑、编译、调试

编程的第一步就是编辑，也就是编写代码。可以在文本编辑器（如 Visual Studio，Dev 等）中完成代码编写工作。

写完源代码后，下一步就是编译。编译是将编写的源代码转化为机器代码（或者说是二进制代码），这样计算机才能理解和执行。这个过程一般由编译器（如 GCC，Clang）完成。在这个过程中，编译器也会检查代码是否有误，并将结果反馈给用户。

调试是在代码出现问题或者异常后，找出并解决这些问题的过程。调试器（如 GDB，LLDB）可以执行调试任务，例如逐行运行代码、查看变量的值、设立断点等。这个过程是追踪问题源头并修改错误的关键步骤。

2.1.5 逗号表达式

逗号表达式是将多个表达式组合在一起，并按照从左到右的顺序逐个执行。这些表达式都可以产生一个值，但逗号表达式的结果是最后一个表达式的值。例如：

```
int a=(3,4);
```

表达式 (3, 4) 是一个逗号表达式，首先计算 3，然后计算 4，并且返回 4 作为结果，所以 a 的值是 4。

注意：①所有表达式都会执行，但只有最后一个表达式的值会被返回。

②表达式的执行顺序是从左到右。

练一练

1. 下面 C++ 语言中，逗号运算符描述正确的是（　　　）。

 A. 逗号运算符用于连接多个表达式，使它们构成一个新的表达式

 B. 逗号运算符将返回其左边表达式的值

 C. 逗号运算符会按照从右到左的顺序计算表达式

 D. 只有最后一个表达式会被执行

【答案】A

2. 在下面的代码中，变量 a 的值是（　　　）。

```
int a = (5, 4, 3, 2, 1);
```

 A. 5 　　　　　 B. 1 　　　　　 C. 2 　　　　　 D. 3

【答案】B

【解析】在这个逗号表达式中，所有的表达式都会被执行，分别计算 5，4，3，2，1，并且返回 1 作为结果，所以变量 a 的值是 1。

2.1.6 专题练习

1. 以下变量名不合法的是（　　　）。

 A. _number 　　　　 B. salary 　　　　 C. #price 　　　　 D. discount

2. 以下不是基本数据类型的是（　　　）。

 A. int 　　　　　 B. float 　　　　 C. bool 　　　　 D. string

3. 在 C++ 中，用于存储逻辑值的数据类型是（　　　）。

 A. int 　　　　　 B. char 　　　　 C. bool 　　　　 D. float

4. 当编译器发现一个语法错误时，它会（　　　）。

 A. 继续编译并尝试修复错误 　　　　 B. 停止编译并报告错误位置和原因

 C. 忽略错误并继续编译下一个文件 　　　　 D. 以上都不正确

5. 在 C++ 中，对整型常量 12345 的描述正确的是（　　　）。

 A. 有符号整型常量 　　　　 B. 无符号整型常量

 C. 长整型常量 　　　　 D. 以上都不正确

6. C++ 中，以下表达式是逗号表达式的是（　　　　）。

A. a = 23; 　　　　　　　　　　　　　B. b = (a, 2, 3);

C. (a=23); 　　　　　　　　　　　　　D. 以上表达式都不是

【答案】CDCBA　B

【解析】

1. "#"字符在变量名中是不合法的。

2. string 不是一个基本数据类型，而是一个类。

3. bool 类型用于存储 true 或 false 逻辑值。

4. 当编译器遇到语法错误时，它会停止编译过程并报告错误的位置和原因。编译器不会尝试修复错误或忽略错误并继续编译。

5. 在 C++ 中，除非特别声明，否则整数常量默认为 int 类型且带有符号。

6. 在 C++ 中，逗号表达式是指用逗号分隔的一系列表达式（表达式 1，表达式 2，……），它的值是最后一个表达式的值。所以，选项 B 中的 a，2，3 为一个逗号表达式，值为 3。

2.2　常见函数

◎ 知识目标

- 掌握 scanf 函数。
- 掌握 printf 函数。
- 掌握 abs 函数。
- 掌握平方根函数。

2.2.1　输入函数（scanf）

scanf 函数是 C 和 C++ 中用于从标准输入（通常是键盘）读取数据并将其赋值给变量的函数。此函数在 stdio.h（C 语言）或 cstdio（C++ 语言）头文件中定义。scanf 函数可以接受多个数据输入。

scanf 函数的一般形式是：

```
int scanf（格式字符串，变量列表）;
```

主要格式说明符：

%d：用于输入整型数据，对应的变量类型是 int；

%f：用于输入浮点数据，对应的变量类型是 float；

%lf：用于输入双精度浮点数，对应的变量类型是 double；

%lld：用于输入长整型数据，对应的变量类型是 long long；

%c：用于输入字符，对应的变量类型是 char；

%s：用于输入字符串，对应的变量类型是 char[] 或 char*。

注意：

①变量列表中，注意加地址符 "&"。

程序如下：

```
int n;
scanf("%d",&n);
```

② scanf 在处理字符串时，默认空格、换行符等为字符串结束符，所以无法接收含有空格的字符串。

③读入字符数组时，不需要加地址符 "&"，直接输入数组名称即可。

程序如下：

```
char char_array[10];
scanf("%s",char_array);
```

📝 练一练

以下有关使用 scanf 函数的描述中，错误的是（　　　）。

　　A. scanf 函数可以用来从标准输入设备（如键盘）中读取数据

　　B. %d，%f，%lf，%c 和 %s 是 scanf 中常用的格式说明符

　　C. 在使用 scanf 读取字符串时，他会将空格、制表符与换行符作为字符串的结束标志

　　D. scanf 函数只能接收单个数据输入，无法接收多个数据输入

【答案】 D

【解析】 scanf 函数可以同时接收多个数据的输入，只需要在 scanf 的参数字符串中添加对应数量的格式说明符，然后提供相应数量和类型匹配的变量接收输入数据即可。例如，scanf（"%d %f", &intVar, &floatVar）; 可以同时读取整型和浮点型数据。

2.2.2　输出函数（printf）

printf 函数是 C 和 C++ 中常用的格式化输出函数，用于把格式化的数据写到标准输出设备中，通常是屏幕。这个函数在 stdio.h（C 语言）或 cstdio（C++ 语言）头文件中定义。

函数原型是：

```
int printf（格式字符串， 变量列表）;
```

主要格式说明符：

%d：用于输出整型数据，对应的变量类型是 int;

%f：用于输出浮点数据，对应的变量类型是 float;

%lf：用于输出双精度浮点数，对应的变量类型是 double;

%c：用于输出字符，对应的变量类型是 char;

%s：用于输出字符串，对应的变量类型是 char[] 或 char*。

注意：①确保格式说明符和对应的变量类型匹配。

②在进行格式控制时，printf 函数会按照参数列表从左至右的顺序进行，所以需要确保传递的参数和格式化字符串中的参数位置对应。

③在输出浮点数的时候，可以在 % 和 f 之间设置宽度和精度，如 %.2f 会将浮点数的小数部分打印到精确的两位小数。

④变量前面不要加地址符"&"。

程序如下：

```
int a = 5;
char str[] = "Hello, printf!";
printf("The integer is %d\n", a);
printf("The string is %s\n", str);
```

在此示例中，printf 函数会按照给定的格式字符串打印输出。第一个 printf 会输出"The integer is 5"，然后换行；第二个 printf 会输出"The string is Hello, printf!"，然后换行。

练一练

【2022 CSP-J 初赛真题】以下功能没有涉及 C++ 语言的面向对象特性支持的是（　　　）。

　　A. C++ 中调用 printf 函数

　　B. C++ 中调用用户定义的类成员函数

　　C. C++ 中构造一个 class 或 struct

　　D. C++ 中构造来源于同一基类的多个派生类

【答案】A

【解析】printf 函数是 C 和 C++ 中常用的格式化输出函数，用于把格式化的数据写到标准输出设备，该函数不是面向对象特性的支持。

2.2.3　绝对值函数（abs）

绝对值函数用于返回指定整数或浮点数的绝对值，通常定义在 stdlib.h 或 cmath 库中。

函数原型是：

```
int abs(int)
```

注意：stdlib.h 和 cmath 中都有 abs 函数，前者求浮点数的绝对值是函数 fabs(double f)，返回值是 double；cmath 中 abs 函数中参数可以是整数，也可以是浮点数。

程序如下：

```
cout<<std::abs(1.234)<<endl;
cout<<std::abs(5)<<endl;
```

2.2.4　平方根函数（sqrt）

平方根函数定义如下：

```
double sqrt(double x);
```

该函数用于计算并返回一个非负实数的平方根，定义在 cmath 库中。

2.2.5 专题练习

1. 以下使用 abs 函数获取绝对值的方法正确的是（　　　）。

    A. abs−10　　　　　　　　B. abs(−10)　　　　　　　C. abs<−10>　　　　　　D. abs=−10

2. sqrt 函数在（　　　）头文件中定义的。

    A. iostream　　　　　　　B. cmath　　　　　　　　C. cstdio　　　　　　　D. cstring

3. 在 sqrt() 函数中传递一个负数，那么（　　　）。

    A. 程序会返回一个复数　　　　　　　　　　　B. 程序会返回一个负数

    C. 程序会返回一个错误值　　　　　　　　　　D. 以上皆非

4. 下列使用 printf() 函数输出"Hello，World!"和一个换行符正确的是（　　　）。

    A. printf（"Hello, World! \n"）;　　　　　　　B. printf（"Hello, World! /n"）;

    C. printf（Hello, World! \n）;　　　　　　　　D. printf（"Hello, World!", \n）;

5. 如果用 scanf() 函数读取一个整数到变量 i，应该使用（　　　）。

    A. scanf（"%d"，i）;　　　　　　　　　　　B. scanf（"%d"，&i）;

    C.&i = scanf（"%d"）;　　　　　　　　　　　D. scanf（i, "%d"）;

6. 以下函数不属于 C++ 标准库中的数学函数的是（　　　）。

    A. abs　　　　　　　　　　B. sqrt　　　　　　　　C. pow　　　　　　　　D. scanf

【答案】BBCAB　D

【解析】

1. 在 C++ 中，abs() 函数用于计算整数或浮点数的绝对值，应写为 abs(−10) 形式。

2. sqrt() 函数是在 cmath 头文件中定义的。

3. 只有非负实数才有实数平方根，因此如果在 sqrt() 函数中传递一个负数，那么程序会返回错误值。

4. 在 C++ 中使用 printf() 函数，字符串应该用双引号括起来，换行符应写为 \n。

5. 在 C++ 中，scanf() 函数需要变量的地址作为参数，所以应该写为 &i。

6. scanf 不属于 C++ 标准库中的数学函数，而是属于输入 / 输出函数。

2.3　数组

◎ 知识目标

- 掌握数组的基础知识。
- 掌握字符数组的相关知识。
- 掌握 string 类的相关知识。
- 掌握二维数组的相关知识。
- 了解指针的相关知识。

2.3.1 数组基础知识

数组是一种数据结构，存储相同类型的元素。数组元素的内存是连续的，定义时要指明数组的数据类型和数据长度。程序如下：

```
int a[100];
```

上述数组元素是整型，长度是 100，下标范围是 [0,99]。数组下标是从 0 开始的，下标要小于长度。数组的常见初始化方式如下：

① int a[5]={1, 2, 3, 4, 5}。

② int a[]={1, 2, 3, 4, 5}。// 元素给定，数组长度可省略。

③ int a[5]={1}。//a[0] 赋值为 1，其他元素默认赋值为 0。

📝 练一练

以下错误的是（　　　）。

    A. int a[]={1, 2, 3};　　　　　　　　　B. int b[10]={0};

    C. int c[5]={1, 2, 3, 4, 5, 6};　　　　　D. int e[10];

【答案】C

【解析】C 选项中，数组 c 的长度是 5，初始化存入 6 个元素，超过数组长度，故错误。

在内存中，数组的元素是连续存储的，每个元素都有自己的内存地址。程序如下：

```
int a[5];
```

数组 a 的首个元素地址，称为基址，用 &a[0] 表示，也可以用 a 表示。假设一个整数占 4 个字节，数组首地址是 0x00，每个元素地址距离上一个元素地址是 4，即 &a[i]−&a[i−1]=4。数组每个元素地址如表 2-2 所示。

表 2-2

数组元素	0	1	2	3	4
内存地址	0x00	0x04	0x08	0x0C	0x10

📝 练一练

下列选项描述了如何找到数组中的特定元素的是（　　　）。

    A. 从基址开始，加上元素的下标乘以元素的大小

    B. 从基址开始，减去元素的下标乘以元素的大小

    C. 从基址开始，加上元素的下标除以元素的大小

    D. 从基址开始，减去元素的下标除以元素的大小

【答案】A

【解析】从基址开始，加上元素的下标乘以元素的大小，例如 a[1] 的地址为 a[0]+1×4。

2.3.2 字符数组

字符数组也称为字符型数组，是存放字符的数组，字符数组也可以存储字符串。

在 C++ 中，我们可以像定义普通数组一样定义字符数组，例如：

```
char str1[10];
```

也可以在定义的同时初始化数组，例如：

```
char str2[] = "Hello";
char str3[6] = {'H', 'e', 'l', 'l', 'o', '\0'};
```

注意：str2 字符数组存储的是字符串，数组长度是 6，数组的大小会自动设置为字符串长度加 1，最后一个位置存储 '\0'，表示字符串结束。

📝 练一练

在定义数组时，以下选项错误的是（　　　）。

A. int arr[10];　　　　　　　　　　　　B. char arr[5] = "hello";

C. float arr[] = {1.1, 2.2, 3.3};　　　　D. double arr[5] = {0};

【答案】B

【解析】在初始化字符数组时，字符串结尾的 '\0' 也占用一个位置，所以这里定义的字符数组 arr[5] 并不能存储 "hello" 这个字符串，因为它缺少一个位置存放 '\0'。

针对字符数组，C++ 有些常用的函数包含在头文件 cstring 中。常见函数如表 2-3 所示。

表 2-3

函数名	描述	示例	结果
strlen()	计算字符串的长度（不包括字符 '\0'）	int len = strlen("Hello");	len = 5
strcpy()	将源字符串复制到目标字符串中	char dest[6]; strcpy(dest, "Hello");	dest = "Hello"
strcat()	将源字符串连接到目标字符串的末尾	char dest[101] = "Hello"; strcat(dest, " World");	dest = "Hello World"
strcmp()	比较两个字符串是否相等	int result = strcmp("Hello","Hello");	result = 0
strchr()	在字符串中查找指定字符，并返回第一次出现的位置的指针	char *p = strchr("Hello", 'l');	p 指向第 1 个字符 'l' 的位置
strstr()	在字符串中查找子字符串，并返回第一次出现的位置的指针	char *p = strstr("Hello World", "World");	p 指向子字符串 "World" 的起始位置

strcmp() 函数的返回值分 3 种：如 strcmp(s1, s2)，若 s1>s2，则函数返回值大于 0；若 s1<s2，则函数返回值小于 0；若 s1==s2（C++ 语言中等于运算符用 "==" 表示），则函数返回值等于 0。

2.3.3　string

字符串是一种常用的数据类型，字符串是由一系列字符组成的序列，每个字符可以是字母、数字、符号等。C++ 提供了多种方式定义和操作字符串，最常用的是字符数组和标准库中的 string 类型字符串。

string 类型字符串常见操作有初始化、输入、输出、求长度、拼接、比较大小、查找子串、截取子串等。

（1）初始化

string 可以看成一种数据类型，和 int、float、double 等一样，string 类型的变量初始化通常有以下 2 种。

```
string s;
s="hello";
```

或者：

```
string s("hello");
```

（2）输入

可以用 cin 直接输入（**注意**：输入字符串中不能有空格）。程序如下：

```
string s;
cin>>s;
```

如果输入字符串带空格，那么输入方式如下：

```
getline(cin,s);
```

（3）输出

输出方式有 2 种，第 1 种如下：

```
cout<<s;
```

第 2 种用循环输出如下：

```
for(int i=0;i<s.size();i++)
    cout<<s[i];
```

（4）求长度

string 字符串有 2 个常见的求字符串长度的函数，分别是 length() 和 size()。程序如下：

```
string s="good";
    cout<<s.length()<<' '<<s.size();
```

输出结果是：4 4。

（5）拼接

string 类型的字符串可以直接拼接使用。程序如下：

```
string s1="one",s2="two",s3;
s3=s1+s2;
cout<<s3<<endl;
```

输出结果是 onetwo。

（6）比较大小

2 个 string 字符串可以使用 >、>=、<、<=、==、!= 进行比较。返回结果是 true 或者 false。string 字符串的比较规则如下：

①依次比较每个位置上对应字符的 ASCII 码值；

②遇到字符不相等或者其中一个字符串结束，则比较结束；

③字符串比较的结果是两个不同字符的比较结果。

例如：abcd > abdd

首先比较第一个字符，两个字符串中均为 a，比较结果相同，其次比较第二个字符，依旧相同，最后比较第三个字符，字符串 1 中为 c，ASCII 码值为 99，字符串 2 中为 d，ASCII 码值为 100，字符串 2 大，所以比较结果为 false。

（7）查找子串

string 对象中查找子串或特定字符的位置，可以使用 find() 函数。例如：

```
string str="hello world world";
int pos = str.find("world");
```

pos 的返回的结果是 6，第 1 次找到 "world" 从第 6 个位置开始。若找不到子串，则返回结果是 -1。

（8）截取子串

可以使用成员函数 substr() 截取 string 对象的一部分，生成一个新的子串。函数说明：substr（截取起始位置，截取字符数量）。例如：

```
string str="abcdefg";
string str2 = str.substr(0, 5);
```

str2 的结果是 abcde。从第 0 个位置开始，截取长度是 5 的子串。

string 类常用函数如表 2-4 所示。

表 2-4

函数名	使用说明	示例
length() 或 size()	返回字符串的长度，即字符的个数	string str = "Hello, world!"; int len = str.length();
find()	在字符串中查找子串或字符，返回第一次出现的位置，如果未找到则返回 -1	string str = "Hello, world!"; int pos = str.find("world");
substr()	截取字符串的一部分，生成一个新的子串，接受起始位置和长度作为参数	string str = "Hello, world!"; string substr = str.substr(0, 5);
compare()	比较两个字符串的大小或相等性，返回比较结果，如果相等返回 0，小于返回负数，大于返回正数	string str1 = "Hello"; string str2 = "World"; int result = str1.compare(str2);
append()	在字符串的末尾追加一个或多个字符或子串	string str1 = "Hello"; string str2 = "World"; str1.append(str2);
erase()	删除指定位置的一个或多个字符，接受起始位置和长度作为参数	string str = "Hello, world!"; str.erase(0, 5);
insert()	在指定位置插入一个或多个字符或子串，接受插入位置和插入内容作为参数	string str = "Hello"; str.insert(5, ", world!");
replace()	替换字符串中的一部分内容，接受起始位置、长度和替换内容作为参数	string str = "Hello, world!"; str.replace(7, 5, "everyone");

【练一练】

【2016 NOIP 普及组初赛真题】以下关于字符串的语句中，正确的是（　　）。

A. 字符串是一种特殊的线性表

B. 串的长度必须大于零

C. 字符串不可以用数组来表示

D. 空格字符组成的串就是空串

【答案】 A

【解析】 D 选项中有个新名词是"空串"。新创建的 string 字符串默认就是一个空串。空串不包含任何字符，但它却是一个存在的字符串，空串的长度为 0。空格算一个字符，不等同于空串。

2.3.4 二维数组

二维数组可以看成多个一维数组，也可以看成一个包含行和列的表格。

在 C++ 中，定义二维数组的方式如下：

```
int matrix[3][4];
```

这里定义了一个名为 matrix 的二维数组，它有 3 行 4 列。数组大小固定，共有 12 个元素。

二维数组也可以在定义的时候进行初始化，例如：

```
int matrix[3][4] = {
    {0, 1, 2, 3} ,    /* 初始化第一行 */
    {4, 5, 6, 7} ,    /* 初始化第二行 */
    {8, 9, 10, 11}    /* 初始化第三行 */
};
```

未赋值的元素默认为 0。

注意：二维数组的行和列是从 0 开始计数。

上述 matrix 数组是 0，1，2，共 3 行；列是 0，1，2，3，共 4 列。

在初赛考试中，几乎不考动态分配二维数组，这里不做相关介绍。

练一练

【2022 CSP-J 初赛真题】链表和数组的区别包括（　　）。

A. 数组不能排序，链表可以

B. 链表比数组能存储更多的信息

C. 数组大小固定，链表大小可动态调整

D. 以上均正确

【答案】 C

【解析】 数组大小固定，链表大小可以按需求增加。

2.3.5 指针

2.3.5.1 基础知识

指针是一种特殊的变量，其值是另一个变量的地址。以下是一个指针定义的例子：

```
int *p;
```

指针用来存放变量的地址，可以通过使用取址符"&"获取一个变量的地址。程序如下：

```
int val = 10;
int *p, *p1;
p = &val;
p1=p;
```

上述代码中，首先定义了一个 int 类型的变量 val，其次定义了一个 int 类型的指针变量 p，最后将 val 的地址赋给 p。指针之间可以相互赋值，p1=p 后，p1 也指向了变量 val 的地址。

指针变量在定义的同时也可以赋初值，例如：

```
int val = 10;
int *p = &val;
```

在上述代码中，p 的值是变量 val 的地址，*p 的值等于变量 val 的值，也就是 10。

也可以使用 new 关键字动态地为一个对象分配内存，并将该内存的地址赋值给指针。例如：

```
int* p = new int; // 分配一个 int 类型的内存空间
*p = 20; // 将 20 存储到该内存空间中
```

不同类型的指针可以指向不同类型的数据，如 int *p 可以指向一个 int 类型的数据，double *p 可以指向 double 类型的数据。

定义指针变量后如果不进行初始化，它的值是不确定的，这很可能会导致程序错误。为了解决这个问题，C++ 提供了 NULL 指针，也就是空指针。一个 NULL 指针不指向任何对象。程序如下：

```
int *p = NULL;
```

在使用指针之前，检查它是否为 NULL 是一个很好的习惯。

📝 练一练

【2022 CSP-J 初赛真题】运行以下代码片段的行为是（　　　）。

```
int x = 101;
int y = 201;
int *p = &x;
int *q = &y;
p = q;
```

A. 将 x 的值赋为 201　　　　　　　　　　B. 将 y 的值赋为 101

C. 将 q 指向 x 的地址　　　　　　　　　　D. 将 p 指向 y 的地址

【答案】D

【解析】x 的值赋为 101；y 的值赋为 201。先将 p 指向 x 的地址，再将 q 指向 y 的地址，最后 p=q，p 也指向了 y 的地址。

2.3.5.2 指针与数组

C++ 中的数组与指针有很密切的关系。实际上，数组名就是指向数组第一个元素的常量指针。

```cpp
int a[5] = {0,1, 2, 3,4};
int *p = a;
```

上述代码中，指针 p 指向了 a 数组的第一个元素。可以通过 p 指针访问数组，有两种方法。

第 1 种方法——访问指针内容：

```cpp
for(int i=0;i<5;i++)
    cout<<*(p+i)<<' ';
```

第 2 种方法——类似数组：

```cpp
for(int i=0;i<5;i++)
    cout<<p[i]<<' ';
```

2.3.5.3 指针与函数

C++ 允许通过指针传递变量给函数，可以通过使用指针在函数内改变变量的值。程序如下：

```cpp
void changeValue(int *p) {
    *p = 100;
}
int main() {
    int x = 101;
    int *p = &x;
    changeValue(p);
    cout<<x<<endl;
    return 0;
}
```

输出结果是：100。x 重新赋值为 100。

注意：如果自定义函数的参数是指针类型，那么可能会影响到主函数里的变量的值。

程序如下：

```cpp
void changeValue(int *p1,int *p2) {
    int x=0;
    x=*p1;
    *p1=*p2;
    *p2=x;
```

```
}
int main() {
    int x = 101,y = 201;
    int *p1 = &x,*p2=y;
    changeValue(p1,p2);
    cout<<x<<' '<<y<<endl;
    return 0;
}
```

输出答案是：201 101。x 和 y 的变量值发生了交换。

2.3.6 专题练习

1. 以下不是数组的特性的是（   ）。

    A. 存储多个同类型数据   B. 可以通过下标访问元素

    C. 可以动态改变大小   D. 占用连续的内存空间

2. 在 C++ 中，（   ）可以声明一个长度为 5 的整数数组。

    A. int arr[5];   B. int[5] arr;   C. int arr(5);   D. int 5[arr];

3. 以下操作可以用于初始化字符数组的是（   ）。

    A. char str[] = "Hello";   B. char str[5] = "Hello";

    C. char str[10]; str = "Hello";   D. char str[];

4. 以下选项不是二维数组的特性的是（   ）。

    A. 可以存储表格形式的数据   B. 可以通过两个下标访问元素

    C. 占用连续的内存空间   D. 可以动态改变大小

5. 以下操作可以用于初始化一个 3×3 的二维整数数组的是（   ）。

    A. int arr[3][3] = {{1, 2, 3}, {4, 5, 6}, {7, 8, 9}};

    B. int arr[3][3];

    C. int arr[3][3]; arr = {{1, 2, 3}, {4, 5, 6}, {7, 8, 9}};

    D. int arr[][] = {{1, 2, 3}, {4, 5, 6}, {7, 8, 9}};

6. 以下选项不是 string 类的特性的是（   ）。

    A. 可以存储任意长度的字符串

    B. 可以方便地进行字符串拼接和比较

    C. 内存空间必须固定

    D. 可以通过下标访问字符

7. 以下操作可以用于声明并初始化一个 string 对象的是（   ）。

    A. string str = "Hello";   B. string str();

    C. string str[]; str = "Hello";   D. string str; str = "Hello";

8. 以下选项不是指针的特性的是（   ）。

    A. 存储变量的地址   B. 可以通过解引用操作访问变量的值

    C. 占用连续的内存空间   D. 可以进行指针运算

9. 假设声明了一个 int 类型的一维数组 a，并且已经赋值，那么 a+i 是（　　　　）。

　　A. 错误的表达式　　　　　　　　　　B. 数组 a 的第 i+1 个元素

　　C. 数组 a 的第 i+1 个元素的地址　　　D. 数组 a 的第 i+1 个元素的值

【答案】CAADA　CACC

【解析】

1. 数组的大小在定义时确定，不能在运行时动态改变。

2. 在 C++ 中，使用"数据类型 数组名 [数组长度]"的方式可以声明一个数组。

3. 在 C++ 中，可以使用字符串常量来初始化字符数组。

4. 二维数组的大小在定义时确定，不能在运行时动态改变。

5. 在 C++ 中，可以使用花括号内的列表来初始化二维数组。

6. string 类内部使用动态分配的内存存储字符串。

7. 在 C++ 中，可以使用等号后面的字符串常量初始化一个 string 对象。

8. 指针变量本身只占用一个内存单元，不保证占用连续的内存空间。

9. 在 C++ 中，数组名表示数组首元素的地址，a+i 的含义是数组首地址向后偏移 i 个位置的地址。a+0 指向的元素是 a[0]，第 1 个元素；a+1 指向的是 a[1]，第 2 个元素；a+i 指向 a[i]，第 i+1 个元素。

2.4　结构体和联合体

◎ 知识目标

- 掌握结构体的相关知识。
- 掌握联合体的相关知识。

2.4.1　结构体

在 C++ 中，结构体和联合体是两种重要的用户自定义数据类型。它们能将不同的数据类型组织在一起，可以更有效地记录和表示现实世界中的各种事物和情景。

结构体是由多个不同类型的变量组成的复合数据类型。结构体中的每个成员都可以是不同的类型，这使得可以在一个结构体中保存多种不同类型的数据。结构体类型的定义以关键字 struct 开始，后面跟的是结构体的名字和包含在花括号中的一系列成员。成员可以是任何数据类型，包括之前定义的其他结构体。

访问结构体的成员变量通常使用"·"操作符。结构体变量如果是指针类型，使用"→"操作符。

结构体的定义语法如下：

```
struct StructName {
    type1 member1;
    type2 member2;
    // ...
```

```
};
```

例如，定义一个学生结构体：

```
struct Student {
    std::string name;
    int age;
    float score;
};
```

这里定义了一个"Student"的结构体类型，每个"Student"都有一个名字、一个年龄和一个分数。要声明一个结构体类型的变量，使用结构体名加变量名的形式即可。例如：

```
Student s;
struct Student s1;
```

修改结构体成员的值，程序如下：

```
s.name = "Tom";
s.age = 18;
s.score = 95.5f;
```

在 C++ 中，结构体还可以有成员函数，甚至可以包含其他的结构体、类或者枚举等类型。

2.4.2 联合体

联合体也被称为共用体，联合体类型的定义以关键字 union 开始，后面跟的是联合体的名字和包含在花括号中的一系列成员。联合体访问成员变量的方法与结构体相同。

联合体和结构体很像，不过它们在内存中的布局方式有很大的区别。结构体的每个成员都有自己的内存空间，所以结构体的大小等于其所有成员的大小之和；而联合体的所有成员共享一块内存空间，联合体的大小等于其最大的成员的大小。

定义联合体的语法如下：

```
union Data {
    int num;//4 个字节
    char ch; //1 个字节
    double val; //8 个字节
};
```

在这个例子中，Data 是联合体的名称，union 内的数据项被定义为联合的成员，Data 成员中，double 类型占用内存空间最大，因此联合体内存空间大小是 8 个字节。对这个联合的成员进行访问：

```
Data data;
data.num = 10;
data.ch = 'a';
data.val = 1.23;
```

由于联合体的成员在同一块内存中存储，故只能同时使用一个成员，例如，对 ch 或 val 的修改会覆盖 num 的值。

此外，如果联合体中有数组，内存空间大小一方面要保证能够存储这个数组的大小，另一方面要保证最终的结果是最大数据类型的整数倍。程序如下：

```
union U{
    char s[9];      //9
    int b;          //4
    double c;       //8
};
```

联合体内存大小的计算规则（以上述程序为例）：①保存字符数组 s，长度是 9；②是 double 类型的整数倍，因此，U 的内存大小是 16。

练一练

【2023 CSP-J 初赛真题】阅读下述代码，请问修改 data 的 value 成员以存储 3.14，正确的方式是（　　）。

```
union Data{
    int num;
    float value;
    char symbol;
};
union Data data;
```

    A.data.value = 3.14;   B.value.data = 3.14;

    C.data -> value = 3.14;   D.value->data = 3.14;

【答案】A

【解析】联合体访问成员变量用 "." 实现。

2.4.3　专题练习

1. 在 C++ 中，我们如何定义一个结构体？（　　）

    A. struct name { member-list } var-list;   B. struct name(var-list) { member-list };

    C. struct { name-list } var-list;   D. struct name, { member-list } var-list;

2. 如果结构体的两个成员为整型变量 a 和浮点型变量 b，那么此结构体的大小（　　）。

    A. 等于 a 和 b 的大小之和

    B. 不确定

    C. 等于整型变量大小与浮点型变量里最大的那个

    D. 等于 a 和 b 的最小值

3. 在 C++ 中，我们如何定义联合体？（　　　）

　　A. union name { member-list } var-list;　　　　　　B. union name(var-list) { member-list };

　　C. union { name-list } var-list;　　　　　　　　　D. union name, { member-list } var-list;

4. 如果联合体的两个成员为整型变量 a 和浮点型变量 b，那么此联合体的大小（　　　）。

　　A. 等于 a 和 b 的大小之和

　　B. 不确定

　　C. 等于整型变量大小与浮点型变量大小中的最小值

　　D. 等于整型变量大小与浮点型变量大小中的最大值

5. 如果一个结构体中包含了一个指针，那么这个结构体的大小是（　　　）。

　　A. 指针的大小

　　B. 指针所指向数据的类型大小

　　C. 其他成员的大小加上指针的大小

　　D. 以上都不对

6. 如果在联合体中定义两个成员变量，分别赋值，那么下列说法正确的是（　　　）。

　　A. 只有第一个成员变量的值是有效的

　　B. 只有最后一个成员变量的值是有效的

　　C. 同一时间，两个成员变量的值都是有效的

　　D. 无论如何，两个成员变量的值都是无效的

7. 结构体的成员变量（　　　）。

　　A. 只可以是基本数据类型

　　B. 可以是任何类型，包括其他结构体和类

　　C. 只可以是整型变量

　　D. 只可以是结构体

8. 假设已经创建好了 Point 结构体，下列方式可以创建结构体变量的是（　　　）。

　　A. struct Point p;　　　　　　　　　　　　B. struct point;

　　C. Point p;　　　　　　　　　　　　　　　D. 选项 A 和 C 都正确

【答案】AAADC　BBD

【解析】

1. 在 C++ 中，结构体的定义格式是：struct 结构体名称 { 成员列表 } 变量列表。

2. 结构体的大小等于它的所有成员的大小之和，所以此结构体的大小是 a 和 b 的大小之和。

3. 在 C++ 中，定义联合体的格式是：union 联合体名称 { 成员列表 } 变量列表。

4. 联合体的大小等于联合体中最大的成员的大小，所以此联合体的大小是 a 和 b 的大小中的最大值。

5. 结构体的大小等于它的所有成员的大小之和。

6. 联合体的所有成员变量共享同一块内存空间，因此，对任意成员的修改都会影响其他成员。所以同一时间，只有最后赋值的成员变量的值是有效的。

7. 结构体的成员变量可以是任意类型，包括其他结构体类型、类、基本类型等。

8. 在 C++ 中创建结构体变量时，既可以带上关键字 struct，也可以省略。

第3章 数据结构

3.1 基础知识

◎ 知识目标

- 了解数据结构的定义。
- 了解逻辑结构和存储结构。

数据结构是一种数据组织、管理和存储的方式，它是相互之间存在一种或多种特定关系的数据元素的集合。它不仅指定了数据的逻辑关系，还定义了对数据的操作。

在设计数据结构时，人们通常要考虑逻辑结构和存储结构。

逻辑结构是反映数据元素之间逻辑关系的结构，主要是指数据元素之间的先后关系。常见逻辑结构的分类见表 3-1 和图 3-1。

表 3-1

分类名称	分类解释
线性结构	数据元素之间是一对一的关系
树结构	数据元素之间存在一对多的关系（没有回路）
图结构（网状结构）	数据元素之间存在多对多的关系
集合	数据元素同属一个集合，相互之间没有其他关系

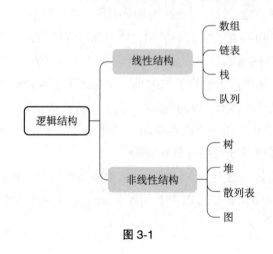

图 3-1

存储结构是数据按照逻辑关系在计算机中的存储方式，也称为数据的物理结构，见表 3-2。

表 3-2

名称	概念	优点	缺点	举例
顺序存储	数据元素存储在连续的存储单元里	随机读取表中任意元素，访问速度快	插入和删除操作需要移动元素，效率较低	数组
链式存储	数据元素存储在任意的单元里，连续或不连续都可以	插入和删除不需要移动元素，效率较高	不能随机读取表中元素，速度较慢	链表

练一练

以下不是数据存储结构的是（　　　　）。

　　A. 数组　　　　　　　　B. 链表　　　　　　　　C. 数组模拟链表　　　　D. 树结构

【答案】D

【解析】树结构是指数据的逻辑结构，而不是存储结构。

3.2　链表

知识目标

- 了解链表的定义。
- 掌握链表的插入和删除操作。
- 掌握链表的分类。

3.2.1　链表的定义

数组是一个存储数据的容器，数组中的元素存储在一个连续的内存中。表 3-3 所示是一个 bool 型数组的内存地址。

表 3-3

数据	1	2	3	4	5
内存地址	0x6FFE10	0x6FFE11	0x6FFE12	0x6FFE13	0x6FFE14
数组下标	0	1	2	3	4

表 3-4 所示是一个 int 数组的内存地址，int 在内存中占用 4 个字节，内存地址是连续的。

表 3-4

数据	1	2	3	4	5
内存地址	0x6FFE00	0x6FFE04	0x6FFE08	0x6FFE0c	0x6FFE10
数组下标	0	1	2	3	4

如果内存中还有分散的空间可用，那么如何才能把这些分散的空间像数组一样串联起来使用呢？

我们可以想到一种方案，使用每块分散的内存存储两种信息，即数据和指向后继元素地址的指针，如图 3-2 所示。

图 3-2

通过指针存储下一个元素的地址，实现了数据之间的串联。这种把分散在内存中的数据通过指针串联起来的存储结构，称为链表。

注意：链表在物理结构上不一定连续。

链表中的元素由两部分组成，一部分存放数据，另一部分存放指针。每个元素称为结点。

假如存储 200、201、202 三条数据，链表在内存中的存放如图 3-3 所示。（**注意**：*图 3-3 所示并非真实内存地址*）

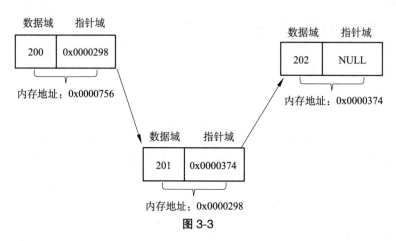

图 3-3

练一练

链表的结点（　　）。

　　A. 由两部分构成：一部分存放结点的值，另一部分存放指针

　　B. 只有一部分，存放结点的值

　　C. 只有一部分，存放指针

　　D. 由两部分构成：一部分存放结点的值，另一部分存放结点所占内存

【答案】A

【解析】链表的结点由两部分组成，一部分存放数据；另一部分存放指向后继元素地址的指针。

3.2.2　单向链表

3.2.2.1　单向链表的定义

单向链表又称为单链表，是链表中的一种，也由结点构成，每个结点包含一个数据元素和指向下一个结点的指针。单向链表的特点是链表的链接方向是单向的，即每个结点只能访问它后面的结点，而不能访问它前面的结点。单向链表分为带头结点和不带头结点。带头结点，头结点不存放数据，只是为了操作方便。最后一个结点称为尾结点，尾结点的指针指向为空（NULL）。

单向链表定义结点：

```
typedef struct node{
    int data;
    struct node *next;
}node,*LList;
```

单向链表的遍历：根据已给的表头指针，从前往后访问链表的各个结点。单向链表的遍历是最基本的操作，输出链表结点的值、计算链表的长度、查找某一个结点进行删除操作等都需先遍历链表。

练一练

单向链表的尾结点指针指向（　　　）。

　　A. 尾结点自己　　　　　　B. 空（NULL）　　　　　C. 指向头结点　　　　　D. 指向任意结点

【答案】B

【解析】单向链表的尾结点指向空（NULL）。

3.2.2.2　单向链表的增删改查

1. 头插法创建链表

每次创建的新结点插入头结点之后。创建的单向链表和输入的顺序相反，具体过程如下。

①建立一个空链表；

②生成一个新结点；

③输入元素值并赋值结新结点的数据域；

④将新结点插入头结点之后。

```
void Create_h(LList &L){
    int n;
    LList s;
    L=new node;
    L->next=NULL;
    cin>>n;
    while(n--){
        s=new node;
        cin>>s->data;
        s->next=L->next;
        L->next=s;
    }
}
```

增加一个值。如图 3-4 所示。

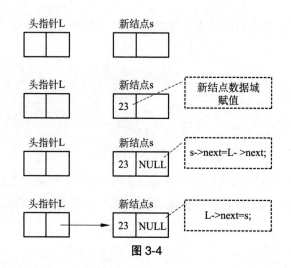

图 3-4

再增加一个值。如图 3-5 所示。

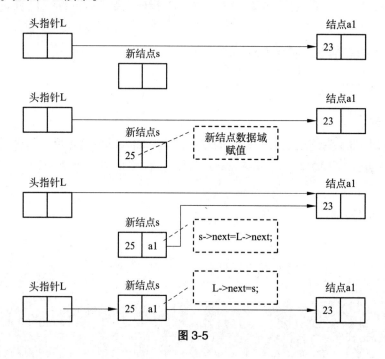

图 3-5

2.尾插法创建链表

头指针不变，新产生的结点总是连接链表的尾部。创建的单向链表和输入顺序一样，具体过程如下。

①建立一个带头结点的空单向链表；

②尾指针 r 指向头结点；

③生成一个新结点 s；

④输入元素值并赋值给新结点的数据域；

⑤将新结点 s 插入尾结点之后。

r 指向新结点 s。

```
void Create_t(LList &L){
    int n;
```

```
LList s,r;
L=new node;
L->next=NULL;
r=L;
cin>>n;
while(n--){
    s=new node;
    cin>>s->data;
    s->next=NULL;
    r->next=s;
    r=s;
}
}
```

3. 取结点的值

单向链表取结点的值和数组不一样，不能随机访问任意元素，必须按顺序从前向后查找。

4. 查找元素的值

查找元素的值也需要从前往后查找。

5. 插入一个值

在第 i 个位置插入一个值，首先找到第 $i-1$ 个结点，然后插入一个值，如图 3-6 所示。

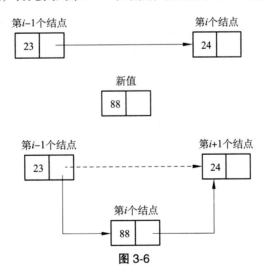

图 3-6

6. 删除一个结点

删除第 i 个结点，首先找到第 $i-1$ 个结点，然后指向第 $i+1$ 个结点，再将第 i 个结点内存回收，如图 3-7 所示。

7. 链表操作的时间复杂度

创建、查找操作的时间复杂度为 $O(n)$，插入、删除操作的时间复杂度为 $O(1)$。

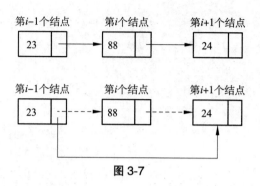

图 3-7

📝 **练一练**

以下关于链表的描述错误的是（   ）。

A. 单向链表可以使用头插法创建   B. 单向链表可以使用尾插法创建

C. 单向链表可以随机访问任意元素   D. 单向链表的链接方向是单向的

【答案】C

【解析】单向链表查找元素时，必须从前往后查找。数组可以随机访问任意元素。

3.2.3 双向链表

双向链表是指在链表的结点中有两个指针域，其中一个指向直接后继结点，另一个指向直接前驱结点。单向链表只能向后操作，双向链表因为有前、后两个指针，因此可以向前和向后两个方向操作，如图 3-8 所示。

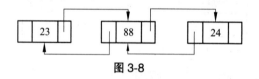

图 3-8

①双向链表的创建：也可以用头插法和尾插法。

②双向链表的插入：找到第 $i-1$ 个结点，修改指向，如图 3-9 所示。

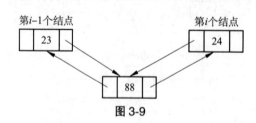

图 3-9

③双向链表的删除：与单向链表一样，可以跳过删除的元素结点。

📝 **练一练**

与单向链表相比，双向链表的优点之一是（   ）。

A. 可以进行随机访问   B. 可以省略表头指针

C. 删除操作更方便   D. 可以更灵活地访问前、后相邻结点

【答案】D

【解析】双向链表有前、后两个指针，所以能更灵活地访问前、后相邻结点。

3.2.4 循环链表

将单向链表最后一个结点的指针指向头结点，就把链表连接成一个环，称为循环链表。

（1）单向循环链表（见图 3-10）

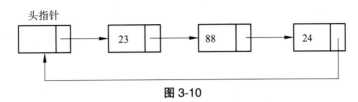

图 3-10

（2）双向循环链表（见图 3-11）

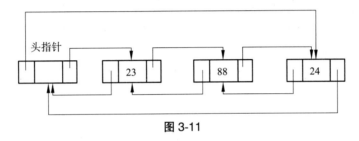

图 3-11

📝 练一练

循环链表的主要优点是（　　）。

　　A. 不需要头指针

　　B. 从表中任意一个结点出发都能遍历整个链表

　　C. 很容易找到某一结点的直接前驱

　　D. 很容易找到某一结点的直接后继

【答案】B

【解析】循环链表因为尾指针指向头结点，因此形成了一个环，所以从表中任意一个结点出发都能遍历整个链表。

3.2.5 专题练习

1. 线性结构在使用链式存储时，内存中可用存储单元的地址（　　）。

　　A. 有可能连续，也有可能不连续　　　　B. 一定是不连续的

　　C. 一定是连续的　　　　　　　　　　　D. 部分连续

2. 线性结构在（　　）情况下适合用链式存储结构。

　　A. 结点数量多

　　B. 结点的值需要频繁修改

　　C. 随机访问任意一个元素

　　D. 不断地进行插入和删除操作

3. 链表的最大优点是（　　　）。

　　A. 随机存取　　　　　　　　　　　　B. 查找速度快

　　C. 链式存储更优　　　　　　　　　　D. 便于插入和删除操作

4. 创建一个有 n 个结点的单向链表的时间复杂度是（　　　）。

　　A. O(n)　　　　　　B. O(n^2)　　　　　　C. O(logn)　　　　　　D. O(nlogn)

5. 创建一个有 n 个结点的有序单向链表的时间复杂度是（　　　）。

　　A. O(n)　　　　　　B. O(n^2)　　　　　　C. O(logn)　　　　　　D. O(nlogn)

【答案】ADDAB

【解析】

1. 链表就是把分散的空间串联起来使用，这些空间有可能是连续的，也有可能是不连续的。

2. 链表的插入和删除操作不需要像数组那样移动数据，只需要修改指针即可。

3. 可以随机存取的是数组，链表需要从前往后查找，速度并不快，链式存储和顺序存储各有优势，链式存储的插入和删除操作不需要移动数据，修改指针即可，所以插入和删除操作更方便。

4. 创建单向链表的时间复杂度是 O(n)，每次增加一个结点。

5. 除了创建结点，还需要从表头开始查找要插入的位置，所以是 O(n^2) 的时间复杂度。

3.3　栈

◎ 知识目标

- 理解栈的定义。
- 掌握出栈序列及公式。
- 理解栈的基本操作。

3.3.1　栈的定义

栈是一种特殊的线性表，数据的插入和删除操作只从一端进行。因此栈遵循"先进后出，后进先出"的原则。

1. 入栈

有一个数据存入时叫做入栈（进栈），如图 3-12 所示。

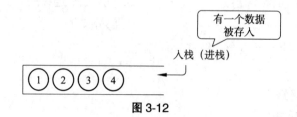

图 3-12

2. 出栈

有一个数据被删除时叫做出栈（退栈），如图 3-13 所示。

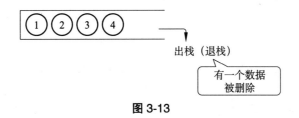

图 3-13

3. 栈底元素

最先进入的元素叫做栈底元素，如图 3-14 所示。

4. 栈顶元素

最后进入的元素叫做栈顶元素，如图 3-15 所示。

图 3-14　　　　　　　　　　　　**图 3-15**

📝 **练一练**

已知栈如图 3-16 所示，栈顶元素是（　　　）。

图 3-16

A. 3　　　　　　　　B. 9　　　　　　　　C. 2　　　　　　　　D. 6

【答案】D

【解析】最后入栈的元素叫做栈顶元素，6 最后入栈，所以栈顶元素是 6。

3.3.2　栈的基本操作

1. 入栈

入栈操作需要先判断是否满栈，栈不满可以入栈，程序如下。

```
void push(int x){
    if(top<n) a[++top]=x;// 栈不满，x 入栈。
}
```

2. 出栈

出栈操作需要先判断栈是否为空，栈不为空 top-- 出栈，程序如下。

```
void pop(){
    if(top>0) top--;
}
```

3. 取栈顶元素

取栈顶元素的程序如下。

```
int getTop(){
    return a[top];
}
```

4. 清空栈

top=0 即清空栈，程序如下。

```
void clear(){
    top=0;
    return;
}
```

📝 练一练

清空栈的操作是（　　　）。

A. top=0　　　　　　B. top>0　　　　　　C. top<n　　　　　　D. top=1

【答案】A

3.3.3 出栈序列

3.3.3.1 出栈序列的定义

出栈元素构成的序列称为出栈序列。

1，2，3 依次入栈，那么它的出栈序列有多少种？

下面我们列一下 1，2，3 依次入栈，它所有的出栈序列。

1 入栈 1 出栈 2 入栈 2 出栈 3 入栈 3 出栈　出栈序列 1 2 3

1 入栈 1 出栈 2 入栈 3 入栈 3 出栈 2 出栈　出栈序列 1 3 2

1 入栈 2 入栈 2 出栈 1 出栈 3 入栈 3 出栈　出栈序列 2 1 3

1 入栈 2 入栈 2 出栈 3 入栈 3 出栈 1 出栈　出栈序列 2 3 1

1 入栈 2 入栈 3 入栈 3 出栈 2 出栈 1 出栈　出栈序列 3 2 1

可见 1，2，3 依次入栈，它的出栈序列共有 5 种。

3.3.3.2 计算方法

如果依次入栈的数比较多，采用上述方法计算出栈序列的数量，很有可能会有遗漏的情况，如何才能够精确地计算出栈序列的数量呢？

我们用卡特兰数计算求解。这里不会详细讲解卡特兰数，大家只要记住公式，会计算即可。公式如下。

$$出栈序列 = \frac{C_{2n}^{n}}{n+1} = \frac{(2n)!}{n! \times (n+1)!}$$

3.3.3.3 快速判断出栈序列是否合法

有这样一个口诀："后出先入逆序"。

接下来举例说明如何应用这个口诀。

例如：a，b，c，d 依次入栈，c，a，b，d 是否合法。

根据口诀"后出先入逆序"，"a，b"比"c"后出先入，但是"a，b"不是逆序，因此不是合法的出栈序列。

又如：a，b，c，d，e，f 依次入栈，a，b，c，f，d，e 是否是合法的出栈序列。

大家能看出"d，e"比"f"后出先入，"d，e"不是逆序，因此不是合法的出栈序列。

练一练

现有一空栈 S，对下列待进栈的数据元素序列 a，b，c，d，e，f 依次进行：进栈，进栈，出栈，进栈，进栈，出栈的操作，则此操作完成后，栈底元素为（　　）。

A. b   B. a   C. d   D. c

【答案】B

【解析】根据题意，a 进栈，b 进栈，b 出栈，c 进栈，d 进栈，d 出栈，显然栈底元素是 a，因此选 B 选项。

3.3.4 专题练习

1. 有一个空栈 S，对下列待进栈的数据元素序列 a，b，c，d，e，f 依次进行进栈、进栈、出栈、进栈，进栈，出栈的操作，则此操作完成后，栈 S 的栈顶元素为（　　）。

A. f   B. c   C. a   D. b

2.【2001 NOIP 普及组初赛真题】若已知一个栈的入栈顺序是 1，2，3，…，n，其输出序列为 P_1，P_2，…，P_n，若 P_1 是 n，则 P_i 是（　　）。

A. i   B. n−1   C. n−i+1   D. 不确定

3.【2001 NOIP 提高组初赛真题】以下不是栈的基本运算的是（　　）。

A. 删除栈顶元素   B. 删除栈底的元素

C. 判断栈是否为空   D. 将栈置为空栈

4.【2006 NOIP 普及组初赛真题】某个车站呈狭长形，宽度只能容下一台车，并且只有一个出入口。已知某时刻该车站状态为空，从这一时刻开始的出入记录为："进，出，进，进，进，出，出，进，进，进，出，出"。假设车辆入站的顺序为 1，2，3，…，则车辆出站的顺序为（　　）。

A. 1，2，3，4，5   B. 1，2，4，5，7

C. 1，4，3，7，6   D. 1，4，3，7，2

5.【2003 NOIP 提高组初赛真题】已知元素 8，25，14，87，51，90，6，19，20，问这些元素以怎样的顺序进入栈，才能使出栈的顺序满足：8 在 51 前面；90 在 87 的后面；20 在 14 的后面；25 在 6 的前面；19 在 90 的后面。（　　）

A. 20，6，8，51，90，25，14，19，87   B. 51，6，19，20，14，8，87，90，25

C. 19，20，90，7，6，25，51，14，87   D. 6，25，51，8，20，19，90，87，14

【答案】BCBBD

【解析】

1. 根据题意可知 a 进栈，b 进栈，b 出栈，c 进栈，d 进栈，d 出栈。故栈顶元素是 c。

2. p1=n(p1=n−1+1)，p2=n−1(p2=n−2+1)，p3=n−2(n−3+1)，pn=1(n−n+1)，pi=n−i+1。

3. 栈删除和插入操作只能在栈顶进行。

4. 根据题意可知，1 进栈，1 出栈，2 进栈，3 进栈，4 进栈，4 出栈，3 出栈，5 进栈，6 进栈，7 进栈，7 出栈，6 出栈，故出栈序列 1，4，3，7，6。

5. 使用排除法。全部入栈后，8 在 51 的前面出栈，那么 8 就必须排在 51 的后面，A，C 选项不对。90 在 87 的后面，即 90 排在 87 的前面，B 选项不符合。故选 D。参考表 3-5。

表 3-5

1	8 在 51 前面出栈	8 排在 51 的后面	A，C 不符合，B，D 符合
2	90 在 87 的后面出栈	90 排在 87 的前面	B 不符合，D 符合
3	20 在 14 的后面出栈	20 排在 14 的前面	D 符合
4	25 在 6 的前面出栈	25 排在 6 的后面	D 符合
5	19 在 90 的后面出栈	19 排在 90 的前面	D 符合

3.4 队列

◎ 知识目标

- 掌握队列的定义。
- 掌握队列的操作。
- 理解循环队列。
- 理解双端队列。

3.4.1 队列的定义

队列在生活中很常见，如图 3-17 所示。

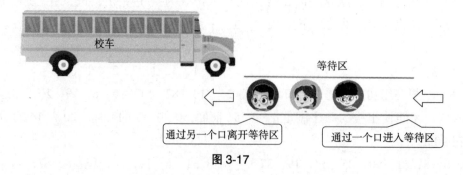

图 3-17

队列也是一种特殊的线性表，它的特点是"先进先出"。负责出队一端被称为队首，负责入队的一端被称为队尾，如图 3-18 所示。

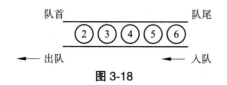

图 3-18

练一练

已知队列（23，12，4，5，67，88，22，34，90），第一个入队的元素是23，第6个出队的元素是（   ）。

A. 90   B. 67   C. 88   D. 5

【答案】C

【解析】根据队列"先进先出"的特点，第一个入队的是23，第6个入队的是88，那么第6个出队的元素就是88。

3.4.2　队列的基本操作

1. 入队

假设队列不满，元素 x 队尾入队，程序如下。

```
void push(int x){
    q[rear++]=x;
}
```

2. 获取队首元素

获取队首元素的程序如下。

```
int getFront(){
    return q[front];
}
```

3. 出队

队列不为空，队首元素出队，程序如下。

```
void pop(){
    if(front!=rear) front++;
}
```

4. 获取队列长度

假设队列有元素，rear 所指向位置没有元素，获取队列长度的程序如下。

```
int size(){
    return rear-front;
}
```

练一练

在一个顺序队列中，假如队列的队头指针和队尾指针分别是 f 和 r，队尾 r 位置没有元素，计算队列的长度（　　）。

　　A. r−f　　　　　　　　B. r−f+1　　　　　　　C. f−r+1　　　　　　　D. f−r

【答案】A

【解析】r 到 f 之间有 r−f+1 个位置，r 所在的位置没有元素，所以队列长度是 r−f。

3.4.3　循环队列

3.4.3.1　队列溢出

假设数组长度为 M，front=0，rear=M，如果再有新的元素试图入队，此时就会发生溢出，这种情况称为真溢出。

假设数组长度为 M，front=M−1，rear=M，此时新的元素也无法入队，但数组前面有大量空闲空间，这种情况称为假溢出。如图 3-19 所示。

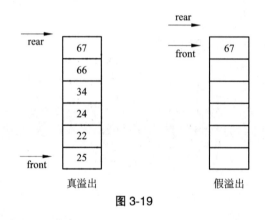

图 3-19

对于假溢出有以下三种解决方案：

①队列足够大，比如设置为所需长度的 2 倍。（空间复杂度高）

②每次出队数组都前移，做数组的删除操作。（时间复杂度高）

③循环队列。（利用闲置空间）

如果队尾的下一个位置指向队首，形成一个环状队列，这种队列称为循环队列，如图 3-20 所示。

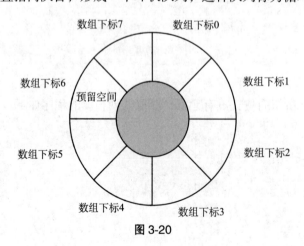

图 3-20

3.4.3.2 循环队列的入队和出队

假设数组长度是 M，要加入 1 个元素，当 rear ≠ M−1 时，增加 1 个元素后，rear+1，指向下一个位置；当 rear==M−1 时，数组下标是 0 到 M−1，增加 1 个元素后，rear+1=M，此时 rear 应该指向下标是 0 的位置。可以使用模运算实现。

入队操作：

```
q[rear]=x; rear=(rear+1)%M;
```

假设数组长度是 M，一个元素要出队，当 front ≠ M−1 时，front+1，指向下一个位置；当 front == M−1 时，front+1==M，此时 front 应该指向下标是 0 的位置。可以使用模运算实现。

出队操作：

```
x=q[front]; front=(front+1)%M;
```

📝 练一练

循环队列的出队操作是（　　），假设队列最大元素的个数是 M。

    A. front++
                    B. front=(front+1)%M

    C. top++
                        D. front−−

【答案】B

【解析】循环队列是 q[0]，接在 q[M−1] 后面的一个环形，因此用模运算实现，所以选 B。

3.4.3.3 循环队列的队满、队空的判定

如图 3-21 所示，队空、队满的判断都是 front==rear，要解决这个问题通常少用一个元素空间，约定队头或队尾指示的位置不存放元素。

队空的判断条件是 front==rear，假设队列元素个数是 M，队满的判断条件是 (rear+1)%M == front。

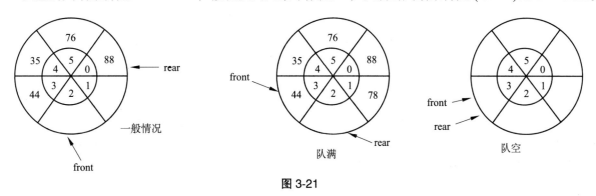

图 3-21

📝 练一练

【2000 NOIP 普及组初赛真题】设循环队列中数组的下标范围是 1~n，其头尾指针分别为 f 和 r，则其元素个数为（　　）。

    A. r−f
                    B. r−f+1

    C. (r−f)%n+1
                D. (r−f+n)%n

【答案】D

【解析】循环队列中 f 和 r 不一定满足 f<r，若满足 f<r，则元素个数为 r−f，但有时也会 r<f，所以需要加 n，然后对 n 求余才能表示。

3.4.4 专题练习

1. 已知队列 (5, 4, 7, 22, 44, 34, 76, 84, 48)，第一个进入队列的元素是 5，则第四个出队列的元素是（　　）。

    A. 5　　　　　　　　B. 22　　　　　　　　C. 44　　　　　　　　D. 7

2.【2002 NOIP 提高组初赛真题】设栈 S 和队列 Q 的初始状态为空，元素 e1，e2，e3，e4，e5，e6 依次通过栈 S，一个元素出栈后即进入队列 Q，若出队的顺序为 e2，e4，e3，e6，e5，e1，则栈 S 的容量至少应该为（　　）。

    A. 2　　　　　　　　B. 3　　　　　　　　C. 4　　　　　　　　D. 5

3.【2000 NOIP 普及组初赛真题】设循环队列中数组的下标范围是 1−n，其头尾指针分别为 f 和 r，则其元素个数为（　　）。

    A. r−f　　　　　　　　　　　　　　　　B. r−f+1

    C. (r−f)%n+1　　　　　　　　　　　　D. (r−f+n)%n

4. 一个大小为 8 的数组实现循环队列，且 front 和 rear 的值分别为 1 和 4。若从队列中删除两个元素，再加入一个元素，则 front 和 rear 的值分别为（　　）。

    A. 3 和 5　　　　　　　　　　　　　　B. 2 和 5

    C. 5 和 3　　　　　　　　　　　　　　D. 2 和 6

5.【2003 NOIP 普及组初赛真题】已知队列 (13, 2, 11, 34, 41, 77, 5, 7, 18, 26, 15)，第一个进入队列的元素是 13，则第五个出队列的元素是（　　）。

    A. 5　　　　　B. 41　　　　　C. 77　　　　　D. 13　　　　　E. 18

【答案】BCDAB

【解析】

1. 第一个进入队列的元素是 5，按照先进先出的原则，第四个出队的元素是 22。

2. 因为依次入栈，所以一个元素入队时，比它标号小的元素要么已入队，要么还在栈中，对每个元素计算比它标号小的元素总数减去队列中比它标号小且尚在栈中的元素个数，找出最大值加 1（其本身刚出栈），就是所要结果。题目中 e6 入队时，队中有 e2，e4，e3 共 3 个元素，比 e6 标号小的有 5 个元素，5−3+1=3。模拟一下可知道结果。最多的 e6，前面 e2，e3，e4 出栈，栈里还剩 e1，e5，e6，所以栈 s 容量至少为 3 个。

3. 在循环队列中，f（头指针）和 r（尾指针）不一定满足 f<r，若满足 f<r，则元素个数为 r−f。循环队列形成一个环，有时也会 r<f，所以需要加 n 保证是一个正数，然后对 n 求余。

4. 删除 2 个元素，f 加了 2 次，f 值变为 3；增加一个元素，r 加 1，r 值变为 5，所以值是 3 和 5。

5. 思路分析等同第 1 题，第五个出队的元素是 41。

3.5 树和二叉树

◎ 知识目标

- 了解树结构的概念。
- 掌握树结构的遍历。
- 掌握树结构的存储。
- 掌握二叉树的概念。
- 理解二叉树的遍历。
- 理解二叉树的性质。
- 理解哈夫曼树和哈夫曼编码。

3.5.1 树

前面学过的链表、栈和队列都是线性数据结构。在线性数据结构中，无论是顺序存储还是链式存储，元素之间都是一对一的线性关系。

不是所有的逻辑结构都能用线性关系描述。图 3-22 构建了一个家庭的关系树，像这种逻辑关系，不能用线性关系描述，需要用树结构描述。

这类结构称为树结构，因为它像是一棵自然界中倒挂的树，如图 3-23 所示是一棵有 8 个元素的树。

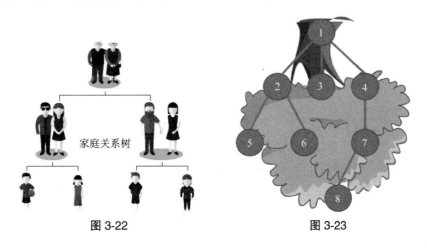

家庭关系树

图 3-22   图 3-23

树是一种非线性的数据结构，能很好地描述有分支和层次特性的数据集合。

非线性的数据结构，本书中讲到两种：树和图。

📝 练一练

以下数据结构是非线性的是（　　　　）。

　A. 栈　　　　　　　　B. 队列　　　　　　　　C. 树　　　　　　　　D. 链表

【答案】C

【解析】树是非线性数据结构。

3.5.1.1 树的特点

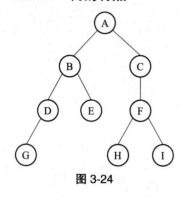

图 3-24

树包含以下特点：

①可以没有结点，称为空树。

②有且仅有一个结点没有直接前驱，称为根结点，也称为树根。

③除根结点外，每个结点都只有一个直接前驱。

④除根结点外，每个结点都通过唯一的路径连接到根结点上。（如果有两条以上的路径，证明有环存在，不属于树结构）

由上可知，树结构没有封闭的回路，如图 3-24 所示。

树的基本形态，如图 3-25 所示。

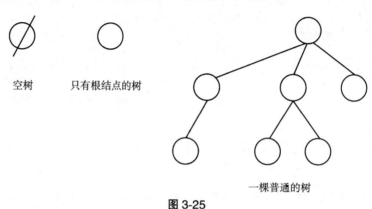

空树　　只有根结点的树

一棵普通的树

图 3-25

练一练

以下对树结构的说法错误的是（　　）。

　　A. 树可以一个结点都没有

　　B. 根结点没有直接前驱

　　C. 除根结点外，每个结点都有多条路径连接到根结点上

　　D. 树没有回路

【答案】 C

【解析】 除根结点外，每个结点通过唯一的路径连接到根结点上。如果有两条以上的路径，证明有环存在，不属于树结构。

3.5.1.2 树的一些基本概念

1. 树的层次

树的根结点是树的第一层，根结点的子结点为第二层，依次类推，如图 3-26 所示。

2. 结点和根结点

树中每个元素都可以称为结点，在任意一棵非空树中（$n>0$），都有一个特定的结点，该结点没有直接前驱（父结点），称为根结点或树根。它的直接后继则称为它的孩子结点（子结点）。如图 3-27 所示。

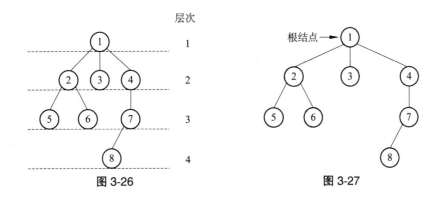

图 3-26　　　　　　　　　　　　　　　图 3-27

3. 分支结点

树中，除根结点外，有孩子的结点（子结点）称为分支结点，如图 3-28 所示。

4. 叶结点

没有孩子的结点（子结点）称为叶结点。如图 3-29 所示，3，5，6，8 都是叶结点。

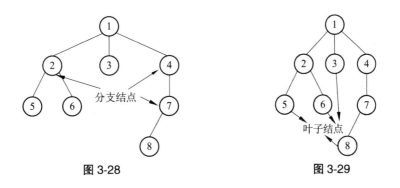

图 3-28　　　　　　　　　　　　　　　图 3-29

5. 子树

在一棵非空树中，从某个结点向下，分出若干结点，分出的结点以及它的所有的后代结点，称为结点的子树，如图 3-30 所示。

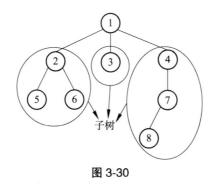

图 3-30

6. 度

（1）结点的度

一个结点的子树的个数，称为这个结点的度。如图 3-31 所示，结点 1 的子树有 3 个，1 的度为 3，依此类推，结点 2 的度为 2，结点 3、5、6、8 的度为 0，结点 4、7 的度为 1。

（2）树的度

树中所有结点度的最大值称为树的度。如图 3-31，所有结点度的最大值是 3，因此这棵树的度就是 3。

（3）树的深度（高度）

树是分层次的，根结点是第一层，树的深度（高度）就是树中最大层次数。如图 3-32 所示，树的深度为 4。

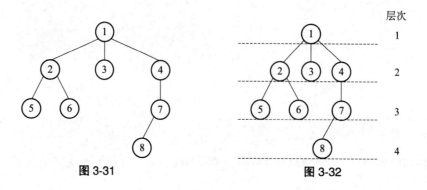

图 3-31　　　　　　　　　　　　　图 3-32

练一练

图 3-33 所示树结构中树的深度是（　　　）。

A. 2

B. 3

C. 1

D. 4

【答案】D

【解析】图中树的最大层次数是 4，所以树的深度是 4。

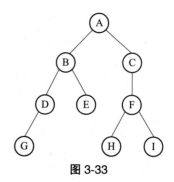

图 3-33

3.5.1.3　有序树和无序树

按照树中同层结点是否保持有序，分为有序树和无序树。树中任意结点的子结点从左至右，次序不能互换，就是有序树，反之就是无序树。二叉树是有序树，因为要明确子树是左子树还是右子树。

3.5.1.4　树的遍历

解决问题时，需要按照某种次序获取树中全部结点的信息，这种操作叫做树的遍历。

树结构常用的遍历方式有先序遍历、后序遍历和层次遍历这三种。

1. 先序遍历规则

①遍历根结点的信息；

②从左到右依次遍历子树。

举例，如图 3-34 所示。

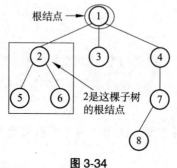

根结点

2 是这棵子树的根结点

图 3-34

①先访问根结点，然后从左至右遍历各子树。根结点是 1，最先遍历 1。

②第一棵子树是 2，2 是这棵子树的根结点。

③根据先遍历根结点，再从左至右遍历各子树的原则，先遍历 2。

④然后从左至右遍历各子树 5、6。

⑤2 这棵子树遍历完成后，再遍历 1 的第二棵子树 3。

⑥再遍历 1 的第三棵子树 4，4 这棵子树后代都只有一棵子树，继续遍历 7、8。

最终先序遍历就是 1，2，5，6，3，4，7，8。

2. 后序遍历规则

①从左到右依次遍历子树；

②后遍历根结点的信息。

举例，如图 3-35 所示。

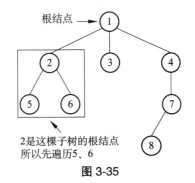

图 3-35

①先考虑遍历最左边的子树，该子树的根结点 2。

②遍历该子树的左孩子 5，再遍历右孩子 6，然后遍历子树根结点 2。

③同样的方法遍历第二棵子树 3，3 没有左右孩子，直接遍历 3。

④遍历第三棵子树。4 是子树的根结点，遍历 4 的子树 7，遍历 7 的左孩子 8，先遍历 8，然后遍历 7、4。

⑤没有其他子树，最后遍历树的根结点 1。

后序遍历是 5，6，2，3，8，7，4，1。

3. 层次遍历规则

①遍历根结点；

②同层结点，按照从左至右的次序遍历。

如图 3-35 所示，按层遍历的结果是 1，2，3，4，5，6，7，8。

3.5.2 二叉树

3.5.2.1 二叉树的概念

树中结点的度都不大于 2，这种树叫做二叉树。它是最重要的树之一。二叉树中每个结点只能含有 0、1 或 2 个子树。

二叉树是有序树，哪怕只有一个子树，也要区分是左子树还是右子树。

3.5.2.2 二叉树的基本形态

二叉树有以下五种基本形态，如图 3-36 所示。

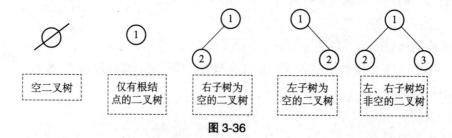

图 3-36

含有 3 个结点的二叉树有多少种基本形态呢？如图 3-37 所示。

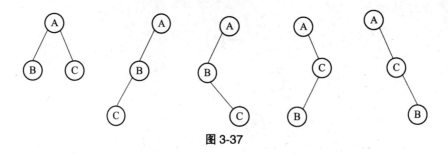

图 3-37

含有 4 个结点，5 个结点的二叉树有多少种基本形态呢？

可以用卡特兰数计算公式求解。卡特兰数的计算公式是 $\dfrac{C_{2n}^n}{n+1} = \dfrac{(2n)!}{n! \times (n+1)!}$。利用这个公式可以很方便地算出 n 个结点的二叉树的形态有多少种。

📝 练一练

由 4 个结点构成的二叉树有（   ）种形态。

A. 14   B.15   C.13   D.16

【答案】A

【解析】利用卡特兰数公式计算，结果为 14 种。

3.5.3 二叉树的三个主要性质

1. 性质 1

在二叉树的第 i（$i \geq 1$）层上，最多有 2^{i-1} 个结点，如图 3-38 所示。

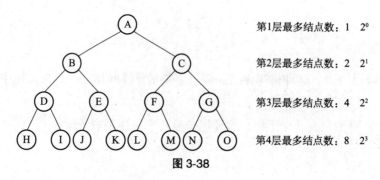

第1层最多结点数：1 2^0

第2层最多结点数：2 2^1

第3层最多结点数：4 2^2

第4层最多结点数：8 2^3

图 3-38

2. 性质 2

在深度为 k（$k \geqslant 1$）的二叉树中，总共最多有 $2^k - 1$ 个结点，如图 3-39 所示。

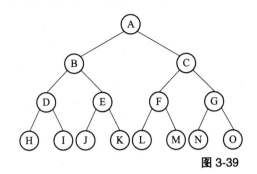

深度为1最多结点数：1　　$2^1 - 1$

深度为2最多结点数：3　　$2^2 - 1$

深度为3最多结点数：7　　$2^3 - 1$

深度为4最多结点数：15　　$2^4 - 1$

图 3-39

3. 性质 3

在任意二叉树中，叶子结点数总比度为 2 的结点数多 1。

假设 n_0 代表度为 0 的结点数，n_1 代表度为 1 的结点数，n_2 代表度为 2 的结点数，即 $n_0 = n_2 + 1$。

假设 n 代表结点总数，则 $n = n_0 + n_1 + n_2$。

二叉树中除了根结点外（根结点没有父结点），其余结点都仅有一条边指向父结点，假设边的个数为 b，则有 $n = b + 1$。

同时这些边又是度为 1 和度为 2 的父结点发出的，又有 $b = n_1 + 2 \times n_2$，如图 3-40 所示。

由前面的公式可得到：$n_0 = n_2 + 1$。

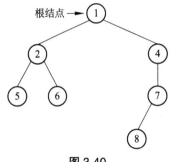

图 3-40

📝 **练一练**

深度为 5 的二叉树最多有（　　　）个结点。

A. 31　　　　　　　B. 30　　　　　　　C. 32　　　　　　　D. 29

【答案】A

【解析】深度为 k 的二叉树最多有 $2^k - 1$ 个结点，$2^5 - 1$ 是 31。

3.5.4　二叉树的两种特殊形态

3.5.4.1　满二叉树

一棵深度为 k 并且有 $2^k - 1$ 个结点的二叉树称为满二叉树，如图 3-41 所示。

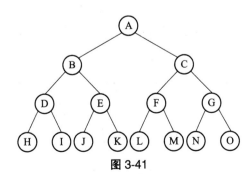

图 3-41

练一练

一个深度为 5 的满二叉树，最下层结点总数为（　　　）。

A. 15 B. 16 C. 17 D. 18

【答案】B

【解析】满二叉树在相同深度二叉树中的结点数最多，因此第 i 层上有 2^{i-1} 个结点，第五层结点数是满的，有 2^4 个结点，即 16 个。

3.5.4.2　完全二叉树

除去最后一层结点的二叉树为满二叉树，且最后一层的结点依次从左到右连续分布，这种二叉树称为完全二叉树，如图 3-42 所示。

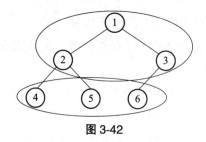

图 3-42

图 3-43 所示不是完全二叉树，因为最后一层结点不是从左到右连续分布的。

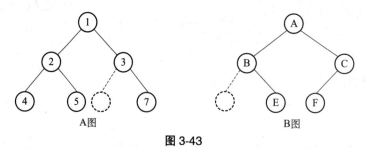

图 3-43

例如：如图 3-44 所示是完全二叉树，满二叉树一定是完全二叉树。

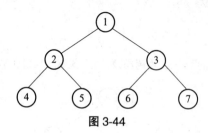

图 3-44

 练一练

【2020 CSP-S 初赛真题】根结点的高度为 1，具有 61 个结点的完全二叉树的高度为（　　　）。

A. 7 B. 8 C. 5 D. 6

【答案】D

【解析】满二叉树有 2^k-1 个结点，高度为 5 的满二叉树有 31 个结点，高度为 6 的满二叉树有 63

个结点，所以我们判断 61 个结点的完全二叉树高度为 6。

3.5.5　二叉树的遍历

二叉树的遍历就是指按照一定的次序访问二叉树上所有结点的信息。遍历方式常用的有 4 种：先（前）序遍历、中序遍历、后序遍历和层序遍历。

3.5.5.1　先序遍历

先（前）序遍历规则：根、左、右

①访问根结点；

②遍历左子树；

③遍历右子树。

现有一棵二叉树，如图 3-45 所示。

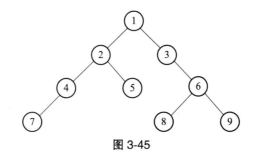

图 3-45

①根据先序遍历的原则，先遍历根结点 1。

②1 有两棵子树，根据先序遍历规则，先遍历左子树的根结点 2。

③2 有两棵子树，先遍历左子树的根结点 4。

④4 有一棵子树，先遍历 4 的左子树的根结点 7，结点 7 没有子树，遍历结点 7，结束遍历。结点 4 没有右子树，结束遍历。

⑤2 的左子树遍历结束后，用同样的方式遍历右子树 5，5 没有子树，结束遍历。

⑥继续遍历 1 的右子树的根结点 3。

⑦3 没有左子树，遍历右子树的根结点 6，然后用同样的方式遍历左子树 8，右子树 9。

先序遍历结果是 1，2，4，7，5，3，6，8，9。

3.5.5.2　中序遍历

中序遍历规则：左、根、右

①遍历左子树；

②遍历根结点；

③遍历右子树。

以如图 3-45 所示二叉树为例。

①先找根结点 1，根据中序遍历规则，先遍历根结点的左子树，2 是 1 的左子树的根结点，同样继续遍历 2 的左子树，4 是 2 的左子树的根结点，遍历 4 的左子树。左子树只有结点 7，遍历结点 7 后结束遍历。

②然后遍历 7 的根结点 4，4 没有右子树，结束遍历。2 的左子树遍历完成，然后遍历根结点 2，再遍历 2 的右子树 5。

③1 的左子树遍历完成，遍历根结点 1。

④再遍历 1 的右子树，3 是右子树的根结点，3 没有左子树，因此先遍历子树的根结点 3，然后再遍历 3 的右子树。6 是右子树的根结点，先遍历 6 的左子树。左子树只有结点 8，遍历结点 8 后结束遍历。

⑤遍历子树根结点 6，再遍历右子树。右子树只有结点 9，结束遍历。

中序遍历结果是 7，4，2，5，1，3，8，6，9。

3.5.5.3 后序遍历

后序遍历规则：左、右、根

①遍历左子树；

②遍历右子树；

③遍历根结点。

以如图 3-45 所示二叉树为例。

①先找到根结点 1，根据后序遍历规则，1 有两棵子树，先遍历左子树。2 是左子树的根结点，找 2 的左子树。4 是左子树的根结点，再找 4 的左子树。左子树只有 1 个结点 7，遍历结点 7 后结束遍历。

②4 没有右子树，遍历根结点 4，结束遍历。

③2 的左子树遍历完成，再遍历 2 的右子树 5。右子树只有结点 5，遍历结点 5 后结束遍历。

④遍历根结点 2，1 的左子树遍历完成。

⑤再遍历 1 的右子树，3 是右子树的根结点，找 3 的左子树，3 没有左子树，遍历 3 的右子树。6 是右子树的根结点，遍历 6 的左子树，左子树只有结点 8，遍历结点 8 后结束遍历。

⑥遍历 6 的右子树，右子树只有结点 9，遍历结点 9 后结束遍历。

⑦遍历根结点 6。

⑧遍历 6 的根结点 3，遍历 3 的根结点 1，结束遍历。

后序遍历结果是 7，4，5，2，8，9，6，3，1。

3.5.5.4 层序遍历

层序遍历规则：从上到下，从左到右

以如图 3-45 所示二叉树为例。

第一层遍历 1，第二层遍历 2 和 3，依次类推。

层序遍历结果是 1，2，3，4，5，6，7，8，9。

📝 **练一练**

【2015 NOIP 提高组初赛真题】先序遍历与中序遍历序列相同的二叉树为（　　　）。

　A. 根结点无左子树

　B. 根结点无右子树

　C. 只有根结点的二叉树或非叶子结点只有左子树的二叉树

　D. 只有根结点的二叉树或非叶子结点只有右子树的二叉树

【答案】D

【解析】只有根结点时，先序遍历和中序遍历相同。先序遍历规则是根、左、右，中序遍历规则是左、根、右，如果没有左子树，遍历都是"根、右"，所以选择 D。

3.5.6 序列构造二叉树

3.5.6.1 先序和中序构造二叉树

先序序列和中序序列可以构造出一棵二叉树。

例如，二叉树的先序序列为 ABDCEGF（根、左、右），二叉树的中序序列为 DBAEGCF（左、根、右），构造方法如下。

①根据先序序列确定根结点，根结点一定是第一个字符 A。找到根结点后，再根据中序序列确定左右子树结点。在中序序列中，根结点 A 左边的（DB）都是左子树结点，右边的（EGCF）都是右子树结点，如图 3-46 所示。

②回到先序序列里找左子树，在先序序列里排序 BD，因此判断 B 是左子树根结点。再到中序序列找到 B，D 在 B 的左边，因此 D 是 B 的左子树结点，如图 3-47 所示。

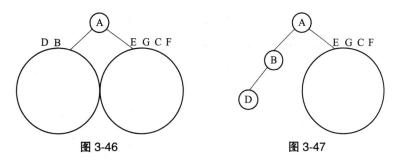

图 3-46　　　　　　　　　　　图 3-47

③回到先序序列里找 A 的右子树，在先序序列里排序是 CEGF，因此判断 C 是 A 的右子树根结点。再到中序序列里找到 C，EG 是 C 的左子树结点，F 是 C 的右子树结点，如图 3-48 所示。

④回到先序序列里找 C 的左子树，排序是 EG，因此 E 是 G 的根结点。同理通过中序序列推出 G 是右子树，完成树的构建。如图 3-49 所示。

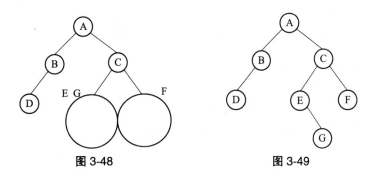

图 3-48　　　　　　　　　　　图 3-49

3.5.6.2 后序和中序构造二叉树

后序序列和中序序列也可以构造一棵二叉树。

例如，二叉树的后序序列为 CBEFDA（左、右、根），二叉树的中序序列为 CBAEDF（左、根、右），构造方法如下。

①根据后序序列确定根结点，根结点一定是最后一个字符 A。找到根结点后，再根据中序序列确定左右子树结点。中序序列中，根结点 A 左边的 CB 都是 A 的左子树，A 右边的 EDF 都是 A 的右子树，如图 3-50 所示。

②回到后序序列里找到左子树，后序序列排序是 CB，因此 B 是左子树的根结点。再到中序序列里找到 C，C 在 B 的左边，因此 C 是 B 的左子树，如图 3-51 所示。

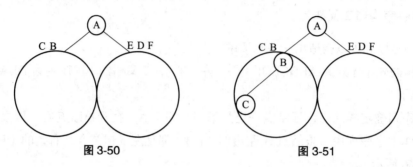

图 3-50   图 3-51

③回到后序序列里找到 A 的右子树，在后序序列里排序是 EFD，D 是右子树的根结点。再到中序序列里找到 D，E 在 D 的左边，因此 E 是 D 的左子树，F 是 D 的右子树，如图 3-52 所示。

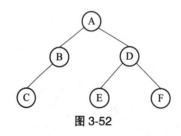

图 3-52

📖 练一练

一棵二叉树的先序序列为 ABCDEFHIJK，中序序列为 FEDCBAHIJK，则其后序序列为（   ）。

　　A. FEDCBHIJKA　　　　　　　　　　B. FEDCBAHIJK

　　C. FEDCBKJIHA　　　　　　　　　　D. FEDCBIJKHA

【答案】C

【解析】先用先序序列和中序序列构造二叉树，再输出后序序列。

3.5.7　表达式

波兰表达法是由波兰逻辑学家 Jan Lukasiewicz 在 20 世纪 20 年代提出的，这种表达法也称为前缀表达法。

3.5.7.1　波兰表达式

波兰表达式没有括号，可读性较低，直到计算机时代，波兰表达式再次得到重视与应用。

波兰表达式的特点是从左至右开始运算，操作符提前，每个操作符后面跟着两个操作数。例如，a+b，将"+"提前，变为 +ab，即 a+b 的波兰表达式。公式 (a−b)*(c+d)，用前缀表达式可以表示为 *−a b +c d。计算方法如图 3-53 所示。

表达式中的运算符可以看成一棵二叉树的根结点，两个操作数可以看成根结点的左右孩子，这样就构成一棵二叉树。(a−b)*(c+d) 构成的二叉树如图 3-54 所示。

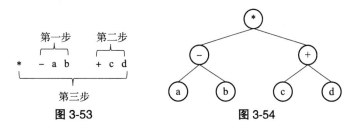

图 3-53   图 3-54

根据表达式构成的二叉树称为表达式二叉树。以上二叉树先序序列就是 *−a b+c d。

3.5.7.2 后缀表达式

后缀表达式也称为逆波兰表示法，从右向左运算，转换方法是将操作符后置，每两个操作数后面跟着一个操作符。公式 a−b 的后缀表达式是 ab−。公式 (a−b)*(c+d) 用后缀表达式可以表示为 a b−c d+*。

📝 练一练

表达 a*(b+c)−d 的后缀表达式是（   ）。

    A. abcd*+−   B. abc+*d−

    C. abc*+d−   D. −+*abcd

【答案】B

【解析】该表达式最后计算 −d，因此先表示为 a*(b+c)d−；将表达式 a*(b+c) 的乘号移到后面，变为 a(b+c)*d−；最后将加号移到括号外，得到 B 选项。

3.5.8 树和二叉树以及森林的转换

3.5.8.1 树和二叉树的转换

1. 将多叉树转换为二叉树

多叉树如图 3-55 所示。

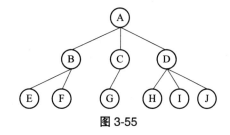

图 3-55

转换过程分三步：

①加线：在兄弟之间加一条连线，如图 3-56 所示。

②删线：对于每个结点，除左孩子外，删除父结点与其他孩子的连线，如图 3-57 所示。

③旋转：对树大致顺时针旋转 45°，即完成转换。如图 3-58 所示。

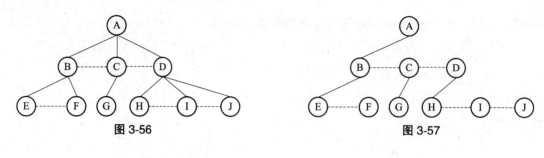

图 3-56　　　　　　　　　　　图 3-57

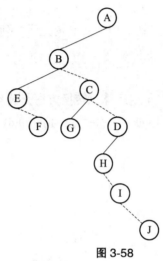

图 3-58

2. 将二叉树转换为多叉树

二叉树如图 3-59 所示。

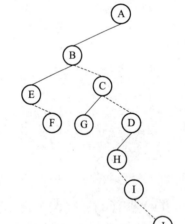

图 3-59

转换过程分三步：

①逆旋转：对左孩子的右孩子逆时针旋转，旋转到与左孩子同层，如图 3-60 和图 3-61 所示。

②加线：每一层结点跟上一层父结点连线，如图 3-62 所示。

③删线：删除每一层兄弟结点间的线，即完成转换，如图 3-63 所示。

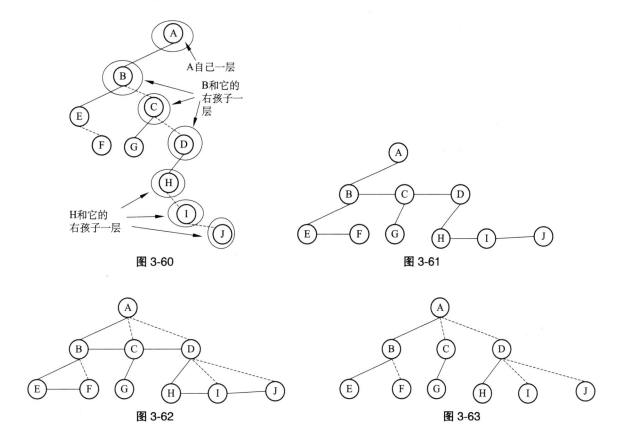

图 3-60   图 3-61

图 3-62   图 3-63

3.5.8.2 森林和二叉树

森林是指若干棵互不相交的树的集合。

森林转换二叉树的规则是左指孩子，右指兄弟。森林有 3 棵树，如图 3-64 所示。

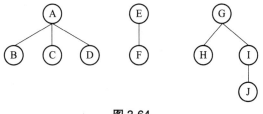

图 3-64

森林转换二叉树分三步：

①森林中的每一棵树都先转换成二叉树，如图 3-65 所示。

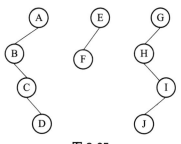

图 3-65

②把每棵树的根结点用线相连，如图3-66。

③以第一棵树为根，顺时针旋转形成二叉树，如图3-67。

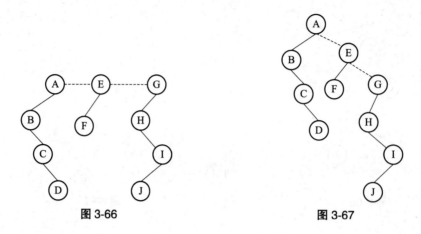

图3-66　　　　　　　　　　　　图3-67

3.5.9　哈夫曼树和哈夫曼编码

3.5.9.1　哈夫曼树的一些概念

1.路径和路径长度

两个结点之间的连线称为路径。根结点到叶子结点经过的边的数量称为路径长度，如图3-68所示。

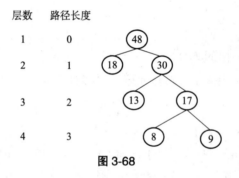

图3-68

2.结点的权和带权路径长度

结点上的数值称为结点的权。从根结点到该结点的路径长度乘以该结点的权值，称为带权路径长度，如图3-69所示。

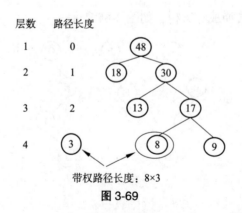

带权路径长度：8×3

图3-69

二叉树的带权路径长度为所有叶子结点的带权路径长度之和，记为WPL。图3-69所示带权路径长度 WPL = (8+9) * 3 + 13 * 2 + 18 * 1 = 95。

3.哈夫曼树

哈夫曼树也称为最优二叉树或最优搜索树，是指在二叉树中，叶结点的带权路径长度之和（即二叉树的带权路径长度）最小。

3.4.9.2 构造哈夫曼树

①假设权值分别为 a_1，a_2，a_3，…，a_n 的叶子结点，如图 3-70 所示。

图 3-70

②选出两个权值最小的结点合并，两个结点作为一棵新树的左、右孩子，每个结点当作左、右孩子均可，根结点的权值就是它们权值的和，将该树加入集合中，如图 3-71 所示。

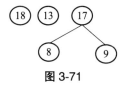

图 3-71

③再选出权值最小的两个结点合并，将 13 和 17 合并，如图 3-72 所示。

④重复上述步骤构造完成，如图 3-73 所示。

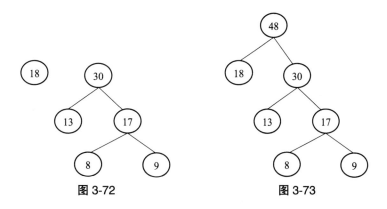

图 3-72　　　　　　　　　　图 3-73

3.4.9.3 哈夫曼编码

哈夫曼编码是基于哈夫曼树的一种压缩编码的算法，出现频率高的字符使用较短的编码，则总的编码长度最小。

例如："aacccbbddddd d"这一串字符如果用 ASCII 码（参见表 3-6）的话是 97 97 99 99 99 98 98 100 100 100 100 32 100。统计每个字符出现的频率，如表 3-6 所示。

表 3-6

字符	空格	a	b	c	d
出现频率	1	2	2	3	5

哈夫曼树是一个带权的二叉树，在哈夫曼编码中，每种字符作为一个结点，字符的出现频率就是

结点的权值。如图 3-74 所示。

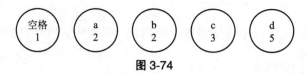

图 3-74

①先选出两个权值最小的结点，如果结点权值相同，任选一个即可，如图 3-75 所示。
②重复上述步骤，再选两个权值最小的结点，结果如图 3-76 所示。

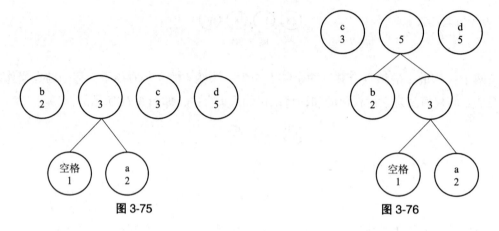

图 3-75　　　　　　　　　　　　　　图 3-76

③重复上述步骤，结果如图 3-77 所示。
④重复上述步骤最终构建一棵二叉树。如图 3-78 所示。

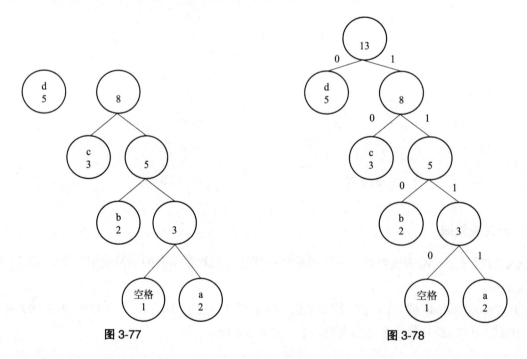

图 3-77　　　　　　　　　　　　　　图 3-78

为哈夫曼树的边进行编码，左分支为 0，右分支为 1。

从根结点走到结点 a，走过的路径是 1111，a 的哈夫曼编码就是 1111，所有结点的哈夫曼编码见表 3-7。

表 3-7

字符	空格	a	b	c	d
编码	1110	1111	110	10	0
出现频率	1	2	2	3	5

aacccbbdddd d 的哈夫曼编码是：11111111101010110110000011100。

aacccbbdddd d 的 ASCII 码是：97 97 99 99 99 98 98 100 100 100 100 32 100。

每个字符用 8 位二进制表示：0110000101100001011000011011000110110001101100010011000100110 01000110010001100100011001000010000001100100

可见编码长度缩短了三分之二，大概只有原来的三分之一。

练一练

若以 4，5，6，7，8 作为叶子结点的权值构造一棵哈夫曼树，则其带权路径长度是（   ）。

    A.71   B.72   C.69   D.68

【答案】C

【解析】如图 3-79 所示，WPL=4×3+5×3+8×2+6×2+7×2=69。

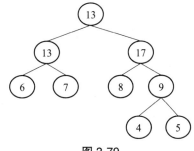

图 3-79

3.5.10 二叉排序树

二叉排序树是指具有下列性质的非空二叉树，它包含以下特点。

①若左子树不空，则左子树上所有结点的值均小于它的根结点的值。

②若右子树不空，则右子树上所有结点的值均大于它的根结点的值。

③左、右子树也分别为二叉排序树。

很显然，对二叉排序树进行中序遍历，可得出结点值递增的一个序列。

二叉排序树如图 3-80 所示。

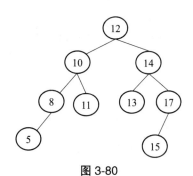

图 3-80

中序序列为 5，8，10，11，12，13，14，15，17。

3.5.11 专题练习

1. 如图 3-81 所示树的度为（　　　）。

    A. 4　　　　　　　　B. 3　　　　　　　　C. 2　　　　　　　　D. 1

2. 如图 3-82 所示树的深度为（　　　）。

    A. 2　　　　　　　　B. 3　　　　　　　　C. 4　　　　　　　　D. 5

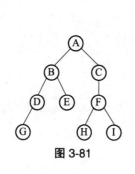

图 3-81

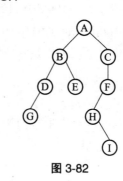

图 3-82

3.【2014 NOIP 普及组初赛真题】一棵具有 5 层的满二叉树中结点数为（　　　）。

    A. 31　　　　　　　　B. 32　　　　　　　　C. 33　　　　　　　　D. 16

4.【2021 CSP-J 初赛真题】如果一棵二叉树只有根结点，那么这棵二叉树高度为 1。请问高度为 5 的完全二叉树有（　　　）种不同的形态。

    A. 16　　　　　　　　B. 15　　　　　　　　C. 17　　　　　　　　D. 32

5.【2013 NOIP 普及组初赛真题】二叉树的（　　　）第一个访问的结点是根结点。

    A. 先序遍历　　　　B. 后序遍历　　　　C. 中序遍历　　　　D. 以上都是

【答案】CDAAA

【解析】

1. 结点的度是指结点的子树数量，树的度是树中结点的度的最大值。

2. 树的深度即树的高度，是树中结点的最大层次数。

3. 满二叉树每层都具有最大结点数。结点总数的公式是 $2^k - 1$，k 是树的高度，即 $2^5 - 1 = 31$。

4. 第 5 层上可以有 1 到 2^{5-1} 个结点，所以高度为 5 的完全二叉树共有 16 种不同的完全二叉树形态。

5. 先序遍历规则是根→左→右，所以先序遍历第一个访问的结点是根结点。

3.6　图论基础

3.6.1　欧拉与图论

欧拉是图论的奠基者，他对"哥尼斯堡七桥问题"这一问题的详细阐释标志着图论的诞生。

在 18 世纪的哥尼斯堡，有一条河流穿过，河中间有两座岛屿，一共有七座桥把岛屿和两岸连接起来，如图 3-83 所示。

图 3-83

周末，人们会在河边散步，于是有人提出是否可以一次性的、不重复、不遗漏的走完所有的桥回到起点。

大数学家欧拉到了哥尼斯堡，解决了这个问题。他把这个问题抽象成一个数学模型，证明了不可能一次性走过所有的桥回到起点。于是，图论这门学科诞生了。

3.6.2 图论的基本概念

在自然界中，事物之间的关系都可以抽象成点和连接点的边。图就是描述事物之间关系的一种手段。例如，城市交通图、地铁线路图等。

图论中的图与数学中的几何图形存在明显的差异。在图论中，我们只关注图中是否存在边以及边的权值，而不会过度关注边和点的位置、边的形状。这与几何图形在数学中的处理方式有所不同，几何图形更注重形状、大小和位置的精确描述。因此，尽管两者都涉及点和边的概念，但它们在各自的领域有着不同的定义和侧重点。

📝 练一练

以下关于图的定义错误的是（　　）。

 A.图可以由点和线描述事物之间的关系

 B.城市地铁线路可以用图描述

 C.图是先进先出的数据结构

 D.欧拉解决了七桥问题，图论由此诞生了

【答案】C

【解析】队列是先进先出的数据结构。

3.6.2.1 图的定义

先看一个例子，学校里有 A、B、C、D 四个班级，班级之间举办拔河比赛。用 A、B、C、D 四个圆点，也可以称为顶点，代表四个班级；用一条线，也可以称为边，连接两个班级，表示班级之间进行了一场比赛。这就形成了一张图，如图 3-84 所示。

图 G（Graph）是一个顶点 V（Vertex）和边 E（Edge）的集合。记作：$G=<V, E>$。

其中顶点 V 是一个有限非空集合，E 是顶点之间二元关系的有限集合。它的元素（e_1，e_2，e_3，…，e_m）被称为一条边，如图 3-85 所示。

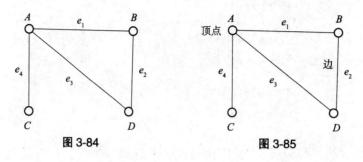

图 3-84　　　　　　　　　　图 3-85

3.6.2.2　图的一些基本概念

1. 无向边

没有箭头的边叫无向边。若边 e 的两个端点是 u 和 v，u 和 v 都可以当起点，也可以当终点，记为 $e=(u, v)$，如图 3-86 所示。

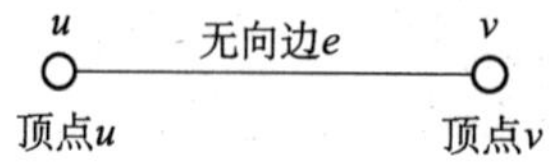

$$u \quad \text{无向边} e \quad v$$

顶点 u　　　　　　顶点 v

图 3-86

2. 有向边

有箭头的边叫有向边（或弧）。若边 e 的两个端点是 u 和 v，u 是起点，v 是终点，记为 $e=<u, v>$，这时称 u 是边 e 的始点（或弧尾），v 是边 e 的终点（或弧头），如图 3-87 所示。

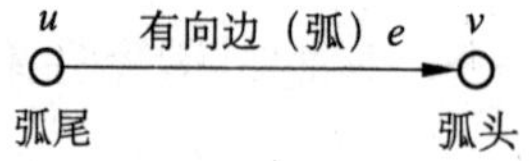

$$u \quad \text{有向边（弧）} e \quad v$$

弧尾　　　　　　弧头

图 3-87

3. 无向图

所有边都是无向边的图称为无向图，如图 3-88 所示。

4. 有向图

所有边都是有向边的图称为有向图，如图 3-89 所示。

5. 混合图

无向边和有向边混合在一起的图称为混合图，如图 3-90 所示。

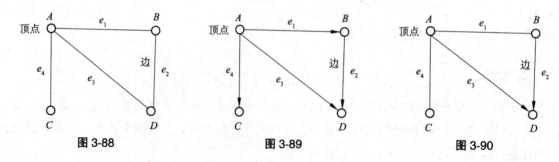

图 3-88　　　　　　　图 3-89　　　　　　　图 3-90

在图 3-90 中 e_4、e_1 是无向边，e_2、e_3 是有向边。

6. 邻接点

顶点 A 和顶点 B 的边 e，无论是有向的还是无向的，均称边 e 与顶点 A 和顶点 B 相关联，而 A 和 B 称为邻接点，否则称为不邻接点。

7. 邻接边

关联于同一个顶点的两条边称为邻接边。

8. 自环

一条边的两个顶点是同一个顶点，该边称为自环。

9. 平行边（重边）

在有向图中，两个顶点间（包括顶点自身间）若有同始点和同终点的几条边，则这几条边称为平行边。在无向图中，两个结点间（包括结点自身间）若有几条边，则这几条边称为平行边。

10. 简单图

不存在平行边和自环的图称为简单图。

11. 无向图顶点的度

在无向图中一个顶点的度是与它相关联的边的数量，有自环时计算两次，称为该结点的度。

12. 有向图顶点的度

在有向图中，以该顶点为起始点的边的数量，称为出度。以该顶点为终点的边的数量，称为入度。出度和入度之和称为有向图顶点的度。有向图顶点的度等于边的两倍。出度之和等于入度之和。

13. 奇点和偶点

在图 $G=<V, E>$ 中，度数为奇数的点称为奇点，度为偶数的点称为偶点。

14. 无向完全图

在无向图中任意两点之间都存在边，称为无向完全图。无向完全图边的数量是 $n(n-1)/2$。

15. 有向完全图

在有向图中，在顶点 u，v 之间，既存在一条从 u 到 v 的弧，又存在一条从 v 到 u 的弧，则该图称为有向完全图。有向完全图弧（边）的数量是 $n(n-1)$。

16. 权

如果图的边被赋值，那么这个值称为边的权值。

17. 路径

如果从顶点 u_1 出发，沿着一些边依次经过 u_2，u_3，u_4，…，u_n，则称这些顶点序列是顶点 u_1 到顶点 u_n 的路径。

18. 路径长度

如果边是不带权值的，路径上边的数量就是路径长度。如果边是带权值的，路径长度等于路径上边权之和。

19. 回路

如果一条路径上第一个顶点和最后一个顶点是相同的，称为回路或者环。

20. 连通

在无向图中，如果顶点 u_1 到顶点 u_n 有路径存在，则称 u_1 到 u_n 是连通的。

21. 连通图

如果图中任意一对顶点都是连通的，则称该图为连通图。

22. 树

也可以看成是一种特殊的图，即连通无环图。

📝 **练一练**

一个有 5 个顶点的无向完全图，边的数量是（　　）。

A. 9　　　　　　B. 10　　　　　　C. 11　　　　　　D. 12

【答案】B

【解析】5 个顶点的无向完全图，边的数量是 5×(5−1)/2=10。

3.6.3　图的存储

3.6.3.1　邻接矩阵

邻接矩阵是一个二维数组，若图 $G=<V, E>$，$V=\{v_1, v_2, \cdots, v_n\}$，$E=\{e_1, e_2, \cdots, e_n\}$，则 n 阶方阵 $A=(G_{ij})_{n\times n}$ 称为 G 的邻接矩阵。

图的边无权值时，邻接矩阵就是一个布尔型数组，边相连，值为 1，边不相连，值为 0。边有权值存储权值。

无向图的邻接矩阵是对称的，而有向线图的邻接矩阵不一定对称。无向图如图 3-91 所示，无向图的邻接矩阵如图 3-92 所示。

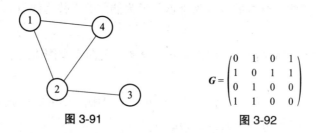

图 3-91　　　　　　　　　图 3-92

有向图如图 3-93 所示，有向图的邻接矩阵如图 3-94 所示。

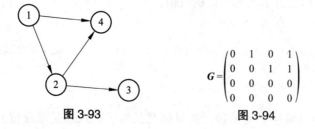

图 3-93　　　　　　　　　图 3-94

（1）优点

①能够快速判断两点之间是否有边相连。

②操作简单。

③多用于稠密图。

（2）缺点

空间复杂度高。

📝 练一练

稠密图适用于（　　　）。

　　A. 邻接表　　　　　　　　B. 邻接矩阵　　　　　　　　C. 边集数组　　　　　　　　D. 矩阵

【答案】B

【解析】稠密图适用于邻接矩阵。

3.6.3.2　邻接表

邻接表是一种链式存储。邻接表包含两部分：顶点和邻接点。

顶点包括顶点信息和指向第一个邻接点的指针。

邻接点包括邻接点的存储下标和指向下一个邻接点的指针。

（1）优点

①空间复杂度较低。

②插入和删除结点高效。

③适用于稀疏图，频繁插入和删除顶点，不需要快速判断是否有边相连。

（2）缺点

判断两个顶点是否有边相连效率较低。

📝 练一练

稀疏图适用于（　　　）。

　　A. 邻接表　　　　　　　　B. 邻接矩阵　　　　　　　　C. 栈　　　　　　　　D. 矩阵

【答案】A

【解析】稀疏图适用于邻接表。

3.6.3.3　链式前向星

邻接表使用链表，写起来比较复杂，因此诞生了一种折中方案——链式前向星。用数组模拟链表，用边集数组和邻接表的思路相结合，可以快速访问一个顶点，被广泛应用于信息学竞赛中。

特点如下。

①采用头插法链接。

②无向图加边，需要添加两次。

③应用十分灵活。

3.6.4　欧拉路径和欧拉回路

前文提到过哥尼斯堡七桥问题，欧拉把七桥问题抽象成了数学模型来解决问题，如图 3-95 所示。

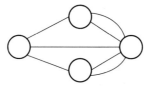

图 3-95

1. 七桥问题的特点

（1）顶点连接的边的数量是奇数个，则称该点为奇点。

（2）要回到起点的话，有出必有进，一个顶点有奇数个边说明不重复走无法回到自身。

（3）七桥问题也是一笔画问题的一种。

2. 一笔画问题

一笔画问题分为两种情况，分别如下。

（1）如果每个顶点的度都为偶数，那么有一条边负责出，就会有另外一条边负责入。每一个顶点都可以当作起始顶点，并自然成为终止顶点。

（2）只有两个顶点的度为奇数，一个顶点用于入，另一个顶点用于出，并且只能从这两个顶点起始与结束。其余每个顶点的度都为偶数，有一条边负责出，就会有另一条边负责入。

一笔画问题的充分必要条件是：①图是连通的；②奇点的数量是 0 或者 2。

3. 其他相关概念

（1）简单路径：路径上的各顶点均不互相重复，称这样的路径为简单路径。

（2）欧拉路径：通过图中所有边，且不重复通过的简单路径。

欧拉路径的充分必要条件是：①无向图要求图是连通的，只有两个奇点或者 0 个奇点；②有向图要求图是连通的，一个顶点的入度 = 出度 +1，另一个顶点的出度 = 入度 +1，其余入度 = 出度。

（3）欧拉回路：闭合的欧拉路径。

（4）欧拉图：包含欧拉回路的图。

（5）半欧拉图：具有欧拉路径，但是不具有欧拉回路的图。

4. 欧拉定理

对于欧拉解决桥问题得出以下三个结论通常被称为图的欧拉定理。

结论 1：欧拉路径，不重复走过所有的边。

结论 2：欧拉回路，不重复走过所有的边回到起点。

结论 3：欧拉图，包含欧拉回路的图。

欧拉回路的充分必要条件是：①无向图要求图是连通的，所有的顶点都是偶点；②有向图要求图是连通的，所有顶点的入度等于出度。

📝 练一练

以下关于欧拉图的描述错误的是（　　　）。

　A. 不重复的走过所有的边回到起点

　B. 不重复的走过所有的顶点回到起点

　C. 具有欧拉回路的图

　D. 欧拉图是连通的

【答案】B

3.6.5　哈密顿回路

哈密顿回路是由天文学家哈密顿提出的。仅通过图中所有顶点一次的通路称为哈密顿路径。从图中某个顶点出发，经过其他所有顶点，恰好有且仅有一次，并最终回到起始点形成的回路，称为哈密顿回路。有哈密顿回路的图就是哈密顿图。

📝 练一练

以下关于哈密顿图的描述错误的是（　　　）。

　A. 不重复地走过所有的边回到起点

　B. 不重复地走过所有的顶点回到起点

　C. 具有哈密顿回路的图

　D. 经过图中所有的顶点一次且仅一次的回路的图

【答案】A

【解析】不重复地走过所有的边回到起点是欧拉回路。

3.6.6　图的搜索

3.6.6.1　深度优先搜索（depth first search，DFS）

深度优先搜索的思想可以理解为沿着一条路一直走下去，无路可走后回退到原起点。用一句话来形容就是"不撞南墙不回头，不到黄河心不死"。

图的深度优先遍历是按照深度优先搜索的方式对图进行遍历。

算法步骤：

①初始化图中所有顶点为 0，表示未访问。

②从源点 u 出发，访问 u 并标记为 1，表示已访问。

③遍历 u 的所有邻接点 v，如果 v 未被访问，则从 v 出发继续深度优先遍历。

3.6.6.2　广度优先搜索（breadth-first search，BFS）

广度优先搜索的思想是从某个顶点 u 出发，该顶点入队，继续访问它的未入队的邻接点，将其入队，再访问这些邻接点的邻接点，依次类推，直到遍历完所有可达结点。所有未被访问的邻接点，顶点出队，再依次从这些访问过邻接点出发进行广度优先搜索。

图的广度优先遍历是按照广度优先搜索的方式对图进行遍历。

算法步骤：

①初始化。

②从源点 u 出发，标记已访问，u 入队。

③队头出队，访问队头的所有邻接点（未被访问），邻接点入队并标记已访问。

④重复执行，直到队列为空。

3.7　专题练习

1.【2006 NOIP 普及组初赛真题】某个车站呈狭长形，宽度只能容下一台车，并且只有一个出入口。已知某时刻该车站状态为空，从这一时刻开始的出入记录为："进，出，进，进，进，出，出，进，进，进，出，出"。假设车辆入站的顺序为 1，2，3，…，则车辆出站的顺序为（　　　）。

　A. 1，2，3，4，5　　B. 1，2，4，5，7　　C. 1，4，3，7，6　　D. 1，4，3，7，2

2.【2006 NOIP普及组初赛真题】设栈S的初始状态为空，元素a，b，c，d，e依次入栈，以下出栈序列不可能出现的有（　　）。

A. a, b, c, e, d

B. b, c, a, e, d

C. a, e, c, b, d

D. d, c, e, b, a

3.【2007 NOIP普及组初赛真题】地面上有标号为A、B、C的3根细柱，在A柱上放有10个直径相同中间有孔的圆盘，从上到下依次编号为1，2，3，…，将A柱上的部分盘子经过B柱移入C柱，也可以在B柱上暂存。如果B柱上的操作记录为："进，进，出，进，进，出，出，进，进，出，进，出，出"。那么，在C柱上，从下到上的盘子的编号为（　　）。

A. 2 4 3 6 5 7

B. 2 4 1 2 5 7

C. 2 4 3 1 7 6

D. 2 4 3 6 7 5

4.【2001 NOIP提高组初赛真题】一棵二叉树的高度为h，所有结点的度为0或2，则此树最少有（　　）个结点。

A. h−1　　　　　　　　　　　　　　B. 2h−1

C. 2h+1　　　　　　　　　　　　　　D. h+1

5.【2002 NOIP提高组初赛真题】按照二叉树的定义，具有3个结点的二叉树有（　　）种。

A. 3　　　　　　　　　　　　　　　　B. 4

C. 5　　　　　　　　　　　　　　　　D. 6

6. 表达式 a*(b+c)−d 的后缀表达式是（　　）。

A. abcd*+−　　　　　　　　　　　　B. abc+*d−

C. abc*+d−　　　　　　　　　　　　D. −+*abcd

7.【2004 NOIP提高组初赛真题】满二叉树的叶结点个数为N，则它的结点总数为（　　）。

A. N　　　　　　　　　　　　　　　　B. 2N

C. 2N−1　　　　　　　　　　　　　　D. 2N+1

8.【2001 NOIP提高组初赛真题】无向图G=(V，E)，其中V={a,b,c,d,e,f}，E={(a,b),(a,e),(a,c),(b,e),(c,f),(f,d),(e,d)}，对该图进行深度优先遍历，得到的顶点序列正确的是（　　）。

A. a,b,e,c,d,f　　　　　　　　　　　B. a,c,f,e,b,d

C. a,e,b,c,f,d　　　　　　　　　　　D. a,b,e,d,f,c

9.【2002 NOIP提高组初赛真题】在一个有向图中，所有顶点的入度之和等于所有顶点的出度之和的（　　）倍。

A. $\frac{1}{2}$　　　　　B. 1　　　　　C. 2　　　　　D. 4

10.【2003 NOIP提高组初赛真题】假设我们用 d=(a1,a2,…,a5) 表示无向图G的5个顶点的度数，下面给出的d值合理的是（　　）。

A. {5, 4, 4, 3, 1}　　　　　　　　　B. {4, 2, 2, 1, 1}

C. {3, 3, 3, 2, 2}　　　　　　　　　D. {5, 4, 3, 2, 1}

【答案】 CCDBC　BCDBB

【解析】

1. 根据题意可知 1 进栈，1 出栈，2 进栈，3 进栈，4 进栈，4 出栈，3 出栈，5 进栈，6 进栈，7 进栈，7 出栈，6 出栈，所以结果为 1，4，3，7，6。

2. 根据题意可知 a 入栈，a 出栈，e 如果要出栈需要 bcde 依次入栈。c 不可能在 d 之前出栈。或者应用口诀："后出先入逆序"快速判断。c，b，d 比 e 后出先入，应该是逆序 d，c，b。

3. 本题用栈的思想求解，进、出栈的顺序就是 1 进，2 进，2 出，3 进，4 进，4 出，3 出，5 进，6 进，6 出，7 进，7 出，5 出。C 柱上从上到下的盘子编号就是 2，4，3，6，7，5。

4. 代入特殊值验证。h=1 时，只有 1 个结点，只有 B 选项计算结果是 1。

5. 根据题意，只有 3 个结点，可以画出二叉树的不同形态，故共有 5 种。

6. 按照后缀表达式的求解方式求解即可。

7. 根据二叉树的性质 $n_0=n_2+1$ 推出 $n_2=n_0-1$，$n=n_0+n_2$，$n_0=N$ 代入后得出 $n=N+(N-1)=2N-1$。

8. 根据题意，无向图如图 3-96 所示。再根据深度优先遍历得到顶点序列为 abedfc。

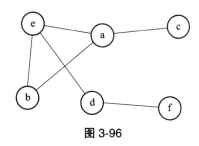

图 3-96

9. 在有向图中，所有顶点的入度之和等于所有顶点的出度之和。

10. 每条边被两个顶点计算度数，度数和必为偶数，ACD 的度数和为奇数。

第4章 算法

4.1 基本概念

◎ 知识目标

- 掌握算法的定义。
- 掌握算法的特点。

4.1.1 算法

算法是解题方案的准确且完整的描述,是一系列解决问题的清晰指令。

不同的算法可能用不同的时间、空间或效率完成同样的任务。一个算法的优劣可以用空间复杂度与时间复杂度衡量。

算法的空间复杂度是指在计算机中执行该算法时所需的内存空间。算法的时间复杂度是指在计算机中执行该算法时所需要的时间。

算法具有以下 5 个特征:

①输入项。一个算法有 0 个或多个输入,所谓 0 个输入是指算法本身给出了初始条件。

②输出项。一个算法有一个或多个输出,以反映对输入数据加工后的结果。没有输出的算法是毫无意义的。

③有穷性。算法必须能在执行有限个步骤之后终止。

④确定性。算法的每一步骤必须有确定的定义。

⑤可行性。算法中执行的任何计算步骤都是可以被分解为基本的可执行的操作步骤(也称为有效性)。

后面主要针对枚举、模拟、贪心、递推、递归、二分、深度搜索、广度搜索等算法进行介绍和学习。

4.1.2 专题练习

1.以下不是算法的特征的是( )。

    A. 有穷性   B. 确切性   C. 无限性   D. 可行性

2.算法中的每一个步骤都必须有( )。

    A. 模糊的定义   B. 多种可能的解释   C. 确切的定义   D. 不需要定义

3. 以下不是算法的输入项的是（　　）。

 A. 输出结果　　　　　　B. 运算对象　　　　　　C. 初始条件　　　　　　D. 输入参数

4. 算法（　　）。

 A. 只能有一个输出　　　　　　　　　　B. 可以有多个输出

 C. 必须有多个输出　　　　　　　　　　D. 不能有任何输出

5. 以下不是算法的可行性要求的是（　　）。

 A. 每个计算步骤都可以在有限时间内完成

 B. 每个计算步骤都可以被分解为基本的可执行的操作步骤

 C. 每个计算步骤都必须使用特定的编程语言实现

 D. 每个计算步骤都必须有明确的操作意义

6. 在设计算法时，不需要考虑的因素是（　　）。

 A. 输入数据的类型和数量　　　　　　　B. 输出数据的类型和数量

 C. 算法的时间复杂度和空间复杂度　　　D. 算法的编写者和使用者的个人喜好

7. 以下说法不正确的是（　　）。

 A. 算法是对问题的准确且完整的描述

 B. 算法可以在有限时间内获得所要求的输出

 C. 算法的空间复杂度是指算法在执行过程中所需的内存空间

 D. 算法的时间复杂度是指执行算法所需的计算机硬件的性能指标

8. 以下不是评价算法优劣的指标的是（　　）。

 A. 时间复杂度　　　　　　　　　　　　B. 空间复杂度

 C. 正确性和可读性　　　　　　　　　　D. 输入和输出的数据类型和数量

9. 算法中的有穷性是指（　　）。

 A. 算法必须能在执行有限个步骤之后终止　B. 算法的执行时间必须有限制

 C. 算法的输出必须有限制　　　　　　　　D. 算法的输入必须有限制

10. 以下不是算法基本特征的是（　　）。

 A. 有穷性、确定性、可行性都是算法的基本特征

 B. 算法可以用不同的时间复杂度和空间复杂度完成同样的任务

 C. 算法必须具有输出项，否则就没有意义

 D. 算法的编写者和使用者的个人喜好不会影响算法的设计和执行效果

【答案】CCABC　　DDDAD

【解析】

1. 算法必须在执行有限个步骤之后终止，因此不能具有无限性。

2. 算法的每一步骤必须有确切的定义，以确保算法的准确性和一致性。

3. 输出结果属于算法的输出项，而不是输入项。

4. 算法可以有一个或多个输出，以反映对输入数据加工后的结果。

5. 算法的可行性并不要求每个计算步骤都必须使用特定的编程语言实现，只要求每个计算步骤都可以在有限时间内完成，可以被分解为基本的可执行的操作步骤，并且必须有明确的操作意义。

6. 算法的编写者和使用者的个人喜好不应该影响算法的设计，算法应该是客观、准确和高效的。

7. 算法的时间复杂度是指执行算法所需的时间，而不是计算机硬件的性能指标。

8.输入和输出的数据类型和数量不是评价算法优劣的指标，而时间复杂度、空间复杂度、正确性和可读性都是重要的评价指标。

9.算法的有穷性是指算法必须能在执行有限个步骤之后终止，而不是指算法的执行时间、输出或输入必须有限制。

10.选项 A、B、C 都是关于算法基本特征的正确描述。

4.2　枚举算法

◎ 知识目标

- 了解枚举算法的概念。
- 掌握枚举算法的使用场景。
- 理解枚举算法的流程。

4.2.1　枚举算法

1. 基本概念

枚举算法是一种通过列举出所有可能的候选解，并一一验证其是否符合问题要求，以寻找问题解的方法。枚举算法是一种通用的解题方法，适用于各种类型的问题。

2. 使用场景

①问题的解空间有限。当问题的解空间相对较小，可以枚举出所有可能的解时，枚举算法是一个有效的选择。

②问题无明确算法。对于某些难以找到明确算法的问题，枚举算法可以作为一种通用的解决方案。通过枚举所有可能的解，我们可以找到问题的解或确定问题无解。

③用于验证和测试。在算法设计和验证阶段，枚举算法常被用作基准测试方法。通过与其他优化算法进行比较，可以验证优化算法的正确性和效率。

3. 算法流程

枚举算法的流程通常概括为以下几个步骤：

①定义解空间。首先明确问题的解空间，即所有可能的解的集合。这需要根据问题的具体要求确定。

②遍历解空间。使用循环结构遍历解空间中的每一个可能的解。这通常需要使用嵌套循环处理多维度的解空间。

③检查条件。对于每一个可能的解，检查其是否满足问题的条件。这需要根据问题的具体要求编写相应的判断逻辑。

④记录和返回结果。若找到一个满足条件的解，则记录该解并返回结果。若问题要求找到所有解，则需要继续遍历解空间，直到遍历完所有可能的解。

⑤终止。所有可能的解都被检查过，算法终止。

4. 算法模板

以下是一个伪代码表示的枚举算法模板。

```
for 每一个可能的解：
    if 该解满足条件：
        记录并返回该解
if 遍历完所有可能的解都没有找到答案：
    返回 " 无解 "
```

5. 时间复杂度

枚举算法的时间复杂度通常与解空间的大小成正比。如果解空间的大小为 n，且每个解的验证时间为常数，则时间复杂度通常为 $O(n)$。然而，在实际应用中，解空间的大小可能会随着问题规模的增加而急剧增加，导致枚举算法的时间复杂度变得非常高。因此，在使用枚举算法时需要注意问题规模对时间复杂度的影响。

6. 算法特点

枚举算法有以下特点。

①通用性。枚举算法是一种通用的解题方法，适用于各种类型的问题。它不需要针对特定问题设计专门的算法，只需要根据问题的要求列举出所有可能的解并进行验证。

②简单性。枚举算法通常比较容易理解和实现。它不需要复杂的数学推导和高级的数据结构支持，只需要基本的编程技能即可实现。

③效率低下。随着问题规模的增加，枚举算法所需的时间可能会急剧增加。当问题的解空间非常大时，枚举算法可能无法在可接受的时间内找到问题的解。

④不适用性。对于大规模问题或需要实时响应的应用场景，枚举算法往往不是一个实际的解决方案。此时需要寻找更高效的算法解决问题。

7. 算法举例

找零钱问题。假设有 1 分钱、2 分钱、5 分钱三种面额的硬币，要凑齐 11 分钱，有多少种方法？

通过枚举所有可能的硬币组合（包括每种硬币的数量），我们可以找到问题的答案。这个问题可以使用三重循环遍历所有可能的硬币组合，并检查每种组合的总金额是否为 11 分钱。若满足条件，则记录该组合为一种有效的方法。

依次枚举 1 分钱、2 分钱、5 分钱可能用到的数量，也就是解空间。根据题意，1 分钱最少用 0 个，最多用 11 个，解空间是 [0,11]。同理，推出 2 分钱的解空间是 [0,5]，5 分钱的解空间是 [0,2]。参考代码如下。

```
for(int i=0;i<=11;i++){//i 表示 1 分钱个数
    for(int j=0;j<=5;j++)//j 表示 2 分钱个数
        for(int k=0;k<=2;k++)//k 表示 5 分钱个数
            if(i+j*2+k*5==11)
                cout<<i<<' '<<j<<' '<<k<<endl;
}
```

4.2.2 专题练习

1.【2018 NOIP 普及组初赛真题】下列程序，输入：QuanGuoLianSai　输出是＿＿＿＿＿＿＿＿。

```cpp
#include<cstdio>
char st[100];
int main() {
    scanf("%s", st);
    for (int i = 0; st[i]; ++i) {
        if ('A' <= st[i] && st[i]<= 'Z')
            st[i] += 1;
    }
    printf("%s\n", st);
    return 0;
}
```

2.【2018 NOIP 普及组初赛真题】下列程序，输入：15　输出是＿＿＿＿＿＿＿＿。

```cpp
#include<cstdio>
int main(){
    int x;
    scanf("%d", &x);
    int res = 0;
    for (int i = 0; i < x; ++i) {
        if (i * i % x == 1) {
            ++res;
        }
    }
    printf("%d", res);
    return 0;
}
```

3.阅读以下程序，回答问题。

```cpp
#include<bits/stdc++.h>
using namespace std;
int main() {
    int n, m;
    cin >> n >> m;
    vector<int> a(n);
    for (int i = 0; i < n; ++i) cin >> a[i];
    int count = 0;
```

```
for (int i = 0; i < n; ++i) {
    for (int j = i+1; j < n; ++j) {
        if (a[i] + a[j] == m) {
            ++count;
        }
    }
}
cout << count << endl;
return 0;
}
```

问题：

（1）判断对错：该程序的主要功能是查找数组 a 中所有两个不同元素之和等于 m 的配对数量。（   ）

（2）若输入为 5 6

               1 2 3 4 5

则输出是_____。

【答案】

1. RuanHuoMianTai   2. 4   3.（1）正确 （2）2

【解析】

1. 根据程序，对输入的每个字符进行判断，只要是大写字符，字符 ASCII 值 +1，即变成下一个大写字符。例如"Q"变成"R"。因此输出是"RuanHuoMianTai"。

2. 根据程序，i 的范围是 [0, x−1]，对每个 i 进行枚举，只要 i 的平方对 x 取余等于 1，res 就增加 1。i=1,4,11,14 的时候满足条件，因此输出是 4。

3. 对于输入数组 [1,2,3,4,5] 和目标和 6，(1,5) 和 (2,4) 的和都是 6，输出为 2。

4.3　模拟算法

◎ 知识目标

● 了解模拟算法的概念。

● 掌握模拟算法的流程。

4.3.1　模拟算法

1. 基本概念

模拟算法是一种让计算机模仿现实世界中的事物运行规律解决问题的计算方法。例如，我们想知道一个球从高空掉落后的弹跳高度，可以用计算机模拟这个过程。计算机会按照球的反弹规则，模拟球从高空落下，再弹起来的过程。通过统计数据，就可以知道球的每次弹跳高度了。

模拟算法通常需要满足以下条件：

①事件的描述。需要描述系统中可能发生的事件及其相互作用关系。

②事件触发规则。需要定义事件触发的条件和执行的动作。

2. 算法流程

模拟算法的流程通常因问题的具体情况而定，一般都会包括以下步骤：

①理解实际问题的背景，根据这些信息建立模型。

②初始化系统状态。

③根据模型制定计划，并编程实现。

④通过模拟结果分析、反馈并修改模型。

3. 算法特点

模拟算法的特点包括：

①灵活性。模拟算法能够适应多种不同场景和需求。

②计算量大。模拟算法通常需要进行大量的计算。

4.3.2　专题练习

【2022 CSP-J 初赛真题】

```cpp
01 #include <iostream>
02
30 using namespace std;
04
05 int main()
06 {
07     unsigned short x,y;
08     cin>>x>>y;
09     x=(x|x<<2)& 0x33;
10     x=(x|x<<1)&0x55;
11     y=(y|y<<2)&0x33;
12     y=(y|y<<1)&0x55;
13     unsigned short z=x|y<<1;
14     cout<<z<<endl;
15     return 0;
16 }
```

假设输入的 x、y 均是不超过 15 的自然数，完成下面的判断题和单选题。

- 判断题

（1）删去第 7 行与第 13 行的 unsigned，程序行为不变。（　　　）

（2）将第 7 行与第 13 行的 short 均改为 char，程序行为不变。（　　　）

（3）程序总是输出一个整数"0"。（　　　）

（4）当输入为"2 2"时，输出为"10"。（　　　）

（5）当输入为"2 2"时，输出为"59"。（　　　）

● 单选题

（6）当输入为"13 8"时，输出为（　　　）。

　　A."0"　　　　　　　B."209"　　　　　　C."197"　　　　　　D."226"

【答案】正确　错误　错误　错误　错误　B

【解析】

（1）本程序主要考查位运算的相关知识。题目要求最大不超过15，15的二进制就是1111，占用4个比特位。程序的变量是 unsigned short 类型，共有16位，程序里的变量最多位移3位，也就是乘8，所以不会超出 unsigned short 和 short 类型的范围，因此正确。

（2）改为 char 后，如输入"0 0"，按照之前的类型，x 和 y 等于0。改为 char 后，x 和 y 的结果是48，相当于对48做了位运算。因此错误。

（3）可以输入数据测试，不是总输出0。

（4）可以验证，输出结果是12。

（5）解释同上。

（6）模拟运算，答案是209。

4.4　贪心算法

◎ 知识目标

● 了解贪心算法的概念。

● 掌握贪心算法的流程。

4.4.1　贪心算法

1. 基本概念

贪心算法是一种每一步都采用在当前状态下最好或最优的选择，也就是某种意义上的局部最优解，从而希望结果是全局最好或最优的算法。在某些情况下，贪心算法能够得到问题的最优解。

贪心算法适用于解决"最优化"问题，这类问题要求在可能的选择中找到最优标准的解决方案。最典型的问题包括求图的最小生成树问题、最短路径问题、工作调度问题等。

2. 算法流程

贪心算法的流程可以概括为以下几个步骤：

①建立模型描述问题。构建一个模型，便于用计算机语言描述问题。

②将求解的问题分成若干个子问题。这一步是贪心算法的关键，需要确定如何划分子问题，以及每个子问题的求解方式。

③对每个子问题用贪心策略求解，得到子问题的最优解，也就是局部最优解。

④将子问题的最优解合成原来问题的一个解，这个解就是整体最优解，也叫全局最优解。

3. 算法模板

贪心算法并没有固定的模板，但是大致的流程都是相似的。以下是一个贪心算法的伪代码模板。

```
function greedy () {
    初始化一个解；
    while （还有未处理的子问题）{
        选择当前状态下的最优解；
        将选择的最优解加入到解中；
    }
    返回得到的解；
}
```

4. 算法特点

贪心算法有以下特点：

①速度快。由于贪心算法每一步都选择当前状态下的最优解，不需要遍历所有可能的情况，从而节省了时间。

②算法简单。相对于其他算法，贪心算法通常更容易理解和实现。

③不一定能得到全局最优解。由于贪心算法每一步都选择局部最优解，但这些局部最优解的组合并不一定是全局最优解。

④依赖于问题的性质。贪心算法并不适用于所有问题，只有那些具有贪心选择性质和最优子结构性质的问题才能使用贪心算法求解。

⑤证明正确性。对于某些问题，需要证明贪心算法能够得到一个可行解。

5. 算法题型

贪心算法是一种典型的常考算法。通常用户解决以下问题：①最优装载问题；②部分背包问题；③乘船问题；④选择不相交区间；⑤区间选点问题；⑥区间覆盖问题；⑦任务调度问题。

4.4.2 专题练习

【2020 CSP-J 初赛真题】最小区间覆盖。给出 n 个区间，第 i 个区间的左右端点是 [ai, bi]。现在要在这些区间中选出若干个，使得区间 [0, m] 被所选区间的全覆盖（即每一个 $0 \leqslant i \leqslant m$ 都在某个所选的区间中）。保证答案存在，求所选区间个数的最小值。

输入第 1 行包含两个整数 n 和 m（$1 \leqslant n \leqslant 5000$，$1 \leqslant m \leqslant 10^9$）。

接下来 n 行，每行两个整数 ai, bi（$0 \leqslant ai, bi \leqslant m$）。

提示：使用贪心法解决这个问题。先用 $O(n^2)$ 的时间复杂度排序，然后贪心选择这些区间。

试补全程序。

```
01 #include <iostream>
02
03 using namespace std;
04
05 const int MAXN = 5000;
06 int n, m;
```

```
07   struct segment { int a, b; } A[MAXN];
08
09   void sort() // 排序
10   {
11       for (int i = 0; i < n; i++)
12           for (int j = 1; j < n; j++)
13               if (    ①    )
14               {
15                   segment t = A[j];
16                       ②
17               }
18   }
19
20   int main()
21   {
22       cin >> n >> m;
23       for (int i = 0; i < n; i++)
24       cin >> A[i].a >> A[i].b;
25       sort();
26       int p =1;
27       for (int i = 1; i < n; i++)
28           if (    ③    )
29               A[p++] = A[i];
30       n = p;
31       int ans = 0, r = 0;
32       int q = 0;
33       while (r < m)
34       {
35           while(    ④    )
36                   q++;
37           ⑤    ;
38           ans++;
39       }
40       cout << ans << endl;
41       return 0;
42   }
```

（1）①处应填（　　）。

A. A[j].b < A[j−1].b   B. A[j].b > A[j−1].b

C. A[j].a < A[j−1].a   D. A[j].a > A[j−1].a

（2）②处应填（　　　）。

　A. A[j − 1] = A[j]; A[j] = t;　　　　　　B. A[j + 1] = A[j]; A[j] = t;

　C. A[j] = A[j − 1]; A[j − 1] = t;　　　　D. A[j] = A[j + 1]; A[j + 1] = t;

（3）③处应填（　　　）。

　A. A[i].b < A[p − 1].b　　　　　　　　B. A[i].b > A[i − 1].b

　C. A[i].b > A[p − 1].b　　　　　　　　D. A[i].b < A[i − 1].b

（4）④处应填（　　　）。

　A. q + 1 < n && A[q + 1].b <= r　　　　B. q + 1 < n && A[q + 1].a <= r

　C. q < n && A[q].a <= r　　　　　　　　D. q < n && A[q].b <= r

（5）⑤处应填（　　　）。

　A. r = max(r, A[q + 1].a)　　　　　　　B. r = max(r, A[q].b)

　C. r = max(r, A[q + 1].b)　　　　　　　D. q++

【答案】CCCBB

【解析】

（1）根据题意，使用贪心策略，先对区间进行排序，以左端点为关键字进行从小到大排序。先使用最靠左的区间。按照贪心算法，只有最靠左的区间才能覆盖到左边。题目中采用冒泡排序，如果 A[j].a < A[j − 1].a，则交换。选 C。

（2）冒泡排序中的交换程序。交换 A[j].a 与 A[j − 1].a，A[j].a 赋值到 t，A[j] 重新赋值为 A[j − 1]，t 赋值给 A[j-1]。

（3）找到右端点的较大值，覆盖右端点较小的值。

（4）R 是当前的终点，如果后面某个区间的左端点小于等于当前的终点，说明有重叠区间，那么这个区间就要被跳过。A[0] 必须用，要判断后面的区间，因此条件是 A[q+1].a <= r；区间范围是 [0, n − 1]，q+1 < n 防止越界。

（5）更新 r 为当前选中区间的右端点的值。

4.5　递推算法

◎ 知识目标

- 了解递推算法的概念。
- 掌握递推算法的使用场景。
- 理解递推算法的流程。

4.5.1　递推算法

1. 基本概念

递推算法是一种通过已知条件或结果，按照一定的规律或公式，逐步推导出未知结果的算法。它通常从一个或几个初始状态出发，根据某种递推关系，逐步计算出问题的解。

递推算法的核心是找出递推关系式，这个关系式描述了问题状态之间的转移方式。

2. 使用场景

递推算法通常适用于具有重叠子问题和最优子结构性质的问题。它被广泛应用于计算机科学、数学、物理等领域，用于解决各种类型的问题，如排序、搜索、图论、动态规划等。

递推算法还常常用于求解数列、组合数学、概率统计等问题，特别是在需要求解大量数据或者需要高效算法的场景下，递推算法能够发挥巨大的作用。

3. 算法流程

递推算法的流程可以概括为以下几个步骤：

①确定初始状态。找出问题的初始状态，这是递推算法的起点。初始状态通常是已知的或者容易计算出来的。

②建立递推关系式。根据问题的特点，建立递推关系式。这个关系式描述了如何从已知状态推导出未知状态。

③迭代计算。从初始状态开始，根据递推关系式逐步计算出问题的解。这个过程通常需要循环或递归实现。

④返回结果。当计算完成后，返回最终结果。这个结果通常是问题的解或者与解相关的信息。

4. 算法题型

①斐波那契数列问题。

斐波那契数列是最经典的递推问题之一，设 $F(n)$ 为斐波那契数列的第 n 项，它的递推公式是 $F(n) = F(n-1) + F(n-2)$，初始条件是 $F(0)=0$，$F(1)=1$。

②排列组合问题。

例如，错位排序。有 n 把钥匙和 n 把锁，对钥匙进行排序，要求排序后的钥匙不能打开任意一把锁，这样的排序总共有多少种。

当只有 1 把钥匙的锁时，显然没有任何办法可以错位，因为它只能打开对应的那把锁，所以答案是 0。

当有 2 把钥匙的锁的时候，可以把这 2 把钥匙互换，所以有 1 种错位排序方法。

当有 3 把钥匙的锁时，通过举例得到 2 种错位排序方法。

当有 4 把钥匙的锁时，情况会复杂很多。详细列举，会发现有 9 种排序方法。

当 n=1 时，有 0 种排序方法，$D(1) = 0$。

当 n=2 时，有 1 种排序方法，$D(2) = 1$。

当 n=3 时，有 2 种排序方法，$D(3) = 2$。

当 n=4 时，有 9 种排序方法，$D(4) = 9$。

假设第 4 把钥匙放在第 2 把锁上，那么分两种情况：如果第 2 把钥匙放在第 4 把锁上，那么问题就变成了 1 和 3 钥匙和锁互换的情况，也就是 $D(2)$；如果第 2 把钥匙没有放到第 4 把锁上，相当于对 1，2，3 把钥匙错位排序 1，3，4 把锁，那么问题就变成了 $D(3)$。总情况是 $D(2)+D(3)$。第 4 把钥匙可以放在 1，2，3 把锁的任意一把，总共有 3 种情况，所以总数要乘以 3，$D(4) = (4-1)\times(D(2)+D(3))$。总的递推关系就是：$D(n) = (n-1)\times(D(n-2)+D(n-1))$。

③爬楼梯问题。

给定楼梯的级数，一次可以爬 1 级到 m 级，计算可能的爬楼梯方式数量。设 $f(n)$ 为爬完 n 级楼梯的方式数量，那么 $f(n) = \sum_{i=1}^{m} f(n-i)$，其中 $1 \leqslant i \leqslant m$。最开始没有爬楼梯只有一种情况，即 $f(0)=1$。

4.5.2 专题练习

最大子序列和问题给定一个整数数组 nums，找到一个具有最大和的连续子数组（子数组最少包含一个元素），返回其最大和。用递推算法求解。

```cpp
#include <iostream>
#include <vector>
using namespace std;
int maxSubArray(vector<int>& nums) {
    int n = nums.size();
    vector<int> currentSum(n);   // 使用数组来存储当前和
    currentSum[0] = nums[0];      // 初始化第一个元素的当前和
    int maxSum = nums[0];         // 初始化最大和为数组的第一个元素
    for (int i = 1; i < n; i++) {
        // 当前和要么是前一个和加上当前元素，要么是当前元素本身
        currentSum[i] = max(nums[i], currentSum[i - 1] + nums[i]);
        // 更新最大和
        maxSum = max(maxSum, currentSum[i]);
    }
    return maxSum;
}
int main() {
    vector<int> nums = {-2, 1, -3, 4, -1, 2, 1, -5, 4};
    int result = maxSubArray(nums);
    cout << "最大子序列和为: " << result << endl;
    return 0;
}
```

（1）关于最大子序列和的问题，描述正确的是（　　　）。

A. 递推算法通过逐步计算子问题的解来构建最终问题的解

B. 递推算法需要遍历数组多次才能找到最大子序列和

C. 递推算法的时间复杂度高于 O(n)

D. 递推算法无法应用于最大子序列和问题

（2）对于输入数组 [−2,1,−3,4,−1,2,1,−5,4]，使用递推算法找到的最大子序列和是（　　　）。

A. 4　　　　　　　　B. 6　　　　　　　　C. 8　　　　　　　　D. 10

（3）在递推算法中，可以更新当前的最大子序列和的是（　　　）。

A. 通过比较当前元素和前一个元素的大小

B. 通过将当前元素与前一个子序列和相加

C. 通过比较当前子序列和与最大和的大小

D. 通过将当前元素与最大和相加

（4）对于一个长度为 n 的数组，该递推算法的时间复杂度是（　　）。

  A. $O(n^2)$ B. $O(n\log n)$ C. $O(n)$ D. $O(1)$

（5）关于最大子序列和问题的解决方法，以下描述正确的是（　　）。

  A. 可以使用分治法在更短的时间内解决最大子序列和问题

  B. 动态规划可以在 $O(1)$ 时间内解决最大子序列和问题

  C. 最大子序列和问题没有比 $O(n)$ 更快的解决方法

  D. 可以使用贪心算法在更短的时间内解决最大子序列和问题

【答案】ABCCC

【解析】

（1）递推算法的核心思想是通过解决较小的子问题来构建更大问题的解。在最大子序列和问题中，使用递推关系逐步计算每个位置的当前子序列和，从而找到最大子序列和。

（2）根据递推算法的实现，对于输入数组 [−2,1,−3,4,−1,2,1,−5,4]，最大子序列和是 6，对应于子数组 [4,−1,2,1]。

（3）在递推算法中，通过比较当前子序列和与当前最大和来判断是否更新最大和。若当前子序列和大于当前最大和，则更新最大和为当前子序列和。

（4）递推算法只需要对数组进行一次遍历，对每个元素进行一次常数时间操作。因此，时间复杂度是 $O(n)$，其中 n 是数组的长度。

（5）最大子序列和问题可以使用分治法、动态规划和递推算法解决，但它们的时间复杂度最快是 $O(n)$。目前没有比 $O(n)$ 更快的解决方法。

4.6　递归算法

◎ 知识目标

- 了解递归算法的概念。
- 掌握递归算法的流程。

4.6.1　递归算法

1. 基本概念

递归算法是一种非常重要的编程算法，也是一个考查频率特别高的算法。

递归算法通过让函数直接或间接地调用自身解决问题，将一个复杂的问题分解成更小的、与原问题相似的子问题，然后将这些子问题的解组合起来，形成原问题的解。

递归有两个基本要素：

①找到递归的终止条件。当满足这个条件时，递归调用将不再继续。

②递归调用。在终止条件不满足时，将问题分解为更小的子问题，并对子问题进行递归调用。

递归算法的时间复杂度通常取决于问题的规模以及递归函数调用的次数。在某些情况下，递归算法的时间复杂度可以是线性的 $O(n)$，也可能是指数级的 $O(2^n)$。因此，在设计和实现递归算法时，需要考虑时间复杂度，避免超时。

2. 使用场景

递归算法在许多领域都有广泛应用，典型使用场景包括：

①树和图的遍历。例如，二叉树的先序、中序和后序遍历，树和图的深度优先遍历等，都可以通过递归算法实现。

②与分治算法结合使用。分治算法是一种将问题分解为更小的子问题来解决的方法。递归算法是分治算法的核心思想之一。例如，归并排序和快速排序都是基于分治思想的排序算法。分治算法的最好时间复杂度是 $O(n)$，最坏时间复杂度是 $O(n^2)$。

③与动态规划结合使用。动态规划是解决多阶段决策最优化问题的方法。例如，斐波那契数列和背包等动态规划问题都可以通过递归算法实现。

④与回溯算法结合使用。回溯算法是一种通过试探和撤销操作来求解问题的算法。递归是回溯算法的核心思想之一。例如，八皇后问题和图的着色问题都可以通过递归实现。

3. 算法流程

递归算法的流程可以概括为以下步骤：

①判断终止条件是否满足。若满足，则直接返回结果。

②若终止条件不满足，则将问题分解为更小的子问题。

③对子问题进行递归调用，获取子问题的解。

④将子问题的解组合起来，形成原问题的解。

4. 算法模板

递归算法的模板如下。

```
function recu(input) {
    if(input) { // 判断基本情况是否满足
        return (input); // 返回基本情况的解
    }else{
        smallerInputs = gen(input); // 生成更小的输入
        smallSolutions=recu(smallerInputs); // 递归求解更小的输入
        return comb(smallerSolutions);// 组合更小的解形成最终解
    }
}
```

5. 算法特点

递归算法有以下特点：

①递归算法代码简洁易懂，更接近人类的思维方式。算法结构清晰，易于理解和维护，能够解决许多具有复杂结构或需要回溯的问题。

②递归算法空间开销大。递归调用会占用系统栈空间，当递归深度过大时，会占用过多的系统栈空间，可能会导致栈溢出错误。

③效率可能较低。在某些情况下，递归算法的时间复杂度较高，导致运行效率较低。

④递归算法可能多次调用栈或自身调用，增加了调试的难度，也是考查次数多的原因之一。

6. 算法举例

【2017 NOIP 普及组初赛真题】

```cpp
#include <iostream>
using namespace std;
int g(int m, int n, int x) {
    int ans = 0;
    int i;
    if (n == 1)
        return 1;
    for (i = x; i <= m / n; i++)
        ans += g(m - i, n - 1, i);
    return ans;
}
int main() {
    int t, m, n;
    cin >> m >> n;
    cout << g(m, n, 0) << endl;
    return 0;
}
```

输入：7 3

输出：_____

【答案】8

【解析】

求 m=7、n=3 的结果，可以画一个表格，n 代表行数，m 代表列数。n 的范围是 [1,3]，m 的范围是 [0,7]。根据代码，n=1 时，不管 m 等于几，返回结果都是 1。m=0 时，只能循环 1 次，因此不管 n 等于几，返回结果也都是 1。如表 4-1 所示。

表 4-1

行数	列数							
	m=0	m=1	m=2	m=3	m=4	m=5	m=6	m=7
n=1	1	1	1	1	1	1	1	1
n=2	1							
n=3	1							

当 m=1，n=2 时，i 的范围是 [0, 1/2]，也就是 [0, 0]，循环只会执行 1 次，只会加上 g(1−0, 2−1, 0)，即 g(1, 1, 0) 的结果，因此 g(1, 2, 0) 结果是 1。同理推出 m=1，n=3 时的结果也是 1。如表 4-2 所示。

表 4-2

行数	列数							
	m=0	m=1	m=2	m=3	m=4	m=5	m=6	m=7
n=1	1	1	1	1	1	1	1	1

续表

行数	列数							
	m=0	m=1	m=2	m=3	m=4	m=5	m=6	m=7
n=2	1	1						
n=3	1	1						

依次类推，求出表格内的所有答案，最终求出输出答案。如表 4-3 所示。

表 4-3

行数	列数							
	m=0	m=1	m=2	m=3	m=4	m=5	m=6	m=7
n=1	1	1	1	1	1	1	1	1
n=2	1	1	2	2	3	3	4	4
n=3	1	1	2	3	4	5	7	8

表格法的好处：一是不容易写错，二是计算量要小一些。例如，在求 g(7,3,0) 时，会用到 g(6,2,0) 的结果，不需要重复求解。

4.6.2 专题练习

1.【2018 NOIP 普及组初赛真题】

```cpp
#include<iostream>
using namespacestd;
int n, m;
int findans(int n, int m) {
    if (n == 0) return m;
    if (m == 0) return n % 3;
    return findans(n - 1, m) - findans(n, m - 1) +findans(n - 1, m - 1);
}
int main(){
    cin >> n >> m;
    cout << findans(n, m) << endl;
    return 0;
}
```

输入：5 6

输出：_____

2.【2019 CSP-J 初赛真题】

```cpp
#include <iostream>
using namespace std;
const int maxn = 10000;
int n;
```

```
int a[maxn];
int b[maxn];
int f(int l, int r, int depth) {
    if (l > r)
    return 0;
    int min = maxn, mink;
    for (int i = l; i <= r; ++i) {
        if (min > a[i]) {
            min = a[i];
            mink = i;
        }
    }
    int lres = f(l, mink - 1, depth + 1);
    int rres = f(mink + 1, r, depth + 1);
    return lres + rres + depth * b[mink];
}
int main() {
    cin >> n;
    for (int i = 0; i < n; ++i)
        cin >> a[i];
    for (int i = 0; i < n; ++i)
        cin >> b[i];
    cout << f(0, n - 1, 1) << endl;
    return 0;
}
```

● 判断题

（1）如果 a 数组有重复的数字，那么程序运行时会发生错误。（　　　）

（2）如果 b 数组全为 0，那么输出为 0。（　　　）

● 选择题

（3）当 n=100 时，最坏情况下，与第 12 行的比较运算执行的次数最接近的是（　　　）。

A. 5000　　　　　　B. 600　　　　　　C. 6　　　　　　D. 100

（4）当 n=100 时，最好情况下，与第 12 行的比较运算执行的次数最接近的是（　　　）。

A. 100　　　　　　B. 6　　　　　　C. 5000　　　　　　D. 600

（5）当 n=10 时，若 b 数组满足，对任意 $0 \leqslant i < n$，都有 b[i]=i+1，则输出最大为（　　　）。

A. 386　　　　　　B. 383　　　　　　C. 384　　　　　　D. 385

（6）当 n=100 时，若 b 数组满足，对任意 $0 \leqslant i < n$，都有 b[i]=1，则输出最小为（　　　）。

A. 582　　　　　　B. 580　　　　　　C. 579　　　　　　D. 581

【答案】1.8 2.（1）× （2）√ （3）A （4）D （5）D （6）B

【解析】

1.根据题意，可以画表。n的范围是[0,5]，m的范围是[0,6]，根据代码，可以先求出n和m都等于0的情况。如表4-4所示。

表4-4

行数	列数						
	m=0	m=1	m=2	m=3	m=4	m=5	m=6
n=0	0	1	2	3	4	5	6
n=1	1						
n=2	2						
n=3	0						
n=4	1						
n=5	2						

根据核心代码"findans(n−1, m)−findans(n, m−1)+findans(n−1, m−1);"可以发现，findans(n,m)的结果等于坐标(n,m)上方的值减去左边的值+左上方的值，最终可以求出整个表格的值，如表4-5所示。

表4-5

行数	列数						
	m=0	m=1	m=2	m=3	m=4	m=5	m=6
n=0	0	1	2	3	4	5	6
n=1	1	0	3	2	5	4	7
n=2	2	−1	4	1	6	3	8
n=3	0	1	2	3	4	5	6
n=4	1	0	3	2	5	4	7
n=5	2	−1	4	1	6	3	8

2.首先分析f函数，发现每次操作将数据规模减半，将大问题分解成小问题，因此能判断出是分治算法。

（1）可以用举例法，如n=2，a数组的数字一样，发现程序可以正常运行，因此错误。

（2）分析程序，当只有l==r时，返回的是depth*b[]，累加的也是b[]的倍数，因此当b数组所有元素为0时，输出为0。因此正确。

（3）要求是最坏的情况。最坏的情况是子问题永远比上一个原问题只少了一个元素，数据规模不能减半。因此，f函数里的for循环，比较次数分别是100，99，98，…，1次，总比较次数是等差数列，求和是（1+100）*100/2=5050，因此选A。

（4）最好的情况是每一次划分，l与r总是均衡的在两边，首元素最终落到中间。时间复杂度是O(nlogn)。n=100时，logn约等于6，因此最好运算次数大约是600次。这段代码要做的事情可以等同于：建立一棵树，每次找到当前区间最小值的位置作为根，然后划分左右做下一层。最后的返回值是左边的值+右边的值+深度*当前根权值。

（5）b 数组分别是 1～10，要求输出最大值。此时二叉树是 1 条链，1 是根结点，在第 1 层；2 是右孩子，在第 2 层，依次类推，返回结果是 1*1+2*2+3*3+…，答案是 385。

（6）b 数组都是 1，n 等于 100，要求输出最小值。最好情况就是每次都二分，100 个结点分布后，每层结点数量就是 (1, 2, 4, 8, 16, 32, 37)，结点数量分别乘对应层数，即 1*1+2*2+4*3+8*4+16*5+32*6+37*7=580。

4.7 二分算法

◎ 知识目标

- 了解二分算法的定义。
- 掌握二分算法的使用场景。
- 掌握二分算法的时间复杂度。

4.7.1 二分算法

1. 基本概念

二分算法也称为二分查找算法，是一种在有序数组中查找特定元素的搜索算法。每次查找元素规模都减半，所以称为二分算法。

它的工作原理是通过比较数组中间元素和目标值，决定接下来在数组的哪一半中继续查找。若中间元素正好是目标值，则查找结束。若目标值大于或小于中间元素，则在数组大于或小于中间元素的一半中继续查找。这种操作会一直持续到找到目标值，或者找不到目标值返回特定值为止。

2. 使用场景

二分算法主要应用于以下几种场景：

①有序数组查找。这是二分查找算法最直接的应用场景，只要数组是有序的，就可以通过二分查找快速定位到目标元素。

②求解单调函数的零点。如果有一个单调函数，那么我们可以通过二分算法求解这个函数的零点（也就是使函数值为 0 的值）。

③求解最值问题。有些问题可以转化为求解最值问题，并使用二分算法解决。例如，"在给定区间内寻找最小的满足某条件的数"这类问题。

④求解二分答案。有时数组是无序的，但是问题的解是有序的，将问题的解划分为两个子空间，判断目标值可能存在的子空间，进行二分查找。通常答案具有单调性，通过不断调整答案的上下界，逐步缩小查找范围，直到找到满足条件的最优解或确定无解。

3. 算法流程

二分算法的基本流程如下：

①确定搜索范围。假设当前序列是升序序列，初始化两个变量，分别指向序列的起始和结束位置。

②计算中间位置。找到中间元素的位置。

③比较目标值和中间元素。若目标值与中间元素相等，则查找成功，返回中间元素的位置。若目标值小于中间元素，则在序列的左半部分继续查找；若目标值大于中间元素，则在序列的右半部分继续查找。

④重复第三步，直到找到目标值或者求出题目无解为止。

4. 算法模板

二分算法的模板如下。

```
int binarySearch(int arr[], int left, int right, int target) {
    while (left <= right) {
        int mid = left + (right - left) / 2; // 防止溢出
        if (arr[mid] == target) {
            return mid; // 找到目标，返回其下标
        } else if (arr[mid] < target) {
            left = mid + 1; // 目标在右半部分
        } else {
            right = mid - 1; // 目标在左半部分
        }
    }
    return -1; // 未找到目标值
}
```

5. 时间复杂度

二分算法的平均时间复杂度是 $O(\log n)$，其中 n 是数组的长度。这是因为每次查找都可能将搜索范围缩小一半，所以需要执行 $\log n$ 次查找。二分算法在处理大规模数据时非常高效。

6. 算法特点

二分算法有以下特点：

①高效性。时间复杂度为 $O(\log n)$。

②适用性广。只要数据是有序的，就可以使用二分算法。

③易于实现和理解。算法逻辑简单明了，容易编写和调试。

④数据要求有序。若数据无序，则需要先进行排序。

4.7.2　专题练习

【2017 NOIP 普及组初赛真题改编】

切割绳子：有 n 条绳子，每条绳子的长度已知且均为正整数。绳子可以以任意正整数长度切割，但不可以连接。现在要从这些绳子中切割出 m 条长度相同的绳段，求绳段的最大长度是多少。

输入：第一行是一个不超过 100 的正整数 n，第二行是 n 个不超过 10^6 的正整数，表示每条绳子的长度，第三行是一个不超过 10^8 的正整数 m。

输出：绳段的最大长度，若无法切割，输出 Failed。

```
#include<iostream>
using namespace std;
```

```
int n, m,i,lbound, ubound, mid, count;
int len[100]; // 绳子长度
int main() {
    cin>> n;
    count= 0;
    for(i = 0; i < n; i++) {
        cin >>len[i];
        ____①____ ;
    }
    cin>> m;
    if(____②____ ) {
        cout<< "Failed" << endl;
        return 0;
    }
    lbound= 1;
    ubound= 1000000;
    while(____③____ ) {
        ____④____
        count = 0;
        for (i = 0; i < n; i++)
            ____⑤____
        if (count< m)
            ubound = mid- 1;
        else
            lbound =mid;
    }
    cout<< lbound << endl;
    return0;
}
```

（1）①处所填的选项应该是（   ）。

A. count = len[i];   B. count += len[i];

C. count = count * len[i]; D. count = count / len[i];

（2）②处所填的选项应该是（   ）。

A. m < count   B. m > count

C. m == count   D. m != count

（3）③处所填的选项应该是（   ）。

A. lbound < ubound   B. lbound > ubound

C. lbound <= ubound   D. lbound >= ubound

（4）④处所填的选项应该是（　　　）。

  A. mid = (lbound + ubound) / 2;

  B. mid = lbound + (ubound - lbound) / 2;

  C. mid = (lbound + ubound + 1) / 2;

  D. mid = ubound - (ubound - lbound) / 2;

（5）⑤处所填的选项应该是（　　　）。

  A. count += len[i] % mid==0 ? len[i] / mid : len[i] / mid + 1;

  B. count = count + len[i] / mid;

  C. count += len[i] / mid;

  D. count = count * len[i] / mid;

【答案】 BBACC

【解析】

（1）计算所有绳子的总长度，保存在 count 变量中。

（2）切割出的绳子每条最少长度是 1 米，最多可以切割出 count 段（总长度 count/1=count 段）。若 count<m，则表示无法满足题意。

（3）二分算法的终止条件是 lbound 小于 ubound。

（4）二分法取中间值，求最小值中最大的结果，向上取整。

（5）计算每条绳子可以切割出多少条长度为 mid 的绳段。

4.8　倍增算法

◎ **知识目标**

- 了解倍增算法的概念。
- 掌握倍增算法的使用场景。

4.8.1　倍增算法

1. 基本概念

倍增，顾名思义，就是成倍成倍地增加。每次都在前一次的基础上增加一倍，这个过程就是倍增。

倍增算法在处理动态规划、序列搜索、最近公共祖先等问题时非常有效。在一些能快速推导出递推关系的问题中，常常可以通过倍增的方法将原本线性或平方级别的复杂度优化到对数级别。在数据量很大的情况下，倍增算法表现出极高的效率。

2. 算法流程

倍增算法的基本流程主要包含两个阶段。

①预处理阶段。在这一阶段，将问题的所有可能情况进行推导并存储。例如，在处理数组问题时提前计算好每一个位置向后 2^k（k 是非负整数）个位置的状态并存在数组里。

②询问阶段。对于每一次查询，根据预处理得出的结果进行推导。以最基础的数组处理为例，下

列代码是一个倍增算法的基本模板。

```
int a[100010], f[100010][21]; // 第一维是数据，第二维用于存储状态
int n, m;
void pre() {
    for(int i = 1; i <= n; i++) {
        f[i][0]=a[i];// 走 2^0 步后到达自身位置
    }
    for(int j = 1; j <= 20; j++) {
        for(int i = 1; i <= n-(1<<j)+1; i++) {
            f[i][j] = f[f[i][j - 1]][j - 1]; // 转移方程依据实际问题设定，当
        前情况 f[i][j] 表示从 i 走 2^j 步到达的位置
        }
    }
}
```

3. 时间复杂度

在预处理阶段，倍增算法的时间复杂度和空间复杂度都是 $O(n\log n)$，查询阶段的复杂度为 $O(\log n)$。对于数据范围大的问题，其优势非常显著。

4. 算法特点

倍增算法有以下特点：

①能处理大数据量问题，特别是对于查询类的问题，将处理时间从线性级别减少到对数级别。

②扩展性较好，可以应对一些比较复杂的问题，如最近公共祖先、区间最值查询等问题。

③实现相对复杂，需要理解如何通过预处理将输入的数据集进行特定的"压缩"，并根据这种压缩进行查询。

④预处理需要较大的空间，在一些内存要求较高的场合可能不适用。

4.8.2 专题练习

阅读以下程序代码，回答问题。

```
#include<iostream>
using namespace std;
int dp[1001][15];
int arr[1001];
int n, k;

int main(){
    cin >> n >> k;
    for(int i = 1; i <= n; i++) cin >> arr[i];
    for(int i = 1; i <= n; i++) dp[i][0] = arr[i];
    for(int j = 1; (1<<j) <= n; j++) {
```

```
        for(int i = 1; i+(1<<j)-1 <= n; i++) {
            dp[i][j] = max(dp[i][j-1], dp[i+(1<<(j-1))][j-1]);
        }
    }
    while(k--) {
        int l, r;
        cin >> l >> r;
        int s = 0;
        while((1<<(s+1)) <= r-l+1) s++;
        cout << max(dp[l][s], dp[r-(1<<s)+1][s]) << endl;
    }
    return 0;
}
```

（1）此段 C++ 代码对应的算法是（　　）。

　　A. 模拟算法　　　　　　B. 贪心算法　　　　　C. 递归算法　　　　　D. 倍增算法

（2）在此程序中，变量 dp[i][j] 的含义是（　　）。

　　A. dp[i][j] 表示从元素 i 到元素 j 的最大值

　　B. dp[i][j] 表示从元素 i 开始连续 2^j 个元素的最大值

　　C. dp[i][j] 表示数组中所有的元素的和

　　D. dp[i][j] 表示数组中所有元素的平均值

（3）这个程序要求用户输入（　　）。

　　A. 要查询的元素的值　　　　　　　　　B. 要查询的元素的索引

　　C. 要查询的元素的范围　　　　　　　　D. 要查询的元素的个数

（4）在此程序中，while 循环表示的查询的复杂度是（　　）。

　　A. O(1)　　　　　　　B. O(logn)　　　　　　C. O(n)　　　　　　D. O(nlogn)

（5）以上代码的功能是（　　）。

　　A. 查找数组中的最大值

　　B. 查找数组中子区间的最大值

　　C. 查找数组中子区间的最小值

　　D. 计算数组中所有元素的总和

【答案】DBCBB

【解析】

（1）这段代码首先对数组进行预处理，然后在查询阶段中使用预处理的结果，每次处理数据规模加倍，这是倍增算法的典型应用方式。

（2）在预处理阶段，变量 dp[i][j] 是通过 "dp[i][j] = max(dp[i][j-1], dp[i+(1<<(j-1))][j-1]);" 进行更新的，根据 max 关键字判断，是求一个区间的最大值，区间的长度为 2^j。

（3）读取 l 和 r，然后计算 l 到 r 这个区间的最大值，需要输入要查询的元素的范围。

（4）在查询阶段，通过位运算求最大的 s，使 $2^s<=r-l+1$，然后用 s 查找两个区间的最大值并输出，

复杂度为 O(logn)。

（5）根据代码判断，所得是特定子区间的最大值。

4.9 排序算法

◎ 知识目标

- 掌握常见的排序算法思想。
- 掌握排序算法的时间复杂度。

4.9.1 常见排序算法

常见的排序算法有冒泡排序、选择排序、插入排序、桶排序、快速排序、归并排序等。

1. 冒泡排序

冒泡排序的基本思想是每次比较相邻的数据，若前者比后者大，则进行交换。用冒泡排序将一组数据从小到大进行排序。

```
for(int i=n-1;i>=1;i--)//第 i 轮排序
{
    for(int j=1;j<=i;j++)
        if(a[j]>a[j+1])//比较相邻元素大小
            swap(a[j],a[j+1]);
}
```

上述代码的时间复杂度是 $O(n^2)$。冒泡排序时间复杂度的最好情况是 $O(n)$。

冒泡排序的一个考点是优化排序算法，降低时间复杂度。如果数据已经是有序的，那么第二个 for 循环里没有交换操作，可以跳过后面的比较操作。

方案是设置标志位 flag，如果发生了交换，flag 设置为 true；如果没有交换，就设置为 false。这样当一轮比较结束后，如果 flag 仍为 false，这说明没有发生交换操作，也就意味着后面数据是有序的，没有必要继续操作。代码如下。

```
for(int i=n-1;i>=1;i--)//第 i 轮排序
{
    flag=false;
    for(int j=1;j<=i;j++)
        if(a[j]>a[j+1])//比较相邻元素大小
        {
            flag=true;
            swap(a[j],a[j+1]);
        }
}
```

```
    if(!flag)// 没有发生交换，说明已经排好序
        break;
}
```

2. 选择排序

选择排序的基本思想是每次从待排序的数据元素中选出最小（或最大）的一个元素，顺序放置对应的位置，直到全部待排序的数据元素排完。

```
int MIN, MINA; // 最值下标，最值
for(int i=1;i<=n-1;i++)
{
    MIN=i, MINA=a[i];
    for(int j=i+1; j<=n; j++)
        if(a[j]<MINA)
        {
                MIN=j;// 找出后面的最小值和最小值的坐标
                MINA=a[j];
        }
    swap(a[i],a[MIN]);// 把最小值放在前面
}
```

3. 插入排序

插入排序的基本思想是要插入一个新的元素时，在已经排序好的序列中，搜寻它正确的位置，再放入该元素。

在插入这个元素前，应当先将它后面的每个元素都后移一位，以保证插入位置的原元素不被覆盖。

```
for(int i=1; i<=n; i++)
{
    int j;
    for(j=i-1; j>=1; j--)
        if(a[j]<a[i])// 找到第一个比 a[i] 小的元素位置 j，插入位置为 j+1
            break;
    if(j!=i-1)
    {
        tmp=a[i];// 存储插入元素的值
        for(int k=i-1;k>=j+1;k--)//j+1 到 i-1 的元素后移
            a[k+1]=a[k];
        a[j+1]=tmp;// 插入
    }
}
```

4. 桶排序

桶排序的基本思想是若待排序的值在一个有限范围内，则可建立有限个有序桶，待排序的值分别装入桶的编号等于该值的桶内，按照从小到大或从大到小的顺序输出桶的编号，得到有序的序列。桶排序不需要用关键字进行比较排序。

```cpp
for(int i=0;i<n;i++)
{
    cin>>num;
    a[num]++;// 把相对应的整数放在对应的桶中, num>=0
    MAXA=max(MAXA, num);// 求出所有桶中数的最大值, 排除空桶
}
for(int i=0;i<=MAXA;i++)
{
    while(a[i]!=0)
    {
        cout<<i<<" ";
        a[i]--;
    }
}
```

5. 快速排序

快速排序的基本思想是先选出一个关键字，通过一次排序将待排序列分割成两部分，其中一部分内的所有数值均小于关键字，另一部分内的所有数值均大于关键字，重复上述步骤，最终达到整个序列有序（假设序列内元素互不相同）。

```cpp
void Quick_sort(int left,int right,int arr[]){
    if(left>=right)return;
    int i,j,base,temp;
    i=left,j=right;
    base=arr[left];
    while(i<j){
        while(arr[j]>=base && i<j)j--;
        while(arr[i]<=base && i<j)i++;
        if(i<j){
            temp=arr[i];
            arr[i]=arr[j];
            arr[j]=temp;
        }
    }
    arr[left]=arr[i];
    arr[i]=base;
```

```
    Quick_sort(left,i-1,arr);
    Quick_sort(i+1,right,arr);
}
```

6. 归并排序

归并排序的基本思想是先将序列均分成两个子序列，然后将两个子序列分别进行排序，再将两个有序子序列归并成一个有序序列。

```
void msort(int l,int r)
{
    if(l==r)// 递归出口
        return;
    int mid=(l+r)/2;
    msort(l,mid);// 左边序列
    msort(mid+1,r);// 右边序列
    int i=l,j=mid+1,k=l;
    while(i<=mid&&j<=r)// 左右序列进行合并
    {
        if(a[i]<=a[j])// 把小的元素放在前面
            b[k]=a[i++];
        else
            b[k]=a[j++];
        k++;
    }
    while(i<=mid)// 如果有剩余序列，直接加在辅助数组最后面
        b[k++]=a[i++];
    while(j<=r)
        b[k++]=a[j++];
    for(int i=l;i<=r;i++)// 赋值已经排好序的序列给 a 数组
        a[i]=b[i];
}
```

4.9.2 各种排序算法的比较

排序算法中，有个概念叫稳定性。稳定性指的是经过排序后相等的数还保持原有的相对顺序。例如，有一个包含元素 [3(a),3(b),1] 的数组，其中 3(a) 表示第一个 3，3(b) 表示第二个 3。在使用某种排序算法进行排序后，数组变为 [1,3(a),3(b)]，排序前后元素 3(a) 和 3(b) 保持它们原有的相对顺序，这种情况称为稳定性，该排序算法是稳定的排序算法。常见的排序算法性能统计如表 4-6 所示。

表 4-6

排序算法	平均时间复杂度	最好情况	最坏情况	空间复杂度	排序方式	稳定性
冒泡排序	$O(n^2)$	$O(n)$	$O(n^2)$	$O(1)$	In-place	稳定
选择排序	$O(n^2)$	$O(n^2)$	$O(n^2)$	$O(1)$	In-place	不稳定
插入排序	$O(n^2)$	$O(n)$	$O(n^2)$	$O(1)$	In-place	稳定
希尔排序	$O(n\log n)$	$O(n\log n)$	$O(n(\log n)^2)$	$O(1)$	In-place	不稳定
归并排序	$O(n\log n)$	$O(n\log n)$	$O(n\log n)$	$O(n)$	Out-place	稳定
快速排序	$O(n\log n)$	$O(n\log n)$	$O(n^2)$	$O(\log n)$	In-place	不稳定
堆排序	$O(n\log n)$	$O(n\log n)$	$O(n\log n)$	$O(1)$	In-place	不稳定
计数排序	$O(n+k)$	$O(n+k)$	$O(n+k)$	$O(k)$	Out-place	稳定
桶排序	$O(n+k)$	$O(n+k)$	$O(n^2)$	$O(n+k)$	Out-place	稳定
基数排序	$O(n\times k)$	$O(n\times k)$	$O(n\times k)$	$O(n+k)$	Out-place	稳定

注：n：数据规模。k："桶"的个数。In-place：不占用额外内存。Out-place：占用额外内存。

4.9.3 专题练习

1. 排序算法是稳定的，意思是指关键码相同的记录在排序前后的相对位置不发生改变。下列排序算法稳定的是（　　）。

　　A. 插入排序　　　　　　B. 选择排序　　　　　　C. 快速排序　　　　　　D. 堆排序

2.【2017 NOIP 普及组初赛真题】设 A 和 B 是两个长为 n 的有序数组，现在需要将 A 和 B 合并成一个排好序的数组，以元素比较作为基本运算的归并算法在最坏情况下至少要做（　　）次比较。

　　A. n²　　　　　　　　B. nlogn　　　　　　　C. 2n　　　　　　　　D. 2n−1

3.【2018 NOIP 普及组初赛真题】以下排序算法中，不需要进行关键字比较操作的算法是（　　）。

　　A. 基数排序　　　　　B. 冒泡排序　　　　　　C. 堆排序　　　　　　D. 直接插入排序

4.【2018 NOIP 普及组初赛真题】给定一个含 N 个不相同数字的数组，在最坏情况下，找出其中最大或最小的数，至少需要 N−1 次比较操作。在最坏情况下，在该数组中同时找最大与最小的数至少需要（　　）次比较操作。（⌈ ⌉表示向上取整，⌊ ⌋表示向下取整）

　　A. ⌈3N／2⌉−2　　　B. ⌊3N／2⌋−2　　　C. 2N−2　　　　　　D. 2N−4

5.【2019 CSP-J 初赛真题】设有 100 个已排好序的数据元素，采用折半查找时，最大比较次数为（　　）。

　　A. 7　　　　　　　　B. 10　　　　　　　　C. 6　　　　　　　　D. 8

6.【2020 CSP-J 初赛真题】输入：数组 L，n ≥ 1。输出：按非递减顺序排序的 L。冒泡排序算法的伪代码如下：

```
01 FLAG←n // 标记被交换的最后元素位置
02  while FLAG > 1 do
03    k ← FLAG-1
04    FLAG ←1
05    for j=1 to k do
06        if L(j) > L(j+1) then do
```

| 07 | L(j) ↔L(j+1) |
| 08 | FLAG ←j |

对 n 个数用以上冒泡排序算法进行排序，最少需要比较（　　）次。

 A. n   B. n−2   C. n^2 D. n−1

7.【2021 CSP-J 初赛真题】以比较作为基本运算，在 N 个数中找出最大数，最坏情况下所需要的最少的比较次数为（　　）。

 A. N^2 B. N   C. N−1   D. N+1

8.【2022 CSP-J 初赛真题】以下排序算法的常见实现中，下列选项说法错误的是（　　）。

 A. 冒泡排序算法是稳定的   B. 简单选择排序是稳定的

 C. 简单插入排序是稳定的   D. 归并排序算法是稳定的

9.【2011 NOIP 提高组初赛真题】应用快速排序的分治思想，可以实现一个求第 K 大数的程序。算法的最低时间复杂度为（　　）。

 A. O(logn)   B. O(nlogn)   C. O(n)   D. O(1)

10.【2021 CSP-S 初赛真题】以下排序方法中，（　　）是不稳定的。

 A. 插入排序   B. 冒泡排序   C. 堆排序   D. 归并排序

【答案】ADAAA　DCBCC

【解析】

1. 可参照表 4-6。

2. 根据题意，是求归并排序中最坏的情况，可以用举例法求解。例如 A 数组是 [1,6]，B 数组是 [2,9]，C 数组是辅助数组。A[1] 和 B[1] 比较，C[1]=A[1]；A[2] 和 B[1] 比较，C[2]=B[1]；A[2] 和 B[2] 比较，C[3]=A[2]；C[4] 直接等于 B[2]。总共需要比较 3 次。n=2，代入四个选项，只有选项 D 正确。

3. 基数排序不需要用关键字进行比较。基数排序可以看成是桶排序的扩展，将要排序的元素分配至某些“桶”中，从而达到排序的作用。

4. 找最大值和最小值，最朴素的方法找最大值就是两两比较，N 个数字需要比较 N−1 次；同样的方法找最小值，也需要比较 N−1 次，总共是 2*(N−1)。优化比较方法。假设 N 是偶数，前 2 个数字比较 1 次，找到最大的和最小的，剩下的数字两两一组，共有 (N−2)/2 组。每组数字先内部比较 1 次，需要比较 (N−2)/2 次；大的数字和前 2 个数字中的最大值比较，找出最终最大值，需要再比较 (N−2)/2 次；同理，找到最小值。总共的比较次数是 3*(N−2)/2+1。因为 N 是偶数，化简以后可以得到 A 或者 B 选项。如果 N 是奇数，那就假设第 1 个数字即时最大值也是最小值，剩下的 (N−1) 个数字用同样的方法两两分组去比较。先分成 (N−1)/2 组，先内部比较需要 (N−1)/2 次，每组最大值和最小值再和第一个数字比较 (N−1)/2 次。总共需要 3*(N−1)/2 次。化简一下是 (3N+1)/2−2，+1 是向上取整，因此选择 A 选项。

5. 只有 2 个数字时，需要比较 1 次；4 个数字，需要比较 2 次；8 个数字，需要比较 3 次……128 个数字，需要比较 7 次。

6. 冒泡排序最好的时间复杂度是 O(n)，两两比较需要比较 n−1 次。

7. 先选第一个作为最大值，然后比较 N−1 次即可。或者也可以用特判的方法。N=1，比较 0 次，只有 C 选项符合。

8. 选择排序是不稳定的。

9. 利用快速排序的特点：第一遍排序会确定一个数的位置，这个数左边都比它大，右边都比它小（降序），当左边区间大于 K 时，说明我们求的第 K 大数在左边区间，这时我们可以舍弃右边区间，将范围缩小到左边区间，从而重复上述过程，直到确定一个数的位置时，左边区间的大小是 K-1，那么这个数字就是我们所求。右边同理，最终得到一个线性的时间复杂度 O(n)。

10. 堆排序是不稳定的。

4.10 深度优先搜索算法

◎ 知识目标

- 掌握深度优先搜索算法的概念。
- 掌握深度优先搜索的使用场景。

4.10.1 深度优先搜索算法

1. 基本概念

深度优先搜索算法简称深搜，是对"问题空间解"按照深度优先的顺序处理。

深度优先搜索算法常见的解决问题包括树和图论的问题、全排列问题、N 皇后问题、拓扑排序等。其过程简要来说是对每一个可能的分支路径能深则深，不能深则退，每个结点只能访问一次。

2. 算法模板

深度优先搜索算法的常见模板如下。

```
void dfs(int k)
{
    if  （到目的地或满足条件）输出解；返回；
    else
        for (i=1; i<= 方案种数； i++)
            if  （满足条件）
            {
                保存结果；
                dfs(k+1);
                恢复：保存结果之前的状态｛回溯前一步｝
            }

}
```

3. 时间复杂度

深度优先搜索算法的时间复杂度取决于问题。如果是图相关的问题，那么图的所有结点和边都可能被访问一次，时间复杂度是 $O(V+E)$，其中 V 是结点数量，E 是边的数量。如果是树相关的问题，时

间复杂度通常是 $O(N)$，N 是树中结点的数量。当然，在具体处理过程中可以通过剪枝等手段进一步降低时间复杂度。

4. 算法特点

深度优先搜索算法有以下特点：

①深度优先搜索算法简洁易懂，空间需求相对较小，对于某些问题（如树的遍历）非常高效。

②对于非树结构的图，深度优先搜索算法可能会陷入深度很大的分支中，导致其他分支的搜索被推迟，这在某些应用中可能不是最优的选择。

4.10.2 专题练习

【2021 CSP-J 初赛真题】如图 4-1 所示，以 a 为起点，对下面的无向图进行深度优先遍历，则 b，c，d，e 四个点中有可能作为最后一个遍历到的点的个数为（　　）。

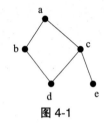

图 4-1

A. 1　　　　　　　　B. 2　　　　　　　　C. 3　　　　　　　　D. 4

【答案】B

【解析】深度优先搜索的顺序可能是 a、b、d、c、e；a、c、e、d、b；a、c、d、b、e。故选 B。

4.11　广度优先搜索算法

◎ **知识目标**

- 掌握广度优先搜索算法的概念。
- 掌握广度优先算法的流程。

4.11.1 广度优先搜索算法

1. 基本概念

广度优先搜索算法简称广搜，是从某个点出发，对其他同层的数据或者结点进行访问，从而求得最终状态结果。广搜的过程是一个"全面搜索、逐层递进"的过程。广度优先搜索算法通常和队列结合使用。

2. 算法题型

广搜通常解决如下几类问题：

①最短路径问题。在图中找到从起点到终点的最短路径。

②遍历问题。遍历或搜索整个图或树。

③网络流。在计算机网络中确定数据包的最佳路由。

3. 算法流程

广搜的常见流程是：

①选择一个起始结点，将其放入队列中。

②取出队首元素。

③检查这个结点是否是目标结点。若是，则结束搜索；若不是，则将这个结点的所有未访问过的相邻结点放入队列的尾部，并标记为已访问。

④重复②③步。如果队列为空后仍没找到目标结点，按题目要求返回特定值或不予处理。

4. 算法模板

广搜常见模板如下。

```cpp
void bfs(int start) {
    queue<int> q;
    q.push(start); // 将起始结点放入队列
    visited[start] = true; // 标记起始结点为已访问
    while (!q.empty()) {
        int current = q.front(); q.pop(); // 取出队列前端的结点
        cout << current << " ";            // 处理当前结点
        // 将当前结点的所有未访问过的相邻结点放入队列
        for (int neighbor : adj[current]) {
            if (!visited[neighbor]) {
                q.push(neighbor);
                visited[neighbor] = true; // 标记为已访问
            }
        }
    }
}
```

5. 算法特点

广度优先搜索算法的特点如下：

（1）逐层搜索。广度优先搜索算法从根结点（或图中的某一结点）开始，逐层向下搜索，先访向离起始结点近的结点，再逐步向外扩展。

（2）队列结构。在实现广度优先搜索算法时，通常使用队列这一数据结构来保存待搜索的结点。队列的特性是先进先出（FIFO），距离近的结点最先入队，最先出队。

（3）空间复杂度。相比深搜，广搜可能需要更多的内存存储队列中的结点和它们的访问状态，一般等同于结点个数，是 $O(n)$。

6. 时间复杂度

广度优先搜索算法的时间复杂度通常是 $O(V+E)$，其中 V 表示图中的顶点数，E 表示边数。通常边的数量 E 大于等于顶点数 V，因此广度优先搜索的时间复杂度也可以简化为 $O(E)$。

4.11.2 专题练习

【2022 CSP-J 初赛真题】

（洪水填充）现有用字符标记像素颜色的 8×8 图像。颜色填充的操作描述如下：给定起始像素的位置和待填充的颜色，将起始像素和所有可达的像素（可达的定义：经过一次或多次的向上、下、左、右四个方向移动所能到达且终点和路径上所有像素的颜色都与起始像素颜色相同），替换为给定的颜色。

试补全程序。

```cpp
#include<bits/stdc++.h>
using namespace std;
const int ROWS = 8;
const int COLS = 8;
struct Point {
    int r,c;
    Point(int r, int c): r(r), c(c) {}
};
bool is_valid(char image[ROWS][COLS], Point pt,
                int prev_color, int new_color) {
    int r = pt.r;
    int c = pt.c;
    return (0 <= r && r < ROWS && 0 <= c && c < COLS &&
            ____①____ && image[r][c] != new_color);
}
void flood_fill(char image[ROWS][COLS], Point cur, int new_color) {
    queue<Point> queue;
    queue.push(cur);
    int prev_color = image[cur.r][cur.c];
    ____②____ ;
    while (!queue.empty()) {
        Point pt = queue.front();
        queue.pop();
        Point points[4] = {____③____, Point(pt.r - 1, pt.c),
                        Point(pt.r, pt.c + 1), Point(pt.r, pt.c - 1)};
        for (auto p ; points) {
            if (is_valid(image, p, prev_color, new_color)) {
                ____④____ ;
                ____⑤____ ;
            }
        }
    }
}
```

```
        }
    }
}
int main() {
    char image[ROWS][COLS] = {{'g', 'g', 'g', 'g', 'g', 'g', 'g', 'g'},
                              {'g', 'g', 'g', 'g', 'g', 'g', 'r', 'r'},
                              {'g', 'r', 'r', 'g', 'g', 'r', 'g', 'g'},
                              {'g', 'b', 'b', 'b', 'b', 'r', 'g', 'r'},
                              {'g', 'g', 'g', 'b', 'b', 'r', 'g', 'r'},
                              {'g', 'g', 'g', 'b', 'b', 'b', 'b', 'r'},
                              {'g', 'g', 'g', 'g', 'g', 'b', 'g', 'g'},
                              {'g', 'g', 'g', 'g', 'g', 'b', 'b', 'g'}};

    Point cur(4, 4);
    char new_color = 'y';
    flood_fill(image, cur, new_color);
    for (int r = 0; r < ROWS; r++) {
        for (int c = 0; c < COLS; c++) {
            cout << image[r][c] << '';
        }
        cout << endl;
    }
// 输出:
// g g g g g g g g
// g g g g g g r r
// g r r g g r g g
// g y y y y r g r
// g g g y y r g r
// g g g y y y y r
// g g g g g y g g
// g g g g g y y g

    return 0;
}
```

（1）①处应填（   ）。

A. image[r][c] == prev_color

B. image[r][c] != prev_color

C. image[r][c] == new_color

D. image[r][c] != new_color

（2）②处应填（　　　）。

  A. image[cur.r+1][cur.c] = new_color　　　　B. image[cur.r][cur.c] = new_color

  C. image[cur.r][cur.c+1] = new_color　　　　D. image[cur.r][cur.c] = prev_color

（3）③处应填（　　　）。

  A. Point(pt.r, pt.c)　　　　　　　　　　B. Point(pt.r, pt.c+1)

  C. Point(pt.r+1, pt.c)　　　　　　　　　D. Point(pt.r+1, pt.c+1)

（4）④处应填（　　　）。

  A. prev_color = image[p.r][p.c]　　　　　B. new_color = image[p.r][p.c]

  C. image[p.r][p.c] = prev_color　　　　　D. image[p.r][p.c] = new_color

（5）⑤处应填（　　　）。

  A. queue.push(p)　　　　　　　　　　　B. queue.push(pt)

  C. queue.push(cur)　　　　　　　　　　D. queue.push(Point(ROWS,COLS))

【答案】 ABCDA

【解析】

（1）根据题意可知，每个位置可以朝上、下、左、右四个方向填充，要求颜色一致才可以填充。根据返回语句，判断当前颜色是否与旧的颜色相同，因此选 A。

（2）广搜的起点位置，直接改为目标颜色，选 B。

（3）广搜是 4 个方向，缺少一个向下的方向，向下的方向变化是行 +1，列不变，因此选 C。

（4）找到满足条件的结点，将该位置的颜色改为目标颜色。

（5）满足条件的结点入队，根据题意，该结点保存在变量 P 里。

4.12　动态规划

◎ **知识目标**

- 掌握动态规划的概念。
- 掌握动态规划的流程。

4.12.1　动态规划

1. 基本概念

动态规划（dynamic programming，DP）是一种解决多阶段决策问题的方法。

动态规划是一种解决问题的方法，它将大问题分解为小问题，并记录小问题的解决方案，以避免重复计算，从而提高效率。

这种方法的关键在于识别子问题和边界，并推导出状态转移方程。

使用动态规划解决的问题通常需具备以下三个要素：

①最优子结构。最优子结构是指大问题的最优解可以由小问题的最优解组合得到。

②重叠子问题。重叠子问题是指大问题和小问题之间存在重复的计算。

③无后效性。无后效性是指当前阶段的解只和当前阶段有关系，不受后续决策的影响。

2. 算法流程

动态规划的流程通常如下：

①定义状态变量。描述问题的变量通常是状态变量。

②找出边界条件。最小的子问题的解通常由边界条件推导出来。

③划分阶段。按照问题的时间或者空间特征，将问题划分为若干阶段。

④表示状态。问题的各个阶段所表现的情况用状态表示出来。

⑤推导状态转移方程。推导出描述子问题之间是如何转化的数学公式或逻辑公式。

⑥解决原问题。从最小的子问题开始，逐步求解更大的问题，直到解决原问题。

3. 算法特点

动态规划有以下特点：

①动态规划可以显著减少计算量，提高算法效率，适用于具有重叠子问题和最优子结构特性的问题。

②动态规划需要识别问题的结构并正确设计状态变量和状态转移方程，这通常需要一定的经验和技巧。

③不适用于所有类型的问题，特别是那些没有明显最优子结构或重叠子问题的问题。

4. 算法题型

动态规划常见的经典题型包括背包问题（knapsack problem）、最长公共子序列（longest common subsequence，LCS）、最长递增子序列（longest increasing subsequence，LIS）、矩阵链乘法（matrix chain multiplication）、斐波那契数列（fibonacci sequence）、字符串编辑距离（edit distance / levenshtein distance）等。

根据问题的种类也可以将动态规划问题分为一维动态规划、区间动态规划、背包动态规划、树形动态规划、数位动态规划、状态压缩动态规划等。

4.12.2　常见动态规划类型

1. 一维动态规划

一维动态规划通常是在一维数组上进行状态转移的动态规划。常用于解决最优化问题，如最长递增子序列、斐波那契数列等。这些问题的共同特点是大问题可以拆分成小问题，而且小问题和大问题在结构上相同或类似，只不过规模不同。

一维动态规划常见模板如下。

```
std::vector<int> dp(N+1); // 初始化动态规划表，初始值可以根据具体问题设定
dp[0] = X; // 设定初始状态，X 为初始状态值
for(int i = 1; i <= N; ++i) {
    for(int j = 1; j <= i; ++j) { // 根据状态转移方程进行循环
        dp[i] = std::max(dp[i], dp[j] + Y); // 状态转移方程，Y 为其他因素的
    计算值
    }
}
```

2. 区间动态规划

区间动态规划是动态规划的一个分支，专门解决涉及区间选择和合并的问题。在这类问题中，通常需要将一个大区间拆分成若干个子区间，再合并子区间的解得到大区间的解。

区间动态规划常用于解决诸如矩阵链乘法、多边形最优三角剖分、石子合并等问题。

区间动态规划常见模板如下。

```cpp
// 假设 dp[i][j] 表示区间 [i,j] 的最优解
int n; // 问题的规模，比如数组的长度
int dp[MAXN][MAXN]; // MAXN 是一个足够大的常数，dp 数组用于存储子问题的解
// 初始化边界条件
for (int i = 0; i < n; i++) {
    dp[i][i] = ...; // 根据具体问题设定
}
// 区间长度从 2 开始逐渐增加
for (int len = 2; len <= n; len++) {
    // 遍历所有可能的起点
    for (int i = 0; i + len - 1 < n; i++) {
        int j = i + len - 1; // 区间的终点
        dp[i][j] = INF; // 假设 INF 表示无穷大，根据具体问题可能需要调整为最小值
        // 尝试所有可能的分割点 k
        for (int k = i; k < j; k++) {
            // 根据状态转移方程更新 dp[i][j]
            dp[i][j] = min(dp[i][j], dp[i][k] + dp[k+1][j] + ...);
        }
    }
}
// 输出最终解
    cout << dp[0][n-1] << endl; // 或其他相关解
```

4.12.3 专题练习

（编辑距离）给定两个字符串，每次操作可以选择删除（delete）、插入（insert）、替换（replace）一个字符，求将第一个字符串转换为第二个字符串所需要的最少操作次数。

试补全动态规划算法。

```cpp
#include <iostream>
#include <string>
#include <vector>
using namespace std;
int min(int x, int y, int z) {
    return min(min(x, y), z);
```

```
}
int edit_dist_dp(string str1, string str2) {
    int m = str1.length();
    int n = str2.length();
    vector<vector<int> > dp(m + 1, vector<int>(n + 1));
    for (int i = 0; i <= m; i++) {
        for (int j = 0; j <= n; j++) {
            if (i == 0)
                dp[i][j] =    ①    ;
            else if (j == 0)
                dp[i][j] =    ②    ;
            else if (    ③    )
                dp[i][j] =    ④    ;
            else
                dp[i][j] = 1 + min(dp[i][j - 1], min(dp[i - 1][j],
    ⑤    ));
        }
    }
    return dp[m][n];
}
int main() {
    string str1, str2;
    cin >> str1 >> str2;
    cout << "Mininum number of operation:" << edit_dist_dp(str1, str2)
 << endl;
    return 0;
}
```

（1）①处应填（　　　）。

　A. j　　　　　　　　　B. i　　　　　　　　　C. m　　　　　　　　　D. n

（2）②处应填（　　　）。

　A. j　　　　　　　　　B. i　　　　　　　　　C. m　　　　　　　　　D. n

（3）③处应填（　　　）。

　A. str1[i−1] == str2[j−1]　　　　　　　　B. str1[i] == str2[j]

　C. str1[i−1] != str2[j−1]　　　　　　　　D. str1[i] != str2[j]

（4）④处应填（　　　）。

　A. dp[i−1][j−1] + 1　　B. dp[i−1][j−1]　　C. dp[i−1][j]　　D. dp[i][j−1]

（5）⑤处应填（　　　）。

　A. dp[i][j] + 1　　　　B. dp[i−1][j−1] + 1　　C. dp[i−1][j−1]　　D. dp[i][j]

【答案】ABABC

【解析】本题是用 dp[i][j] 保存将 str1[0···i−1] 与 str2[0···j−1] 变成相同的字符串需要的最少的操作次数。

（1）当 i=0 时，求 dp[0][j] 的值。此时第一个字符串为空串，第二个字符串取前 j 位，那么可以对第一个字符串进行 j 次添加，使第一个字符串与第二个字符串相等，故 dp[0][j]=j。

（2）当 j=0 时，求 dp[i][0] 的值。此时第一个字符串取前 i 位，第二个字符串为空串，那么可以对第一个字符串进行 i 次删除，使第二个字符串与第一个字符串相等，故 dp[i][0]=i。

（3）长度是 i，对应的是第 i−1 个字符，长度是 j，对应的是第 j−1 个字符，因此比较的是 str2[i−1] 和 str1[j−1]。这两个字符相等的时候才可以进行后面的操作。

（4）结合第 40 题，求把 str1[0···i−1] 和 str2[0···j−1] 变成相同字符串的最少操作次数，根据 dp 数组的定义，只需查看 dp[i−1][j−1] 的值。

（5）如果 str1[i−1]!=str2[j−1]，求 dp[i][j]，有以下几种可能性：

①先通过编辑让 str1[0···i−2] 与 str2[0···j] 变成相同字符串，再删除 str1[i−1]，最少总操作次数是 dp[i−1][j]+1。

②先通过编辑让 str1[0···i−1] 与 str2[0···j−2] 变成相同字符串，再在 str1 末尾添加上 str2[j−1]，最少总操作次数都是 dp[i][j-1]+1。

③先通过编辑让 str1[0···i−2] 与 str2[0···j−2] 变成相同字符串，再通过替换操作，让 str1[i−1] 变成 str2[j−1]，最少总操作次数为 dp[i−1][j−1]+1。

综合考虑，dp[i][j]=1+min(dp[i−1][j], min(dp[i][j−1], dp[i−1][j−1]))。

第 5 章 数学知识

第 5 章

5.1 素数筛法

◎ 知识目标

- 掌握埃拉托色尼筛法。
- 掌握线性筛法。

5.1.1 埃拉托色尼筛法

埃拉托色尼筛法（sieve of eratosthenes，埃氏筛法）是一种简单且历史悠久的筛法，用来找出一定范围内所有的素数。其基本思想是从 2 开始，将每个素数的 2 倍以上的数字，标记为合数。

假设有 2～n 个数字，求区间内的素数。

① 2 是素数，先筛除 2 的倍数，第 1 次筛除后结果如下：

2，3，4，5，6，7，8，9，10，11，12，13，14，…，n

② 3 是素数，筛除 3 的倍数，第 2 次筛除结果如下：

2，3，4，5，6，7，8，9，10，11，12，13，14，…，n

依次用 5，7……筛除范围内的数字，未被筛掉的就是素数。

埃拉托色尼筛法的时间复杂度是 $O(n\log(\log n))$。

埃拉托色尼筛法的模板如下。

```cpp
const int MAXN = 1e6 + 5; // 根据需要调整数组大小
std::vector<int> primes;
bool is_prime[MAXN];
void sieve(int n) {
    memset(is_prime, true, sizeof(is_prime));
    is_prime[0] = is_prime[1] = false;
    for (int i = 2; i <= n; ++i) {
        if (is_prime[i]) {
            // 将素数添加到列表中
            primes.push_back(i);
            // 标记所有 i 的倍数为非素数
```

```
        for (int j = i + i; j <= n; j += i) {
            is_prime[j] = false;
        }
    }
}
```

5.1.2 线性筛法

线性筛法也被称为欧拉筛法，它的名称来源于其时间复杂度接近线性，即 $O(n)$。与埃拉托色尼筛法相比，线性筛法避免对合数重复标记，即每个合数都只会被其最小的素因子标记一次，避免重复筛选。

假设有 2～n 个数字，求区间内的素数。线性筛法的筛选过程如下：

①第 1 个数字是 2 也是素数，先用数组保存素数 {2}，然后筛掉 2 的 2 倍 4；数组只有 1 个元素，筛选结束。数字情况为 2, 3, 4, 5, 6, 7, 8, 9, 10, 11, 12, 13, 14, …, n。

②3 也是素数，保存，当前素数数组里的内容是 {2, 3}。筛掉 6（3*2），再筛掉 9（3*3），数组长度为 2，筛选结束。数字情况为 2, 3, 4, 5, 6, 7, 8, 9, 10, 11, 12, 13, 14, …, n。

③4 不是素数，当前素数数组里的内容是 {2,3}。筛掉 8（4*2），2 是 4 的因子，结束筛选。数字情况为 2, 3, 4, 5, 6, 7, 8, 9, 10, 11, 12, 13, 14, …, n。

④依次类推。当数字为 15 时，当前数组是 {2,3,5,7,11,13}，筛掉 30（15*2），筛掉 45（15*3），3 是 15 的最小素数因子，退出循环。

由此可见，每个数字只会被最小的因子标记一次，避免重复筛选，从而使得时间复杂度接近 $O(n)$。

线性筛法的模板如下。

```cpp
const int MAXN = 1e6 + 5; // 根据需要调整数组大小
std::vector<int> primes;
bool is_prime[MAXN];
void linearSieve(int n) {
    // 初始化 is_prime 数组
    for (int i = 2; i <= n; ++i) {
        is_prime[i] = true;
    }
    // 筛选素数
    for (int i = 2; i <= n; ++i) {
        if (is_prime[i]) {
            primes.push_back(i);
        }
        for (int j = 0; j < primes.size() && i * primes[j] <= n; ++j) {
            is_prime[i * primes[j]] = false;
            if (i % primes[j] == 0) {
```

```
            break; // 关键优化: 当 i 是 primes[j] 的倍数时退出循环
        }
    }
}
```

5.2 排列组合相关知识

◎ 知识目标

- 掌握集合的相关知识。
- 掌握加法原理。
- 掌握乘法原理。
- 掌握排列的相关知识。
- 掌握组合的相关知识。

5.2.1 基础概念

5.2.1.1 集合

在数学中，我们把某些确定的、不同的数、数据或事物等对象放在一起成为一个整体，这个整体就叫做集合，简称集。其中每一个对象叫做这个集合的元素。例如，所有的自然数可以构成一个集合，每一个自然数就是这个集合的元素。再如，所有的直角三角形也可以构成一个集合，每一个直角三角形就是这个集合的元素。小写字母集可以记为 $\{a, b, ..., z\}$。

不含有任何元素的集合称为空集，记为 $\varnothing$。包含所有元素的集合成为全集，记为 U。

集合的特点包括以下几点。

①确定性。对于一个给定的集合，某一个元素要么是这个集合的元素，要么不是这个集合的元素，这是确定的。

②互异性。任何一个给定的集合中，任意两个元素都是不同的对象，相同的对象归入一个集合时，仅算一个元素。

③无序性。集合中的元素是平等的，没有先后顺序。因此判定两个集合是否相同，只需要比较它们包含的元素是否一样，不需考查排列顺序是否一样。

两个集合的关系通常包括以下几种。

①相等关系。如果两个集合的元素完全相同，那么称这两个集合相等。

②包含关系。如果集合 A 的每一个元素都是集合 B 的元素，那么我们说集合 A 包含于集合 B，或者集合 B 包含集合 A。记作 $A \subseteq B$ 或 $B \supseteq A$。

③真包含关系。如果集合 A 包含于集合 B，但存在至少一个元素属于 B 而不属于 A，那么我们说集合 A 真包含于集合 B，或者集合 B 真包含集合 A。记作 $A \subsetneq B$ 或 $B \supsetneq A$。

④无关系。如果两个集合既没有相等关系，也没有包含关系，那么我们说这两个集合无关系。

此外，对于集合还有一些基本的运算，如并集、交集、差集和补集等。

并集：由所有属于A或属于B的元素所组成的集合，叫做A与B的并集，记作$A \cup B$。

交集：由所有既属于A又属于B的元素所组成的集合，叫做A与B的交集，记作$A \cap B$。

差集：由所有属于A但不属于B的元素所组成的集合，叫做A与B的差集，记作$A-B$。

补集：对于一个集合A和全集U，由所有属于U但不属于A的元素所组成的集合，叫做A的补集，记作$\complement_U A$。

5.2.1.2 加法原理

完成一件事情，可以有n类办法，在第一类办法中有m_1种不同的方法，在第二类办法中有m_2种不同的方法，……，在第n类办法中有m_n种不同的方法，那么完成这件事共有$N=m_1+m_2+\cdots+m_n$种不同的方法。

例如，从武汉到上海有乘火车、飞机、轮船3种交通方式可供选择，而火车、飞机、轮船分别有k_1，k_2，k_3个班次，那么从武汉到上海共有$k_1+k_2+k_3$种方式可以到达。

5.2.1.3 乘法原理

完成一件事情，需要分成n个步骤，做第一步有m_1种不同的方法，做第二步有m_2种不同的方法，……，做第n步有m_n种不同的方法，那么完成这件事有$N=m_1\times m_2\times\cdots\times m_n$种不同的方法。

例如，在密码学中，一个由数字0～9组成的四位密码的可能性为$10\times10\times10\times10=10000$种，因为每一位都有10种可能（0～9）。

两个原理的区别：一个与分类有关，另一个与分步有关。加法原理是"分类完成"，乘法原理是"分步完成"。

5.2.1.4 容斥原理

容斥原理的基本思想是先不考虑重叠的情况，把包含某内容的所有对象的数目先计算出来，然后再把计数时重复计算的数目排除，使计算的结果既无遗漏又无重复。这种方法可以使重叠部分不被重复计算，从而得到更准确的结果。

假设一个班级里有50名学生，其中20名学生参加了数学奥赛，30名学生参加了物理奥赛，15名学生同时参加了数学和物理奥赛。我们需要找出这个班级里一共有多少名学生参加了至少一项奥赛。

首先，把参加数学奥赛的学生数（20人）和参加物理奥赛的学生数（30人）加起来，得到50人。但是，这50人中包含了同时参加两项奥赛的15名学生，这部分学生被重复计算了一次。所以需要从总数中减去这15名学生，以消除重复计数。

故最终参加至少一项奥赛的学生数为：

20（参加数学奥赛）+30（参加物理奥赛）-15（同时参加两项奥赛）=35人。

容斥原理的集合形式如下：

两个集合：$A \cup B=A+B-A \cap B$

三个集合：$A \cup B \cup C=A+B+C-A \cap B-B \cap C-C \cap A+A \cap B \cap C$

N个集合：

$$\left|A_1 \cup A_2 \cup \cdots \cup A_m\right|=\sum_{1\le i\le m}\left|A_i\right|-\sum_{1\le i<j\le m}\left|A_i \cap A_j\right|+\sum_{1\le i<j<k\le m}\left|A_i \cap A_j \cap A_k\right|-\cdots+(-1)^{m-1}\left|A_1 \cap A_2 \cap \cdots \cap A_m\right|$$

5.2.1.5 排列

从 n 个不同元素中，任取 m（$m \leq n$）个元素（这里被取元素各不相同）按照一定的顺序排成一列，叫做从 n 个不同元素中取出 m 个元素的一个排列。

排列包括两个方面：①取出元素；②按一定的顺序排列。

两个排列需要具有相同的条件：①元素完全相同；②元素的排列顺序也相同。

从 n 个不同元素中，任取 m（$m \leq n$）个元素的所有排列的个数叫做从 n 个元素中取出 m 元素的排列数，用符号 A_n^m 表示。

注意区别排列和排列数的不同："一个排列"是指从 n 个不同元素中，任取 m 个元素按照一定的顺序排成一列，不是数；"排列数"是指从 n 个不同元素中，任取 m（$m \leq n$）个元素的所有排列的个数，是一个数。所以符号 A_n^m 只表示排列数，而不表示具体的排列。

排列数的公式如下：

$$A_n^m = n \times (n-1) \times (n-2) \times \cdots \times (n-m+1) = \frac{n!}{(n-m)!}$$

说明：①公式特征：第一个因数是 n，后面每一个因数比它前面一个少 1，最后一个因数是 $n-m+1$，共有 m 个因数；②全排列：当 $n=m$ 时，得到一个将 n 个不同元素全部取出形成的一个排列。

全排列数：$A_n^n = n \times (n-1) \times (n-2) \times \cdots \times 2 \times 1$（即 n 的阶乘）。

5.2.1.6 组合

从 n 个不同元素中取出 m（$m \leq n$）个元素组成一组，叫做从 n 个不同元素中取出 m 个元素的一个组合。

说明：①不同元素；②"只取不排"——无序性；③相同组合，即元素相同。

从 n 个不同元素中取出 m（$m \leq n$）个元素的所有组合的个数，叫做从 n 个不同元素中取出 m 元素的组合数，用符号 C_n^m 表示。

组合数公式的推导如下：

从 4 个不同元素 a,b,c,d 中取出 3 个元素的组合数，C_4^3 是多少呢？

从 4 个不同元素中取出 3 个元素的排列数 A_4^3，可以考查一下 C_4^3 和 A_4^3 的关系，如下：

组 合		排 列
abc	→	abc, bac, cab, acb, bca, cba
abd	→	abd, bad, dab, adb, bda, dba
acd	→	acd, cad, dac, adc, cda, dca
bcd	→	bcd, cbd, dbc, bdc, cdb, dcb

由此可知，每一个组合都对应着 6 个不同的排列，因此，求从 4 个不同元素中取出 3 个元素的排列数 A_4^3，可以分如下两步：① 考虑从 4 个不同元素中取出 3 个元素的组合，共有 C_4^3 个；② 对每一个组合的 3 个不同元素进行全排列，各有 A_3^3 种方法，由乘法计数原理可得：$A_4^3 = C_4^3 A_3^3$，所以，$C_4^3 = \dfrac{A_4^3}{A_3^3}$。

组合数的公式：$C_n^m = \dfrac{A_n^m}{m!} = \dfrac{n!}{m!(n-m)!}$（$n, m \in \mathbf{N}^*$，且 $m \leq n$）。

组合数的性质（1）：$C_n^m = C_n^{n-m}$。

一般地，从 n 个不同元素中取出 m 个元素后，剩下 $n-m$ 个元素。从 n 个不同元素中取出 m 个元素的每一个组合，与剩下的 $n-m$ 个元素的每一个组合一一对应，所以从 n 个不同元素中取出 m 个元素的组合数，等于从这 n 个元素中取出 $n-m$ 个元素的组合数，即 $C_n^m = C_n^{n-m}$。

①规定：$C_n^0 = 1$。

②等式特点：等式两边下标相同，上标之和等于下标。

③作用：当 $m > \dfrac{n}{2}$ 时，计算 C_n^m 可变为计算 C_n^{n-m}，能够简化运算。

例如，$C_{2002}^{2001} = C_{2002}^{2002-2001} = C_{2002}^1 = 2002$。

④$C_n^x = C_n^y \Rightarrow x = y$ 或 $x + y = n$。

组合数的性质（2）：$C_{n+1}^m = C_n^m + C_n^{m-1}$。

一般地，从 a_1，a_2，$\cdots$，a_{n+1} 这 $n+1$ 个不同元素中取出 m 个元素的组合数是 C_{n+1}^m，这些组合可以分为两类：一类含有元素 a_1，一类不含有 a_1。含有 a_1 的组合是从 a_2，a_3，$\cdots$，a_{n+1} 这 n 个元素中取出 $m-1$ 个元素与 a_1 组成的，共有 C_n^{m-1} 个；不含有 a_1 的组合是从 a_2，a_3，$\cdots$，a_{n+1} 这 n 个元素中取出 m 个元素组成的，共有 C_n^m 个。因此所有组合就是两者之和。

使用该性质同样可以简化运算。

5.2.1.7　常见解题方法

（1）捆绑法

把相邻的若干特殊元素"捆绑"为一个"大元素"，然后与其他"普通元素"全排列，然后"松绑"，将这些特殊元素在这些位置上全排列。

【题目描述】

7 名学生站成一排，甲、乙必须站在一起有多少种不同排法？

【思路解析】

6 个人进行全排列：$A(6,6)$；甲和乙的顺序有两种情况，所以结果要再乘 2。

最终答案：$A(6,6) \times 2 = 6 \times 5 \times 4 \times 3 \times 2 \times 1 \times 2 = 1440$（种）。

（2）插空法

某些元素不能相邻或某些元素在特殊位置时可采用插空法。先安排好没有限制条件的元素，然后将有限制条件的元素按要求插入排好的元素之间。

【题目描述】

7 名学生站成一排，甲、乙互不相邻有多少种不同排法？

【思路解析】

7 名学生先站成一排，有 6 个空隙可以分离甲，乙同学，所以是 $A(5,5) \times A(6,2)$。

$A(5,5) \times A(6,2) = 5 \times 4 \times 3 \times 2 \times 1 \times 6 \times 5 = 3600$

（3）排除法

对于一些直接求解较为复杂或难以明确分类的问题，可以考虑采用排除法。这种方法首先计算问题的对立情况，然后从整体情况中减去这一部分，从而得到所需的结果。

【题目描述】

【2015 NOIP 提高组初赛真题】重新排列 1234，使每一个数字都不在原来的位置上，一共有____种排法。

【思路解析】

答案 = 4 个数字全排列的情况 – 有数字位置不变的情况

四个数字都在原来位置：1234；

三个数字都在原来位置：没有；

两个数字都在原来位置：1243 1432 1324 4231 3214 2134；

一个数字在原来位置：1423 1342 4213 3241 4132 2431 3124 2314；

共 15 种情况。

$A(4, 4) - 15 = 4 \times 3 \times 2 \times 1 - 15 = 9$

（4）先选后排法

对于排列组合的混合应用题，可采取先选取元素，后进行排列的策略。

【题目描述】

从萝卜、白菜、黄瓜、西红柿四种蔬菜品种中选出 3 种，分别种在不同土质的三块土地上，其中萝卜必须种植，不同的种植方法共有（　　　）种。

【思路解析】

萝卜必须种植：可以先从 3 块地里选出一块种萝卜，方法数是 A(3, 1)；

还缺少 2 种蔬菜，需要从剩余 3 种蔬菜里面选出 2 种，方法数是 C(3, 2)；

选出来的两种蔬菜种植在两块不同的土地方法数是 A(2, 2)。

所以总种植方法是 $A(3, 1) \times C(3, 2) \times A(2, 2) = 18$

（5）插板法

插板法就是在 n 个元素间的 n−1 个空中插入 b 个板子，把 n 个元素分成 b+1 组的方法。

【题目描述】

【2008 NOIP 提高组初赛真题】书架上有 21 本书，编号为 1 ~ 21，从中选 4 本，其中每两本的编号都不相邻的选法一共有（　　　）种。

【思路解析】

先在总数上把要拿的 4 本书减去，剩下的 17 本书的前后我们一共要插入 4 本书，也就是说有 18 个位置等待插书。一共要插入 4 本书，也不能有两本书插入同一个位置，所以最后的插法个数为 C(18, 4)，很显然，插书的位置其实就是我们要挑选书的位置。

5.2.2　专题训练

1.【2023 CSP-J 初赛真题】一个班级有 10 个男生和 12 个女生。如果要选出一个 3 人的小组，并且小组中必须至少包含 1 个女生，那么有（　　　）种可能的组合。

  A. 1420   B. 1770   C. 1540   D. 2200

2.【2021 CSP-J 初赛真题】由 1，1，2，2，3 这五个数字组成不同的三位数有（　　　）种。

  A. 18   B. 15   C. 12   D. 24

3.【2020 CSP-J 初赛真题】五个小朋友并排站成一列，其中有两个小朋友是双胞胎，如果要求这两个双胞胎必须相邻，则有（　　　）种不同排列方法。

  A. 24   B 36   C. 72   D. 48

4. 10 个三好学生名额分配到 7 个班级，每个班级至少有一个名额，一共有（　　　）种不同的分配方案。

  A. 56   B. 84   C. 72   D. 504

5. 有五副不同颜色的手套（共 10 只手套，每副手套左、右手各 1 只），一次性从中取 6 只手套，请问恰好能配成两副手套的不同取法有（　　　）种。

  A. 30   B. 150   C. 180   D. 120

6.【2019 CSP-S 初赛真题】由数字 1，1，2，4，8，8 所组成的不同的 4 位数的个数是（　　　）。

  A. 104   B. 102   C. 98   D. 100

7.【2021 CSP-S 初赛真题】有 8 个苹果从左到右排成一排，你要从中挑选至少一个苹果，并且不能同时挑选相邻的两个苹果，一共有（　　　）种方案。

  A. 36   B. 48   C. 54   D. 64

【答案】AADBD　BC

【解析】

1. 假设小组一个女生都不选，$C(10,3)=120$；小组人选 3 人 $C(22,3)=1540$。相减得结果：$1540-120=1420$。

2. 3 个数字都不相同，方法数是 $3×2×1=6$。有重复数字的共 4 种情况：2 个 1，1 个 2；2 个 1,1 个 3；2 个 2，1 个 1，2 个 2，1 个 3，每种情况各 3 种。因此，答案是 $6+3×4=18$。

3. 双胞胎当成 1 个人，又有前后 2 种情况，因此是 $2×A(4,4)=48$。

4. 用隔板法。10 个人分成 7 组，10 个人会有 9 个空，插 6 个板，分成 7 组。$C(9,6)=C(9,3)=(7×8×9)/(3×2×1)=7×4×3=84$。

5. 先从五双手套中取完整的两双，方案是组合数 $C(5,2)=10$；从剩下的三双中，取不同色的两只，是先从三双中取两双 $C(3,2)=3$，再从两双中各取一只手套，是 $C(2,1)×C(2,1)=4$；根据乘法原理，得：$10×3×4=120$。

6.（1）1，1，2，4 组成 4 位数，有 $A(4,2)=4×3=12$（种）。同理，1，1，2，8；1，1，4，8；1，2，8，8；1，4，8，8；2，4，8，8 组成 4 位数，各有 12 种。共有 $12×6=72$ 种。

（2）1，2，4，8 组成 4 位数，有 $A(4,4)=4×3×2×1=24$（种）。

（3）1，1，8，8 组成 4 位数，有 $C(4,2)=6$（种）。

所以，共有 $72+24+6=102$（种）。

7. 选 1 个的方案：$C(8,1)=8$；选 2 个的方案：使用插空法，因为要从 8 个苹果中取 2 个，先去掉 2 个，剩下 6 个苹果，这 6 个苹果有 7 个空位可以插（包括两端），7 个选 2 个，$C(7,2)=21$；选 3 个的方案：$C(6,3)=20$；选 4 个的方案：$C(5,4)=5$；选 5 个以上的方案，不满足条件。因此答案是 $8+21+20+5=54$。

第二部分

CSP-J 模拟卷、 CSP-S 模拟卷、 答案及思路解析

CSP-J 模拟卷（一）

考试满分：100 分；考试时间：120 分钟；命题人：NOI 教研部

一、单项选择题（共 15 小题，每题 2 分，共 30 分；每题有且仅有一个正确选项）

1. 关于 CPU 下列说法正确的是（　　　）。

　　A. CPU 全称为中央控制器

　　B. CPU 能直接运行机器语言

　　C. CPU 最早是由 IBM 公司发明的

　　D.32 位的 CPU 一定比 16 位的 CPU 运行速度快一倍

2. 16 位带符号整数的二进制补码为 1111111111101011。其对应的十进制整数应该是（　　　）。

　　A. 20　　　　　　　　B. −20　　　　　　　　C. 21　　　　　　　　D. −21

3. 在计算机中，用来传送、存储、处理数据等都是以（　　　）形式进行的。

　　A. 十进制码　　　　　　　　　　　　B. 八进制码

　　C. 二进制码　　　　　　　　　　　　D. 十六进制码

4. 稳定排序是指关键码相同的记录排序前后相对位置不发生改变，以下是稳定排序的是（　　　）。

　　A. 插入排序　　　　　　　　　　　　B. 选择排序

　　C. 快速排序　　　　　　　　　　　　D. 堆排序

5. 二叉树的先序遍历为 ABDCEF，中序遍历为 DBCAFE，后序遍历为（　　　）。

　　A. DCBFEA　　　　　　　　　　　　B. DCBEFA

　　C. DBCFEA　　　　　　　　　　　　D. DCBFFAE

6. 应用二分算法的思想，查找一个数是否存在。算法的平均时间复杂度为（　　　）。

　　A. O(nlogn)　　　　　B. O(logn)　　　　　C. O(n)　　　　　D. O(1)

7. 若以 {1, 3, 5, 7, 9, 11, 13, 15} 作为叶子结点的权值构造哈夫曼树，则其带权路径长度是（　　　）。

　　A.175　　　　　　　　B.176　　　　　　　　C.177　　　　　　　　D.178

8. 表达式 a/b+(c−d*e)*f 的前缀表达式是（　　　）。

　　A. abcde+*/−　　　B. +/ab*−c*def　　　C. +/ab*−*cdef　　　D. +/ab−*c*def

9. 某算法计算时间表示为递推关系式：T(N)=N+2T(N/2),则该算法时间复杂度为（　　　）。

　　A. O(N^2)　　　　　B. O(NlogN)　　　　　C. O(N)　　　　　D. O(1)

10. 已知有序表（5, 8, 11, 22, 28, 36, 47, 50, 62, 77, 100），当折半查找值为 50 的元素时，查找成功的比较次数为（　　　）。

　　A. 2　　　　　　　　B. 3　　　　　　　　C. 4　　　　　　　　D. 5

11. 一个向无环图，有 n 个顶点 m 条边，进行拓扑排序的时间复杂度为（　　　）。

　　A. O(n+m)　　　　　　　B. O(n×m)　　　　　　C. O(nlogn)　　　　　　D. O(mlogn)

12. 序列 "8, 5, 1, 10, 3, 6, 9, 4" 的逆序对有（　　　）对。

　　A. 12　　　　　　　　　B. 13　　　　　　　　　C. 14　　　　　　　　　D. 15

13. 将 9 个名额分给 5 个不同的班级，允许有的班级没有名额，不同的分配方案有（　　　）种。

　　A. 715　　　　　　　　B. 720　　　　　　　　C. 120　　　　　　　　D. 710

14. 一棵具有 120 个叶结点的完全二叉树，最多有（　　　）个结点。

　　A. 249　　　　　　　　B. 240　　　　　　　　C. 256　　　　　　　　D. 510

15. 在无向图的邻接矩阵中，如果 a[2][5] 的值为 1，那么 a[5][2] 的值为（　　　）。

　　A. 0　　　　　　　　　B. 1　　　　　　　　　C. 3　　　　　　　　　D. 4

二、阅读程序（共 3 道大题，每道大题含 6～7 道小题，为判断题或单项选择题。判断题正确填 "√"，错误填 "×"。除特殊说明外，每道判断题 1.5 分，每道单项选择题 3 分。共 40 分）

（一）

```
01  #include <iostream>
02  using namespace std;
03  int main() {
04      int n;
05      cin>>n;
06      int s=0;
07      for (int i=1;i<=n;i++) {
08          int num=i;
09          while(num){
10              if (num%10==2){
11                  s++;
12                  break;
13              }
14              num=num/10;
15          }
16      }
17      cout<<s;
18      return 0;
19  }
```

● 判断题

16. 本程序求的是 1 到 n 中包含 2 的数字有多少个。（　　　）

17. 第 9 行的 "num" 改为 "num > 0"，程序的运行结果不会改变。（　　　）

18. 如果删除第 12 行，程序就是在求 1 到 n 中的数字里面总共包含了多少个 2。（　　　）

19. 如果第 14 行改为"num/=10;",程序运行结果不会改变。(   )

● 选择题

20. 如果输入 100,输出结果是(   )。

    A. 10   B. 19   C. 20   D. 21

21. 如果删除第 12 行代码,输入 100,输出(   )。

    A. 10   B. 19   C. 20   D. 21

（二）

```
01    #include <iostream>
02    #define ll long long
03    using namespace std;
04    const int N=1e4+5;
05    int a[N];
06    int n;
07    int main() {
08        cin>>n;
09        for(int i=2;i<=n;i++) {
10            int tmp=i;
11            for (int j=2;j*j<=i;j++) {
12                while (tmp%j==0) {
13                    a[j]++;
14                    tmp/=j;
15                }
16            }
17            if(tmp>1) a[tmp]++;
18        }
19        ll s=1;
20        for (int i=2;i<=n;i++) {
21            s=s*(a[i]+1);
22        }
23        cout<<s<<endl;
24        return 0;
25    }
```

● 判断题

22. 程序是求 2 ~ n 中有多少个质数。(   )

23. 如果输入 5,结果输出 10。(   )

24. 如果将第 12 行的"while"改为"if",程序运行结果不会改变。(   )

25. 当程序运行到第 13 行时,j 一定是质数。(   )

● 选择题

26. 本程序的时间复杂度是（　　　　）。

　　A. O(n)　　　　　　　B. O(n²)　　　　　　　C. O(nlogn)　　　　　　　D. O(n√n)

27. 输入 10，运行结束时，a 数组所有元素的值的和为（　　　　）。

　　A. 10　　　　　　　　B. 12　　　　　　　　C. 15　　　　　　　　D. 20

28. 输入 10，运行结束时，输出为（　　　　）。

　　A. 200　　　　　　　B. 270　　　　　　　C. 250　　　　　　　D. 300

（三）

```
01   #include <bits/stdc++.h>
02   using namespace std;
03   string s;
04   string h[18]={"0000","0001","0010","0011","0100","0101","0110",
     "0111","1000","1001","1010","1011","1100","1101","1110","1111"};
05   string s1,s2;
06   int main(){
07       int n;
08       cin>>n;
09       while(n--){
10       cin>>s;
11           s1="";
12           int len=s.size();
13           for(int i=0;i<len;i++){
14               if(s[i]>='0'&&s[i]<='9')
15                   s1+=h[s[i]-48];
16               else
17                   s1+=h[s[i]-55];
18           }
19           int len1=s1.length();
20           if(len1%3==1)
21               s1="00"+s1;
22           else if(len1%3==2)
23               s1="0"+s1;
24           int flag=0;
25           for(int i=0;i<=s1.length()-3;i+=3)
26           {
27               int num=4*(s1[i]-'0')+2*(s1[i+1]-'0')+(s1[i+2]-'0');
28               if(num)
29                   flag=1;// 忽略前导 0
```

```
30              if(flag)
31                  cout<<num;
32          }
33          cout<<endl;
34
35      }
36      return 0;
37  }
```

● 判断题

29. 第 11 行去掉，不影响最后的结果。（   ）

30. 第 17 行改成 "s1+=h[s[i]-'A'+10];" 不影响最后的结果。（   ）

31. 输入的 16 进制数不能有小写字母。（   ）

32. 程序输出的结果可能有 8。（   ）

● 选择题

33.（4 分）输入 1 1ABC，输出结果是（   ）。

    A. 15272　　　　　　B. 15274　　　　　　C. 15263　　　　　　D. 15277

34. 输入 1 24CF 输出结果是（   ）。

    A. 22315　　　　　　B. 23316　　　　　　C. 22317　　　　　　D. 22318

三、完善程序（全部为单项选择题，每小题 3 分，共 30 分）

（一）【二分查找】第一行输入一个 n 和 x，第二行输入 n 个数组成的升序序列。下标从 0 开始计数，如果 x 在序列中，输出它所在的下标；如果不在序列中，输出一个下标位置，表示将 x 插入在这里，整个序列依然有序。

```
01  #include <iostream>
02  using namespace std;
03  const int N=1e5+5;
04  int n,x;
05  int snums[N];
06  int main() {
07      cin>>n>>x;
08      for (int i=0;i<n;i++) cin>>snums[i];
09      int l=0,r=_____①_____,mid=0;
10      while(_____②_____){
11          mid=(l+r)/2;
12          if(x==snums[mid]){
13              cout<<_____③_____<<endl;
```

```
14          return 0;
15        }
16        else if (x>snums[mid]) {
17          ____④____ ;
18        } else {
19          r=mid;
20        }
21      }
22    cout<<____⑤____<<endl;
23    return 0;
24  }
```

35. ①处应填（   ）。

   A. n   B. n–1   C. n+1   D.1

36. ②处应填（   ）。

   A. l<r   B. l<=r   C. true   D. x!=snums[mid]

37. ③处应填（   ）。

   A. snums[mid]   B. mid   C. snums[l]   D. l

38. ④处应填（   ）。

   A. l=mid   B. l=mid−1   C. l=mid+1   D. l=snums[mid]

39. ⑤处应填（   ）。

   A. l   B. mid   C. r−1   D. l+1

（二）【滑动窗口】给定一个长度为 N 的整数数组，有一个大小为 K 的滑动窗口从数组的最左侧移动到数组的最右侧。每次滑动窗口向右移动一位，输出当前窗口内的最大值。例如，8 个元素分别为 1 3 −1 −3 5 3 6 7，在大小为 3 的滑动窗口中的最大值分别为 3 3 5 5 6 7。具体解释如下表所示。

滑动窗口的位置	最大值
[1 3 −1] −3 5 3 6 7	3
1 [3 −1 −3] 5 3 6 7	3
1 3 [−1 −3 5] 3 6 7	5
1 3 −1 [−3 5 3] 6 7	5
1 3 −1 −3 [5 3 6] 7	6
1 3 −1 −3 5 [3 6 7]	7

```
01  #include <iostream>
02  using namespace std;
03  const int N = 1e5 + 5;
04  int a[N];
05  int q[N],head=0,tail=0;
06  int n,k;
```

```
07    int main() {
08        cin>>n>>k;
09        for(int i=0;i<n;i++) cin>>a[i];
10        for(int i=0;    ①    ;i++){
11            if(    ②    )head++;
12            while(head<tail&&    ③    ) tail--;
13                    ④    ;
14            if(    ⑤    ) cout<<a[q[head]]<<" ";
15        }
16        return 0;
17    }
```

40. ①处应填(　　)。

    A. i<=n　　　　　　　　B. i<n　　　　　　　C. i<=k　　　　　　　D. i<k

41. ②处应填(　　)。

    A. i>=k&&q[head]==i-k　　　　　　　B. i>k&&q[head]==i-k

    C. i>=k&&q[head]==a[i-k]　　　　　　D. i>k&&q[head]==a[i-k]

42. ③处应填(　　)。

    A. a[i]>=q[tail]　　　　　　　　　B. a[i]>q[tail-1]

    C. a[i]>=a[q[tail]]　　　　　　　　D. a[i]>=a[q[tail-1]]

43. ④处应填(　　)。

    A. q[tail++] = i　　　　　　　　　B. q[++tail] = i+1

    C. q[tail++] = arr[i]　　　　　　　D. q[++tail] = arr[i]

44. ⑤处应填(　　)。

    A. i>=k　　　　　　　B. i>k　　　　　　　C. i>=k-1　　　　　　　D. i>tail

CSP-J 模拟卷（二）

考试满分：100 分；考试时间：120 分钟；命题人：NOI 教研部

一、单项选择题（共 15 小题，每题 2 分，共 30 分；每题有且仅有一个正确选项）

1. 在 C++ 中使用 cin 和 cout 应该调用（　　　）库。

   A. iostream   B. cstdio   C. cmath   D. stack

2. n 是一个四位数，那 n 的百位数可用（　　　）计算得到。

   A.(n%10)/10   B.(n/10)%10

   C.(n/100)%10   D.(n%100)/10

3. 已知小写字母 a 的 ASCII 编码为 97（十进制），则小写字母 f 的十进制 ASCII 编码为（　　　）。

   A. 101   B. 102   C. 103   D. 100

4. 一个 8 位二进制数的补码是 10110111，它的原码是（　　　）。

   A. 11001000   B. 11001011   C. 11001001   D. 10110111

5. 一片容量为 32GB 的 SD 卡能存储大约（　　　）首大小为 2MB 的数字歌曲。

   A. 1600   B. 2000   C. 4000   D. 16000

6. 8 颗颜色不同的珠子，可以串成（　　　）种手串。

   A. 2500   B. 2520   C. 2540   D. 2530

7. 前缀表达式 "−*+3422" 的值是（　　　）。

   A. 12   B. 13   C. 14   D. 10

8. 一个字长为 8 位的二进制整数的补码是 11001001，则它的原码是（　　　）。

   A. 11001001   B. 10110110   C. 10110101   D. 10110111

9. n 个数，采用归并排序的空间复杂度是（　　　）。

   A. $O(n \times n)$ B. $O(\log n)$ C. $O(n \times \log n)$ D. $O(n)$

10. 一棵二叉树的前序遍历序列是 ABDECFG，后序遍历序列是 DEBFGCA。则根结点的左子树的结点个数可能是（　　　）。

   A. 2   B. 3   C. 4   D. 5

11. 十进制小数 17.625 对应的二进制数是（　　　）。

   A. 10001.101   B. 11000.011

   C. 10101.101   D. 10010.01

12. 英国的域名后缀是（　　　）。

   A. cn   B. jp   C. uk   D. en

13. 八进制数组 567 和下列二进制数相等的是（　　　）。

   A. $(101110111)_2$ B. $(111101110)_2$

   C. $(101111110)_2$ D. $(101101101)_2$

14. 6 个人排成一列，abc 顺序已定，有（　　）种排法。

A. 24　　　　　　　B. 200　　　　　　　C. 120　　　　　　　D. 180

15. 定义一种字符串操作，一次可以将其中一个元素移到任意位置。举例说明，对于字符串"BCA"可以将"A"移到"B"之前，变字符串"ABC"，如果要将字符串"ACDHEBGIF"变成"ABCDEFGHI"最少需要（　　）次操作。

A. 3　　　　　　　B. 4　　　　　　　C. 5　　　　　　　D. 6

二、阅读程序（共 3 道大题，每道大题含 6 道小题，为判断题或单项选择题。判断题正确填"√"，错误填"×"。除特殊说明外，每道判断题 1.5 分，每道单项选择题 3 分。共 40 分）

（一）

```
01   #include <iostream>
02   #include <cstring>
03   using namespace std;
04   const int N = 1010;
05   int cnt[26];
06   char s[N];
07   int main(){
08       cin>>s;
09       int len=strlen(s);
10       for(int i=0;i<len;i++) cnt[s[i]-'a']++;
11       int m_cnt=0,ans=0;
12       for(int i=0;i<26;i++){
13           if(cnt[i]>m_cnt){
14               m_cnt = cnt[i];
15               ans = i;
16           }
17       }
18       cout<<char(ans+'a')<<" "<<m_cnt;
19       return 0;
20   }
```

● 判断题

16. 输入只能是小写字母，否则会数组越界。（　　）

17. 将第 11 行的"m_cnt = 0"改为"m_cnt = cnt[0]"代码运行结果不变。（　　）

18. 将第 12 行中"i=0"改为"i=1"代码运行结果不变。（　　）

19. 将第 13 行"cnt[i]>m_cnt"改为"cnt[i]>=m_cnt"程序结果不变。（　　）

● 选择题

20. 当输入是"accacd"时，输出为（　　　）。

　　A. c 3　　　　　　　　B. a 3　　　　　　　　C. c 2　　　　　　　　D. a 2

21. 将第 13 行"cnt[i]>m_cnt"改为"cnt[i]>=m_cnt"，当输入是"cccbaaa"时，输出为（　　　）。

　　A. a 3　　　　　　　　B. c 3　　　　　　　　C. c 2　　　　　　　　D. a 2

（二）

```
01   #include<iostream>
02   #include<algorithm>
03   #include<cstring>
04   using namespace std;
05   const int inf=0x3f3f3f3f;
06   const int N=1005;
07   int G[N][N],n;
08   int cset[N],lcost[N];
09   int vis[N];
10   int func(){
11       vis[1]=1;
12       lcost[1]=0;
13       for(int i=2;i<=n;i++){
14           cset[i]=1;
15           lcost[i]=G[1][i];
16       }
17       memset(vis,0,sizeof(vis));
18       for(int i=1;i<n;i++){
19           int temp=inf;
20           int t=1;
21           for(int j=1;j<=n;j++){
22               if(!vis[j]&&lcost[j]<temp){
23                   t=j;
24                   temp=lcost[j];
25               }
26           }
27           vis[t]=1;
28           for(int j=1;j<=n;j++){
29               if(!vis[j]&&G[t][j]<lcost[j]){
30                   lcost[j]=G[t][j];
31                   cset[j]=t;
32               }
```

```
33              }
34          }
35          int sum=0;
36          for(int i=1;i<=n;i++){
37              sum+=lcost[i];
38          }
39          return sum;
40      }
41  int main(){
42      while(cin>>n&&n!=0){
43          memset(G,0x3f,sizeof(G));
44          char c;
45          for(int i=1;i<n;i++){
46              int b,d;
47              cin>>c>>b;
48              int u=c-'A'+1;
49              for(int j=1;j<=b;j++){
50                  cin>>c>>d;
51                  int v=c-'A'+1;
52                  if(d<G[u][v])
53                      G[u][v]=G[v][u]=min(G[u][v],d);
54              }
55          }
56          cout<<func()<<endl;
57      }
58      return 0;
59  }
```

● 判断题

22. 第 17 行，去掉不影响结果。（   ）

23. 第 48 行改为 int u=c-64 不影响结果。（   ）

24. 去掉第 52 行不影响最终的结果。（   ）

25. 输入中一定有小写字母。（   ）

● 选择题

26. 此程序的 func 函数时间复杂度为（   ）。

A. O(n)   B. O(n^2)   C. O(logn)   D. O(nlogn)

27.（4分）如果输入字符只是大写字母，变量 u 的范围应该是（   ）。

A. [1, 23]   B. [1, 24]   C. [1, 25]   D. [1, 26]

（三）

```
01   #include <iostream>
02   using namespace std;
03   const int N = 105;
04   int mp[N][N];
05   int n,m,ans,maxn;
06   int xx[9]={0,0,0,-1,-1,-1,-2,-2,-3};
07   int yy[9]={-1,-2,-3,0,-1,-2,0,-1,0};
08   int main(){
09       cin>>n>>m;
10       for(int i=1;i<=n;i++){
11           for(int j=1;j<=m;j++) {
12               cin>>mp[i][j];
13               maxn=-1e9;
14               for(int t=0;t<9;t++)
15                   if(i+xx[t]>0&&j+yy[t]>0)
16                       maxn=max(maxn,mp[i+xx[t]][j+yy[t]]);
17               if(maxn!=-1e9) mp[i][j]+=maxn;
18           }
19       }
20       cout<<mp[n][m]<<endl;
21       return 0;
22   }
```

● 判断题

28. 上述代码实现了在一个 n×m 的数字矩阵中从 (1,1) 到 (n,m) 中选择一条路径，使得其路径上经过的方格中的数字和最大，每个方格每次只能向左或者向下走一格。（   ）

29. 删除第 13 行，运行结果不变。（   ）

● 选择题

30. maxn 的初始值等同于（   ）。

A. 0   B. −1   C. 1   D. −1000000000

31. 上述代码的时间复杂度为（   ）。

A. O(n+m)   B. O(n×m)   C. O(min(n, m))   D. O(max(n, m))

32. 代码使用了（   ）的算法思想。

A. 二分   B. 动态规划   C. 分治   D. 深度优先搜索

33. 如果输入是

3 4

−4 −5 −10 −3

7 5 −9 3

10 −2 6 −10

输出是（　　　）。

　　A. 7　　　　　　　　　B. 8　　　　　　　　　C. 9　　　　　　　　　D. 10

三、完善程序（全部为单项选择题，每小题 3 分，共 30 分）

（一）【光盘行动】小 m 和小 w 庆祝认识 N 年，去一家餐厅点了 N 个菜。饱餐一顿后，发现每个菜都没有吃完。他们决定打包带回家。每个菜剩下的重量分别是 C_1 克、C_2 克、…、C_N 克，先用环保袋装好每个菜（环保袋的重量视为零）。一个打包盒要付 1 元人民币，每个打包盒最大容量为 W 克。任意环保袋都可以混放在一个盒子里。他们想知道，最少需要付多少元才能把这 N 个环保袋全部打包在盒子里。

　　对于 100% 的数据，$1<=N<=18$，$1<=C_i<=W<=10^8$。

```cpp
01  #include<iostream>
02  #include<cstdio>
03  #include<cmath>
04  #include<cstdlib>
05  #include<cstring>
06  #include<map>
07  #include<algorithm>
08  #define ll long long
09  using namespace std;
10  bool flag;
11  int n,w,deep,sum,ans;
12  int c[20],b[20];
13
14  void dfs(int now,int number)
15  {
16      if(_____②_____) return;
17      if(now==n+1){ans=min(ans,number);return;}
18      for(int i=1;i<=number;i++)
19          if(_____③_____){
20              b[i]+=c[now];
21              dfs(now+1,number);
22              _____④_____
23          }
24      b[number+1]=c[now];
25      _____⑤_____
26      b[number+1]=0;
27      return;
```

```
28  }
29
30  int main()
31  {
32      cin>>n>>w;
33      for(int i=1;i<=n;i++) cin>>c[i];
34      sort(c+1,c+n+1,greater<int>());
35      ____①____
36      dfs(1,0);
37      cout<<ans<<endl;
38      return 0;
39  }
```

34. ①处填写（   ）。

    A. ans=0;　　　　　　B. ans=n;　　　　　　C. ans=1;　　　　　　D. ans=w;

35. ②处填写（   ）。

    A. now>=ans　　　　B. now<ans　　　　　C. number<ans　　　　D. number>=ans

36. ③处填写（   ）。

    A. b[i]+c[now]==w　　B. b[i]+c[now]<=w　　C. b[i]+c[now]>w　　D. b[i]+c[now]>=w

37. ④处填写（   ）。

    A. b[i]-=c[now];　　　B. b[i]+=c[now];　　　C. b[i]=c[now];　　　D. b[i]=c[now]+1;

38. ⑤处填写（   ）。

    A. dfs(now+1,number+1);　　　　　　　　B. dfs(now+1,number);

    C. dfs(now,number+1);　　　　　　　　　D. dfs(now,number);

（二）【最大乘积】把 1～9 这 9 个数字分成两组，中间插入乘号，有的时候，它们的乘积也只包含 1～9 这 9 个数字，而且每个数字只出现 1 次。例如 984672*351=345619872。请问满足这样的算式中，乘积最大的为多少？

```
01  #include <bits/stdc++.h>
02  using namespace std;
03  const int N = 1e5;
04  int n;
05  using ll = long long;
06  int main() {
07      ll ans = 0, n1, n2;
08      int a[10], vis[10];
09      for (int i = 1; i < 10; i++)____①____;
10      do {
11          for (int j = 1;____②____; j++) {
```

```
12          ll num1 = 0, num2 = 0;
13          for (int k = 1;k<=j; ++k) num1 = num1*10 + a[k];
14          for (int k = j+1;k<=9; ++k) num2 = num2*10 + a[k];
15          ll num3 = num1 * num2;
16          int tmp = num3, cnt = 0;
17          bool ok = true;
18          memset(vis, 0, sizeof vis);
19          while (num3 > 0) {
20              int t = num3%10;
21              if(    ③    ) ok = false;
22              num3 /= 10;
23              cnt++;
24          }
25          if (    ④    ) {
26              ans = tmp;
27              n1 = num1, n2 = num2;
28          }
29          }
30      } while (    ⑤    );
31      cout << n1 << "*" << n2 << "=" << ans << endl;
32      return 0;
33  }
```

39. ①处应填（   ）。

   A. a[i]=0   B. vis[i]=0   C. a[i]=i   D. vis[i]=i

40. ②处应填（   ）。

   A. j<10   B. j<9   C. j<=10   D. a[j]>0

41. ③处应填（   ）。

   A. vis[t]>1   B.++vis[t]>1   C. t==0&&++vis[t]>1   D. t==0||++vis[t]>1

42. ④处应填（   ）。

   A. cnt==9

   C. cnt==9&&ok&&num3>ans

   B. cnt==9&&ok

   D. cnt==9&&ok&&tmp>ans

43. ⑤处应填（   ）。

   A. next_permutation(a+1,a+10)

   C. next_permutation(a,a+9)

   B. next_permutation(a,a+10)

   D. next_permuttion(a+1,a+9)

CSP-J 模拟卷（三）

考试满分：100 分；考试时间：120 分钟；命题人：NOI 教研部

一、单项选择题（共 15 小题，每题 2 分，共 30 分；每题有且仅有一个正确选项）

1. 在 IPv4 中，以下 IP 地址不合法的是（　　　）。

    A. 255.255.255.255　　　　　　　　　　B. 1.1.1.1

    C. 255.255.1.256　　　　　　　　　　　D. 1.0.0.0

2. Python、C++、Java 是面向对象的程序设计语言，它们属于（　　　）。

    A. 自然语言　　　　B. 汇编语言　　　　C. 高级语言　　　　D. 机械语言

3. 下列关于计算机信息编码的描述，正确的是（　　　）。

    A. 每个汉字的输入码都是唯一的

    B. 声音数字化是指将模拟信号转换成数字信号，此过程称为"数模转换"

    C. 颜色模式为 RGB/8 的位图中，每个像素用 8 位二进制数进行编码

    D. 已知大写字母 I 的 ASCII 码是 49H，则小写字母 j 的 ASCII 码是 106D

4. 链表在表头插入和删除数据的时间复杂度为（　　　）。

    A. $O(1)$　　　　　　B. $O(n)$　　　　　　C. $O(\log n)$　　　　　D. $O(n^2)$

5. 用 P 表示入栈操作, O 表示出栈操作，若元素入栈的顺序为 1234, 为了得到出栈顺序 2143, 相应的 P 和 O 的操作串为（　　　）。

    A. PPOOPPOO　　　　　　　　　　　　B. PPPOPPOO

    C. PPOOPPOP　　　　　　　　　　　　D. PPOOOPOP

6. 给定包含 6 个顶点的无向图 G，顶点的度数值 3,3,4,4,5,5，则图 G 中的边数为（　　　）。

    A. 11　　　　　　　B. 12　　　　　　　C. 13　　　　　　　D. 14

7. 二进制数 10001.101 对应的十进制数是（　　　）。

    A. 17.625　　　　　B. 15.125　　　　　C. 18.125　　　　　D. 14.625

8. 具有 266 个结点的完全二叉树的深度为（　　　）。

    A. 8　　　　　　　　B. 9　　　　　　　　C. 10　　　　　　　D. 11

9. 表达式 a*(b+c)−d*e/f 的后缀表达式是（　　　）。

    A. abcdef/*−+−　　　　　　　　　　　B. ab*c+def/*−

    C. a*bc+def/*−　　　　　　　　　　　D. abc+*de*f/−

10. 北京冬奥会吉祥物"冰墩墩"和冬残奥会吉祥物"雪容融"一经面世就受众人喜欢。小程同学总共收集了 9 个吉祥物，其中 4 个是冰墩墩，另外 5 个是雪容融。若从这 9 个吉祥物中任取 3 个，则至少有一个冰墩墩的概率为（　　　）。

    A. $\dfrac{3}{4}$　　　　　　B. $\dfrac{37}{42}$　　　　　　C. $\dfrac{21}{37}$　　　　　　D. $\dfrac{5}{42}$

11. 第24届冬季奥林匹克运动会在北京举办，据此，北京成为世界上第一座双奥之城，该奥运会激发了大家对冰雪运动的热情。现将5名志愿者分到3个不同的场所进行志愿服务，要求每个场所至少1人，则不同的分配方案有（   ）种。

    A. 150   B. 90   C. 300   D. 360

12. 以下被称为"博弈论之父""现代计算机之父"的是（   ）。

    A. 图灵   B. 冯·诺依曼

    C. 林纳斯·托瓦茨   D. 本贾尼·斯特劳斯特卢普

13. 某算法的部分流程图如下图所示，执行这部分流程，若输入 m 的值为 20，n 的值为 3，则输出 c 的值是（   ）。

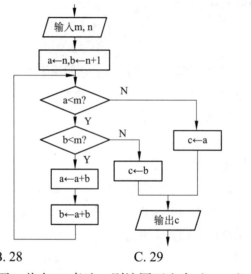

    A. 18   B. 28   C. 29   D. 47

14. G 是一个无向连通简单图，共有 28 条边，则该图至少有（   ）个顶点。

    A. 6   B. 8   C. 10   D. 12

15. 已知某单位附近设有 A，B，C，D，E 5 个核酸检测点，员工可以选择任意一个点位去做核酸检测，现该单位的 4 位员工要去做核酸检测，则检测点的选择共有（   ）种。

    A. 64   B. 625   C. 125   D. 3125

二、阅读程序（共 3 道大题，每道大题含 6 道小题，为判断题或单项选择题。判断题正确填"√"，错误填"×"。除特殊说明外，每道判断题 1.5 分，每道单项选择题 3 分。共 40 分）

（一）

```
01  #include<iostream>
02  using namespace std;
03  int main() {
04      int n;
05      while(cin>>n){
06          int res=0;
07          for(int a=1;a*a*a<=n;a++)
```

```
08              if(n%a==0)
09                  for(int b=a;a*b*b<=n;b++)
10                      if(n/a%b==0){
11                          int k=n/a/b;
12                          if(a==b&&a==k) res++;
13                          else if(a==b||a==k||b==k) res+=3;
14                          else res+=6;
15                      }
16                  cout<<res<<endl;
17          }
18      return 0;
19  }
```

● 判断题

16. 程序执行完 11 行后，a×b×k 等于 n。（   ）

17. 将第 9 行的 "a×b×b" 改为 "b×b×b" 程序运行结果不变。（   ）

18. 将第 13 行的 "else if" 改为 "if" 程序运行结果不变。（   ）

● 选择题

19. 若第一行输入 4，第二行输入 5，则输出为（   ）。

   A. 6 和 3   B. 3 和 6   C. 6 和 6   D. 3 和 3

20. 当输入为 12，输出为（   ）。

   A. 10   B. 12   C. 18   D. 20

21. 本程序一组测试数据内的时间复杂度为（   ）。

   A. $O(n^2)$ B. $O(n)$ C. $O(\sqrt{n})$ D. $O(\sqrt[3]{n})^2$

（二）

```
01  #include <iostream>
02  using namespace std;
03  int main() {
04      int n;
05      cin>>n;
06      int r=1,c=1,f=1,sum=1;
07      while(1){
08          if(r==1){
09              c++;
10              f=1;
11              sum++;
12          }
13          if(c==1){
```

```
14          r++;
15          f=-1;
16          sum++;
17        }
18        r+=f;
19        c-=f;
20        sum++;
21        if(r==n&&c==n) break;
22      }
23      cout<<sum;
24      return 0;
25  }
```

- 判断题

22. 将第 6 行的"f=1"改为"f=0"不影响程序运行结果。(   )

23. 将第 13 行的"if"改为"else if"不影响程序运行结果。(   )

24. 一次 while 循环 sum 可能被执行 3 次 sum++。(   )

- 选择题

25. 若输入为 0,则输出结果可能是(   )。

  A. 0   B. 1   C. 2   D. 没有输出

26. 当输入为 2 时,输出为(   )。

  A. 2   B. 3   C. 4   D. 5

27. 当输入为 4 时,输出为(   )。

  A. 16   B. 20   C. 22   D. 25

(三)

```
01  #include <bits/stdc++.h>
02  using namespace std;
03  int n,x[10010],y[110];
04  int main()
05  {
06      scanf("%d",&n);
07      for(int i=0;i<100;i++) y[i]=0;
08      for(int i=0;i<n;i++) scanf("%d",&x[i]);
09      for(int i=0;i<100;i++) y[x[i]]++;
10      int j=0;
11      for(int i=0;i<100;i++)
12          while(y[i]>0)
13          {
```

```
14              x[j++]=i;
15              y[i]--;
16          }
17      for(int i=0;i<n;i++) printf("%d ",x[i]);
18      return 0;
19  }
```

● 判断题

28. 上述代码的功能是统计输入的 n 个数字中哪些数字重复出现。（   ）

29. 删除第 7 行代码不会影响程序的运行结果。（   ）

30. 输入"2 200 100"会输出"100 200"。（   ）

31. 删除第 15 行并将第 12 行"y[i] > 0"改为"y[i]--"不会改变程序运行结果。（   ）

● 选择题

32. 当输入"5 3 1 2 3 2"时，输出（   ）。

　　A. 1 2 3　　　　　　　　B. 1 2 2 3 3　　　　　　　　C. 3 3 2 2 1　　　　　　　　D. 1 2 2 3 3 5

33.（4 分）程序时间复杂度为（   ）。

　　A. O(n)　　　　　　　　B. O(nlogn)　　　　　　　　C. $O(n^2)$　　　　　　　　D. $O(n^3)$

三、完善程序（全部为单项选择题，每小题 3 分，共 30 分）

（一）【选数】从 n 个数中选择 k 个数，使得他们的和相加为素数，求选择方案有多少种。位置相同 k 个数的不同排列只算一种。

```
01  #include <bits/stdc++.h>
02  using namespace std;
03  int n,k,ans=0;
04  int p[25];
05  bool prime(int x)
06  {
07      int m=____①____;
08      for(int i=2;i<=m;i++)
09      if(x%i==0) return false;
10      return true;
11  }
12  void dfs(int dep,int sum,int x)
13  {
14      if(____②____) return;
15      if(____③____) ans++;
16      else for(int i=____④____;i<n;i++) dfs(dep+1,sum+p[i],____⑤____);
```

```
17      }
18  int main()
19  {
20      scanf("%d%d",&n,&k);
21      for(int i=0;i<n;i++) scanf("%d",&p[i]);
22      dfs(0,0,0);
23      printf("%d\n",ans);
24      return 0;
25  }
```

34. ①处应填 (   )。

A. x   B. sqrt(x)   C. (int)(sqrt(x) + 0.5)   D. n

35. ②处应填 (   )。

A. dep>=k && n−x<=k−dep   B. dep>k || n−x<k−dep

C. dep>k && n−x<k−dep   D. dep>=k || n−x<k−dep

36. ③处应填 (   )。

A. dep==k && prime(sum)   B. dep==k || prime(sum)

C. dep==n && prime(sum)   D. dep==n || prime(sum)

37. ④处应填 (   )。

A. 0   B. 1   C. dep   D. x

38. ⑤处应填 (   )。

A. x+1   B. i   C. i+1   D. dep

（二）【最大矩形】给定 n 个非负整数，用来表示柱状图中各个柱子的高度。每个柱子彼此相邻，且宽度为 1。求在该柱状图中，能够勾勒出来的矩形的最大面积。例如，给定 6 个数 2 1 5 6 2 3，能勾勒出来的矩形的最大面积为 10（阴影部分）。

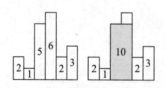

```
01  #include <bits/stdc++.h>
02  using namespace std;
03  int n,a[100010];
04  int sta[100010],top=-1;
05  int l[100010],r[100010];
06  int main()
07  {
08      scanf("%d",&n);
09      for(int i=0;i<n;i++) scanf("%d",&a[i]);
```

```
10        int ans=0;
11        for(int i=0;i<n;i++)
12        {
13            while(top>=0 &&    ①   ) top--;
14                l[i]=~top?sta[top]:   ②   ;
15            sta[++top]=i;
16        }
17          ③   ;
18        for(int i=n-1;i>=0;i--)
19        {
20            while(~top &&    ④   ) top--;
21            r[i]=~top?sta[top]:n;
22                sta[++top]=i;
23        }
24        for(int i=0;i<n;i++) ans=max(ans,    ⑤   );
25        printf("%d\n",ans);
26        return 0;
27    }
```

39. ①处应填（   ）。

A. a[sta[top]]>a[i]　　　B. a[sta[top]]>=a[i]　　　C. sta[top]>a[i]　　　D. sta[top]>=a[i]

40. ②处应填（   ）。

A. −1　　　　　　B. 0　　　　　　C. n−1　　　　　　D. n

41. ③处应填（   ）。

A. top = 0

C. memset(sta, 0, sizeof(sta))

B. top = −1

D. memset(r, 0, sizeof(r))

42. ④处应填（   ）。

A. a[sta[top]]>a[i]　　　B. a[sta[top]]>=a[i]　　　C. a[sta[top]]<a[i]　　　D. a[sta[top]]<=a[i]

43. ⑤处应填（   ）。

A. a[i]×(r[i]−l[i])　　　B. a[i]×(r[i]−l[i]+1)　　　C. a[i]×(r[i]−l[i]−1)　　　D. a[i]

CSP-J 模拟卷（四）

考试满分：100 分；考试时间：120 分钟；命题人：NOI 教研部

一、单项选择题（共 15 小题，每题 2 分，共 30 分；每题有且仅有一个正确选项）

1. 奇偶校验码是一种增加二进制传输系统最小距离的简单和广泛采用的方法，其中奇校验规定如下：在传输编码的最高位置前加一位 "1" 或使得传输字符的编码中 "1" 的个数恒为奇数，例如 "A" 的编码为 "01000001"，经过奇校验后为 "101000001"，那么 "G" 经过奇校验后应该为（　　）。

A. 001000011　　　　　　　　　　　B. 101000111

C. 001000010　　　　　　　　　　　D. 101000110

2. 小童在某官网注册时设置登录密码，下列密码更安全的是（　　）。

A. ARgp!@154　　　　　　　　　　　B. 1256789

C. abc45　　　　　　　　　　　　　　D. 20020422

3. 某个车站呈狭长形，宽度只能容下一台车，并且只有一个出入口。已知某时刻该车站状态为空，从这一时刻开始的出入记录为："进，出，进，进，出，进，出，出，进，进，进，出，出，出"。假设车辆入站的顺序为 1，2，3，…，则车辆出站的顺序为（　　）。

A. 1，2，3，4，5，6，7　　　　　　　B. 1，3，4，2，7，6，5

C. 1，4，3，7，6，5，2　　　　　　　D. 1，4，3，7，2，5，6

4. 一棵二叉树的前序遍历结果为 ABDECFHI，中序遍历结果为 DBEAFCIH，则该二叉树的深度为（　　）。

A. 6　　　　　　　　　　　　　　　　B. 5

C. 4　　　　　　　　　　　　　　　　D. 3

5. 以下计算机系统的说法，表述不正确的是（　　）。

A. 应用软件必须在系统软件的支持下才能正常运行

B. 计算机硬件系统是个独立的系统，没有软件计算机也能正常工作

C. 计算机软件分成系统软件和应用软件两大类

D. 应用软件是为了完成某种应用或解决某类问题而编写的程序

6. 下列应用没有用到人工智能技术的是（　　）。

A. 在学校学生向机器人提问学习问题，机器人给予回答

B. 棋手在和机器人下围棋

C. 发布今日天气情况

D. 可穿戴设备收集患者的数据，并将这些数据传输到云端进行分析

7. 现在硬盘容量越来越大。若某硬盘的存储容量为 1TB，则相当于（　　）KB（Kilobyte，千字节）的存储容量。

  A. 1024*1024   B. 1024*1024*1024

  C.1024*1024*1024*1024   D. 1024

8. 双向链表的优点是（　　）。

  A. 查找速度快   B. 可以很快回收内存空间

  C. 节省内存空间   D. 插入和删除操作更方便

9. 在单链表中，指针为 p 的结点不是最后一个结点，删除 p 后面的结点 s，s 是个辅助变量，正确的操作是（　　）。

  A. s=p->next->next; p->next=s->next;   B. s=p; p=p->next;

  C. s=p->next; p->next=s;   D. s=p->next; p->next=s->next;

10. 任意一棵二叉树 T，如果其终端结点的个数为 n_0，度为 2 的结点个数为 n_2，则（　　）。

  A. $n_0=n_2-1$ B. $n_0=n_2$ C. $n_0=n_2+1$ D. 没有规律

11. 一棵二叉树的前序遍历结果为 ABDECFHI，中序遍历结果为 DBEAFCIH，则该二叉树的左子树有（　　）个结点。

  A. 2   B. 3   C. 4   D. 5

12. 无向图连通图的最小生成树，以下说法正确的是（　　）。

  A. 不可能有多棵   B. 可能没有

  C. 有可能有一棵，也可能有多棵   D. 以上都不对

13. 2022 年 3 月开始，奥密克戎变异毒株在上海爆发，为支援上海抗击新冠肺炎疫情，湖北在行动，"鄂"来守"沪"，湖北某医院迅速从 8 名男医生、7 名女医生中选 3 名医生组成一个援助小分队，若要求小分队男、女医生都有，则不同的组队方案共有（　　）。

  A. 203 种   B. 252 种   C. 364 种   D. 455 种

14. 第 24 届冬奥会，在比赛期间要安排 a，b，c，d，e 五人去三个场馆参加活动，要求每人去一个场馆，每个场馆都要有人去，则不同的方案种数为（　　）。

  A. 130   B. 140   C. 150   D. 160

15. 以下（　　）一定是树。

  A. n 个顶点，n−1 条边的连通图   B. 具有回路的图

  C. 所有顶点间都有边直接相连的图   D. 欧拉图

二、阅读程序（共 3 道大题，每道大题含 6 道小题，为判断题或单项选择题。判断题正确填"√"，错误填"×"。除特殊说明外，每道判断题 1.5 分，每道单项选择题 3 分。共 40 分）

（一）

```
01  #include<iostream>
02  #include<cstring>
03  using namespace std;
04  const int maxn=1000+5;
```

```
05    int n,m,head[maxn],cnt;
06    int low[maxn],dfn[maxn],num;
07    struct Edge{
08        int to,next;
09    }e[maxn<<1];
10
11    void add(int u,int v){
12        e[++cnt].next=head[u];
13        e[cnt].to=v;
14        head[u]=cnt;
15    }
16
17    void dfs(int u,int fa){//求桥
18        dfn[u]=low[u]=++num;
19        for(int i=head[u];i;i=e[i].next){
20            int v=e[i].to;
21            if(v==fa)
22                continue;
23            if(!dfn[v]){
24                dfs(v,u);
25                low[u]=min(low[u],low[v]);
26                if(low[v]>dfn[u])
27                    cout<<u<<"-"<<v<<endl;
28            }
29            else
30                low[u]=min(low[u],dfn[v]);
31        }
32    }
33
34    void init(){
35        memset(head,0,sizeof(head));
36        memset(low,0,sizeof(low));
37        memset(dfn,0,sizeof(dfn));
38        cnt=num=0;
39    }
40
41    int main(){
42        while(cin>>n>>m){
43            init();
```

```
44          int u,v;
45          while(m--){
46              cin>>u>>v;
47              add(u,v);
48              add(v,u);
49          }
50          for(int i=1;i<=n;i++)
51              if(!dfn[i])
52                  dfs(i,0);
53      }
54      return 0;
55  }
```

• 判断题

16. 第 9 行改成 "e[maxn/2];" 符合题意。（   ）

17. 第 43 行去掉，对于结果没有影响。（   ）

18. 本题是一个有向图。（   ）

• 选择题

19. e 数组开始存储的下标是（   ）。

A. 0   B. 1   C. 2   D. 3

20.（4 分）输入：

```
7 7
1 2
2 3
3 5
5 7
5 6
6 4
1 4
```

输出（   ）。

A. 1−2   B. 3−5   C. 5−7   D. 6−4

21. 本题图的存储是采用（   ）。

A. 邻接矩阵   B. 邻接表   C. 边集数组   D. 链表

（二）

```
01  #include <bits/stdc++.h>
02  using namespace std;
03  int a[26];
04  int ans=0;
```

```
05   int main()
06   {
07       string s;cin>>s;
08       int n=s.length();
09       for(int i=0;i<n;i++)
10       {
11           memset(a,0,sizeof(a));
12           int res=0;
13           for(int j=i;j<n;j++)
14           {
15               if(a[s[j]-'a']==0)
16               {
17                   res++;
18                   a[s[j]-'a']++;
19               }
20               else if(a[s[j]-'a']==1)
21               {
22                   res--;
23                   a[s[j]-'a']++;
24               }
25               ans+=res;
26           }
27       }
28       printf("%d\n",ans);
29       return 0;
30   }
```

- 判断题

22. 第9行"i<n"改为"s[i]"程序运行结果不变。（　　　）

23. 输入只能包含小写字母。（　　　）

24. 程序运行到23行时，a中所有数字之和为0。（　　　）

- 选择题

25. 输入"aaa"时，当i=0，j=2时，a[0]等于（　　　）。

    A. 2　　　　　　　　B. 1　　　　　　　　C. 3　　　　　　　　D. 4

26. 程序的时间复杂度为（　　　）。

    A. O(n)　　　　　　B. O(n²)　　　　　　C. O(nlogn)　　　　　D. O(n!)

27. 输入"abaa"程序输出（　　　）。

    A. 10　　　　　　　B. 11　　　　　　　C. 12　　　　　　　D. 13

（三）

```
01    #include<bits/stdc++.h>
02    using namespace std;
03    int mp[10][10];
04    string s[10];
05    int n,m,ans=0;
06    bool check(int x,int y)
07    {
08        if(x<0||x>n||y<0||y>m) return true;
09        if(mp[x][y]==1) return false;
10        mp[x][y]=1;
11        if(s[x][y]=='U') return check(x-1,y);
12        else if(s[x][y]=='D') return check(x+1,y);
13        else if(s[x][y]=='L') return check(x,y-1);
14        else if(s[x][y]=='R') return check(x,y+1);
15        else return false;
16    }
17    int main()
18    {
19        cin>>n>>m;
20        for(int i=0;i<n;i++) cin>>s[i];
21        for(int i=0;i<n;i++)
22            for(int j=0;j<m;j++)
23                {
24                    memset(a,0,sizeof(a));
25                    if(check(i,j)) ans++;
26                }
27        cout<<ans<<endl;
28        return 0;
29    }
```

● 判断题

28. 将第 6 行 "bool" 改为 "int" 程序运行结果不变。（   ）

29. 输入的 n 行字符串中只能包含 "UDLR" 中的字符。（   ）

30. 第 24 行的语句可以放在 20 行和 21 行之间，不会影响程序运行结果。（   ）

31. 代码运行到 27 行，a 数组中至少有一个变量为 1。（   ）

● 选择题

32. 输入为

```
      3    3
      LRD
      DRL
      UUL
```

输出为（　　　）。

　A.1　　　　　　　　　B.3　　　　　　　　C.6　　　　　　　　D.9

33. 程序的最坏时间复杂度为（　　　）。

　A. $O(n*m)$　　　　　　B. $O(n+m)$　　　　　C. $O(n^2m)$　　　　　D. $O(n^2m^2)$

三、完善程序（全部为单项选择题，每小题3分，共30分）

（一）【全排列】输入n，输出1～n的全排列。例如1～3的全排列有１２３、１３２、２１３、２３１、
３１２、３２１这6个。

```
01   #include <bits/stdc++.h>
02   using namespace std;
03   int n,p[20];
04   void dfs(int dep)
05   {
06       if(____①____)
07       {
08           for(int i=0;i<n;i++) printf("%d",p[i]);
09           printf("\n");
10           return;
11       }
12       for(int i=1;____②____;i++)
13       {
14           bool flag=true;
15           for(int j=0;____③____;j++)
16               if(p[j]==i)
17               {
18                   ____④____}
19           if(flag)
20           {
21               p[dep]=i;
22               dfs(____⑤____);
23           }
24       }
25   }
26   int main()
```

```
27   {
28       scanf("%d",&n);
29       dfs(0);
30       return 0;
31   }
```

34. ①处应填（   ）。

A. dep==n   B. dep==n+1   C. dep==20   D. dep>n

35. ②处应填（   ）。

A. i<n   B. i<=n   C. i<dep   D. i<=dep

36. ③处应填（   ）。

A. j<i   B. j<n   C. j<dep   D. j<=dep

37. ④处应填（   ）。

A. flag=false; continue;   B. flag=false; break;

C. dfs(dep);   D. dfs(dep+1);

38. ⑤处应填（   ）。

A. dep   B. dep+1   C. i   D. i+1

（二）【皇后棋盘】给定一个 n×n 的棋盘，棋盘中有一些位置不能放皇后。现在要向棋盘中放入 n 个黑皇后和 n 个白皇后，使任意的两个黑皇后都不在同一行、同一列或同一条对角线上，任意的两个白皇后都不在同一行、同一列或同一条对角线上。问总共有多少种放法？

```
01   #include <iostream>
02   using namespace std;
03   int b[20],b1[20],c[20],c1[20],d[20],d1[20];
04   int n;
05   bool a[20][20],a1[20][20];
06   int ans=0;
07   void dfs(int t,int p){
08       if(t>n&&p==1){
09           ____①____
10           return;
11       }
12       if(t>n&&p==2){
13           ans++;
14           return;
15       }
16       for(int j=1;j<=n;j++){
17           if(p==1&&!b[j]&&!d[t-j+n]&&!c[t+j]&&a[t][j]){
18               a[t][j]=a1[t][j]=0;
```

```
19                    ②
20              dfs(t+1,p);
21              b[j]=c[t+j]=d[t-j+n]=0;
22              a[t][j]=a1[t][j]=1;
23          }
24          if(     ③     &&!b1[j]&&!d1[t-j+n]&&!c1[t+j]&&a1[t][j]){
25              a1[t][j]=0;
26              b1[j]=c1[t+j]=d1[t-j+n]=1;
27              dfs(t+1,p);
28              b1[j]=c1[t+j]=d1[t-j+n]=0;
29                    ④
30          }
31      }
32  }
33  int main(){
34      cin>>n;
35      for(int i=1;i<=n;i++)
36          for(int j=1;j<=n;j++){
37              cin>>a[i][j];
38              a1[i][j]=a[i][j];
39          }
40          ⑤
41      cout<<ans;
42      return 0;
43  }
```

39.①处填写（   ）。

A. dfs(1,1);　　　　　B. dfs(1,2);　　　　　C. dfs(1,0);　　　　　D. dfs(0,0);

40.②处填写（   ）。

A. b[j]=c[t+j]=d[t-j+n]=0;　　　　　B. b[j]==c[t+j]==d[t-j+n]==1;

C. b[j]==c[t+j]==d[t-j+n]=0;　　　　　D. b[j]=c[t+j]=d[t-j+n]=1;

41.③处填写（   ）。

A. p==0　　　　　B. p==2　　　　　C. p==1　　　　　D. p=0

42.④处填写（   ）。

A. a1[t][j]=1;　　　　　B. a[t][j]=a1[t][j]=1;

C. a1[t][j]=0;　　　　　D. a[t][j]=a1[t][j]=0;

43.⑤处填写（   ）。

A. dfs(1,1);　　　　　B. dfs(1,2);

C. dfs(0,0);　　　　　D. dfs(1,0);

CSP-S 模拟卷（一）

考试满分：100 分；考试时间：120 分钟；命题人：NOI 教研部

一、单项选择题（共 15 小题，每题 2 分，共 30 分；每题有且仅有一个正确选项）

```
01   struct Student {
02       std::string name;
03       int age;
04       float score;
05   };
06   void printStudent(Student *s) {
07   std::cout << "Name: " << s->name << ", Age: " << s->age << ",
     Score: " << s->score << std::endl;
08   }
09   int main() {
10       Student students[3] = {
11           {"Alice", 20, 85.5f},
12           {"Bob", 22, 90.0f},
13           {"Charlie", 19, 80.0f}
14       };
15       for (int i = 0; i < 3; i++) {
16           printStudent(&students[i]);
17       }
18       return 0;
19   }
```

1. 关于上述代码，下列说法正确的是（   ）。

   A. 函数 printStudent 接受一个 Student 类型的参数，并打印该学生的信息

   B. 在 main 函数中，创建了一个包含 3 个 Student 结构体的数组，并初始化了每个学生的信息

   C. 循环体内 printStudent(&students[i]) 调用是错误的，因为 &students[i] 返回的是一个指向数组的指针，而不是指向结构体的指针

   D. 结构体 Student 中的成员变量 name 应该被定义为字符数组 char name[50]，而不是 std::string name，因为 std::string 不是一个基本数据类型

```
01   union Data {
02       int i;
```

```
03          float f;
04          char str[20];
05      };
06      int main() {
07          Data data;
08          data.i = 10;
09          data.f = 20.5f;
10          return 0;
11      }
```

2. 关于上述代码，以下说法正确的是（ 　　）。

  A. 结构体 Data 同时存储了 int i、float f 和 char str[20] 三个成员

  B. 在为 data.i 赋值后，紧接着为 data.f 赋值，data.i 的值会保留

  C. 可以通过 data.str[0] 来访问 int i 变量

  D. union 是一种数据类型，它允许在相同的内存位置存储不同的数据类型，但一次只能存储其中一个

3. $(2023)_{10}+(2024)_{16}$ 的结果是（ 　　）。

  A. $(10251)_{10}$ B. $(2808)_{16}$

  C. $(0010101111001)_2$ D. $(24011)_8$

4. 考虑以下关于堆排序的描述：

① 堆排序是一种基于比较的排序算法。

② 堆排序的时间复杂度在最坏情况下是 $O(n^2)$。

③ 删除堆顶元素，需要将堆顶元素与堆的最后一个元素交换，然后重新调整堆。

④ 堆排序是不稳定的排序算法，因为它可能会改变相同元素的相对顺序。

关于上述描述，以下说法正确的是（ 　　）。

  A. 仅描述①和描述③是正确的   B. 仅描述②和描述④是正确的

  C. 仅描述①、描述③和描述④是正确的   D. 所有描述都是正确的

5. 关于 C++ 类的说法，以下正确的是（ 　　）。

  A. 类的名称要符合变量命名规则

  B. 类中不能有多个构造函数

  C. 构造函数一定要有参数

  D. 声明类的时候必须完成构造函数

6. 袋中有 7 个球，其中 5 个白球，2 个红球，不放回地取球 2 次，可以得到取得的两个球颜色相同的概率为（ 　　）。

  A. $\dfrac{1}{21}$ B. $\dfrac{5}{21}$ C. $\dfrac{10}{21}$ D. $\dfrac{11}{21}$

7. 有 4 个不同的球，4 个不同的盒子，把球全部放入盒内，恰有一个盒内有 2 个球，有（ 　　）种放法。

  A. 256   B. 144   C. 36   D. 92

8. 设 G 是有 n 个结点、m 条边（n≤m）的连通图，必须删去 G 的（ 　　）条边，才能使得 G 变成

一棵树。

    A. m−n+1   B. m−n   C. m+n+1   D. n−m+1

9. 将 2 个红笔芯，1 个黑笔芯，1 个蓝笔芯放到 9 个编号不同的笔袋里，每个笔袋最多放一个笔芯，有（   ）种放法。

    A. 2040   B. 1512   C. 1260   D. 1420

10. 有 8 个数字，分别是 34,30,32,30,28,28,26,30。它们的中位数是（   ）。

    A. 26   B. 28   C. 30   D. 34

11. 归并排序、插入排序、冒泡排序、选择排序、快速排序，这 5 种排序的平均时间复杂度分别是（   ）。

    A. $O(n\log n)$、$O(n^2)$、$O(n^2)$、$O(n^2)$、$O(n\log n)$

    B. $O(n\log n)$、$O(n^2)$、$O(n^2)$、$O(n^2)$、$O(\log n)$

    C. $O(n\log n)$、$O(n\log n)$、$O(n^2)$、$O(n^2)$、$O(n\log n)$

    D. $O(n\log n)$、$O(n\log n)$、$O(n^2)$、$O(n\log n)$、$O(n\log n)$

12. 以下数据结构中，不是线性结构的是（   ）。

    A. 链表   B. k-d 树   C. 优先队列   D. 栈

13. 以下最短路算法中不能处理带有负权值的算法的是（   ）。

    A. Dijkstra 算法   B. Floyd 算法   C. Tarjan 算法   D. SPFA 算法

14. 某栈最多能容纳 4 个元素。现有 6 个元素按 A,B,C,D,E,F 的顺序进栈，下列序列可能是出栈序列的是（   ）。

    A. EDCBAF   B. CBEDAF   C. BCEFAD   D. ADFEBC

15. 平面的有三条平行直线，每条直线上分别有 5,6,7 个点，不在一条直线上的任意 3 点都不共线，用这些点为顶点，能组成（   ）个不同三角形。

    A. 18   B. 210   C. 541   D. 540

二、阅读程序（共 3 道大题，每道大题含 6 道小题，判断题和单项选择题。判断题正确填"√"，错误填"×"。除特殊说明外，每道判断题 1.5 分，每道单项选择题 3 分。共 40 分）

（一）

```
01    #include<iostream>
02    #include<algorithm>
03    #include<cstdio>
04    #define maxn 50050
05    using namespace std;
06    int n,head[maxn],cnt,d[maxn],ans[maxn],num,maxx=1e9;
07
08    struct edge{
09        int u,v,w,next;
10    }edge[maxn<<1];
```

```
11  void add(int u,int v){
12      edge[++cnt].v=v;
13      edge[cnt].next=head[u];
14      head[u]=cnt;
15  }
16  void dfs(int u,int fa){
17      d[u]=1;
18      int tmp=0;
19      for(int i=head[u];i;i=edge[i].next){
20          int v=edge[i].v;
21          if(v==fa) continue;
22          dfs(v,u);
23          d[u]+=d[v];
24          tmp=max(tmp,d[v]);
25      }
26      tmp=max(tmp,n-d[u]);
27      if(tmp<maxx){
28          maxx=tmp;
29          num=0;
30          ans[++num]=u;
31      }
32      else if(tmp==maxx) ans[++num]=u;
33  }
34  int main(){
35  //
36  //
37      scanf("%d",&n);//   cin>>n;
38      for(int i=1;i<n;i++){
39          int u,v;
40          scanf("%d%d",&u,&v);
41          add(u,v);
42          add(v,u);
43      }
44      dfs(1,0);
45      sort(ans+1,ans+1+num);
46      for(int i=1;i<=num;i++) printf("%d",ans[i]);
47      return 0;
48  }
```

● 判断题

16. 第 19 行改成"for(int i=head[u];~i;i=edge[i].next){"不会影响答案。（　　　）

17. ans 结果最多有 2 个。（　　　）

18. 去掉 42 行代码，并不会影响结果。（　　　）

● 选择题

19. 若输入是

　　2

　　1 2

则输出是（　　　）。

　　A. 1 2　　　　　　　　B. 2 1　　　　　　　　C. 2 2　　　　　　　　D. 1 1

20.（4 分）若输入是

　　6

　　5 2

　　2 3

　　2 1

　　3 4

　　3 6

则输出是（　　　）。

　　A. 1 2　　　　　　　　B. 2 3　　　　　　　　C. 3 2　　　　　　　　D. 2 1

21. 此程序的时间复杂度是（　　　）。

　　A. O (n^2)　　　　　　B. O (logn)　　　　　　C. O (n)　　　　　　D. O (nlogn)

（二）

```
01   #include<cstdio>
02   #include<cstring>
03   #define N 10005
04   struct tree{
05       int next;
06       int to;
07   }edge[N<<1];
08   int num_edge,head[N],dis[N],n,a,b,y;
09
10   int add_edge(int from,int to){
11       edge[++num_edge].next=head[from];
12       edge[num_edge].to=to;
13       head[from]=num_edge;
14   }
15
```

```
16    int dfs(int x){
17        for(int i=head[x];i;i=edge[i].next)
18            if(!dis[edge[i].to]){
19                dis[edge[i].to]=dis[x]+1;
20                dfs(edge[i].to);
21            }
22    }
23
24    int main(){
25        scanf("%d",&n);
26        for(int i=1;i<n;++i){
27            scanf("%d%d",&a,&b);
28            add_edge(a,b);
29            add_edge(b,a);
30        }
31        dfs(1);
32        for(int i=y=1;i<=n;i++)
33            if(dis[i]>dis[y])
34                y=i;
35        memset(dis,0,sizeof(dis));
36        dfs(y);
37        for(int i=y=1;i<=n;i++)
38            if(dis[i]>dis[y])
39                y=i;
40        printf("%d",dis[y]);
41        return 0;
42    }
```

● 判断题

22. 本题涉及的数据结构是树。( )

23. 第 31 行中的 dfs 函数里的参数只能是 1。( )

24. dfs 有可能陷入死循环。( )

25. y 是直径中的某一个端点。( )

● 选择题

26. 如果输入的是

4

1 2

1 3

1 4

那么输出的是（　　）。

　　A. 1　　　　　　　　　B. 2　　　　　　　　　C. 3　　　　　　　　　D. 4

27. 此程序的时间复杂度是（　　）。

　　A. O(n²)　　　　　　　B. O(logn)　　　　　　C. O(n)　　　　　　　D. O(nlogn)

（三）

```
01    #include<bits/stdc++.h>
02    using namespace std;
03    int h[1005],cnt=0;
04    const int inf=0x3f3f3f3f;
05    const int N=120;
06    struct matrix{
07        int m[N][N];
08    };
09    matrix operator * (const matrix &a,const matrix &b){
10    matrix c;
11        memset(c.m,inf,sizeof(c.m));
12        for(int i=1;i<=cnt;i++)
13            for(int j=1;j<=cnt;j++)
14                for(int k=1;k<=cnt;k++)
15                    c.m[i][j]=min(c.m[i][j],a.m[i][k]+b.m[k][j]);
16        return c;
17    }
18    matrix quickma(matrix a,int n){
19        matrix ans=a;
20        n--;
21        while(n){
22            if(n&1) ans=ans×a;
23            a=a×a;
24            n>>=1;
25        }
26        return ans;
27    }
28    int main(){
29        int n,t,s,e;scanf("%d%d%d%d",&n,&t,&s,&e);
30        matrix a;
31        memset(a.m,inf,sizeof(a.m));
32        while(t--){
33            int u,v,w;
```

```
34          scanf("%d%d%d",&w,&u,&v);
35          if(!h[u]) h[u]=++cnt;
36          if(!h[v]) h[v]=++cnt;
37          a.m[h[u]][h[v]]=a.m[h[v]][h[u]]=w;
38        }
39      matrix ans=quickma(a,n);
40      printf("%d",ans.m[h[s]][h[e]]);
41      return 0;
42    }
```

- 判断题

    28. 本题用到了 Floyd 算法。（   ）

    29. 本题是个有向图。（   ）

    30. 第 9 ～ 17 行实现的是矩阵运算符重载。（   ）

- 选择题

    31. 若输入样例如下所示：

    2   6   4

    11   4   6

    4   4   8

    8   4   9

    6   6   8

    2   6   9

    3   8   9

    则输出结果是（   ）。

    A. 7   B. 8   C. 9   D. 10

    32. 该题程序时间复杂度为（   ）。

    A. O(nlogn)   B. O(n³logn)   C. O(n³)   D. O(n²logn)

    33. 下列在 C++ 中不能重载的运算符是（   ）。

    A. ==   B. &   C. [ ]   D. ? :

三、完善程序（全部为单项选择题，每小题 3 分，共 30 分）

（一）【最长子串】有 n 个整数，可以任意选取若干个子串（注意是子串），要求子串是严格递增的子串，求出最长子串的长度。

现在，有权利修改一个数字，最多可以修改一个数字，现在得到的最长的严格递增的子串长度是多少。

```
01  #include<bits/stdc++.h>
02  using namespace std;
```

```
03    #define maxn 100006
04    int height[maxn];
05    int main(){
06        int n;
07        while(scanf("%d", &n) != EOF){
08            vector<int> ve; ve.push_back(0);
09            scanf("%d", &height[0]);
10            for(int i = 1; i < n; i++){
11                scanf("%d", &height[i]);
12                if(height[i]-height[i-1] <= 0) { ve.push_back(i);}
13            }
14            height[n] = -1;
15            ___①___
16
17            int l = ve.size();
18            int m, res = -1;
19
20            if(___②___)
21                for(int i = 1; i < l-1; i++){
22                    if(height[ve[i]+1] - height[ve[i]-1] > 1){
23                        m = ve[i+1] - ve[i-1];
24                    }
25                    else if(ve[i-1] != ve[i]-1){
26                        if(ve[i] > 1&&___③___) m = ve[i+1]-ve[i-1];
27                        else if(ve[i]-ve[i-1] > ve[i+1]-ve[i]) m =
                              ve[i]-ve[i-1]+1;
28                        else m = ___④___
29                    }
30                    else { m = ve[i+1]-ve[i-1]; }
31                    if(m > res) ___⑤___
32                }
33            else res = n;
34            printf("%d\n", res);
35        }
36 }
```

34. ①处应填（　　　）。

    A. ve.push_back(n);   B. ve.push_back(0);   C. ve.push_back(1);   D. ve.push_back(n−1);

35. ②处应填（　　　）。

　　A. l<2　　　　　　　　B. l>1　　　　　　　　C. l<1　　　　　　　　D. l>2

36. ③处应填（　　　）。

　　A. height[ve[i+1]]-height[ve[i]-1] > 1　　　　B. height[ve[i]]-height[ve[i]-1] > 1

　　C. height[ve[i]]-height[ve[i]-2] > 1　　　　　D. height[ve[i]-1]-height[ve[i]-1] > 1

37. ④处应填（　　　）。

　　A. ve[i+1]-ve[i];　　B. ve[i]-ve[i-1]+1;　　C. ve[i+1]-ve[i]+1;　　D. ve[i+1]-ve[i]-1;

38. ⑤处应填（　　　）。

　　A. res = m+1;　　　　B. res = m;　　　　C. res = m-1;　　　　D. res = n;

（二）【过河】有 n 个人要过河，只有一条船，并且此船一次只能载 2 个人，过河之后需要有一个人划回来。每个人划船时间都不同，两个人一组整体时间是由划船时间较长的决定的。现在需要所有人都过河，最少用多少的时间才能让所有人都能过河。程序最多 20 组测试数据，最多 1000 人，每个人所用时间小于 100s。例如，有 4 人，所用时间分别是 1s，2s，5s，10s，则最少用 17s 让所有人都能过河。

```cpp
01    #include<iostream>
02    #include<algorithm>
03    using namespace std;
04    int a[1200];
05    int main(){
06        int T;
07        scanf("%d",&T);
08        while(T--){
09            int N,ans=0;
10            scanf("%d",&N);
11            for(int i=0;i<N;i++){
12                scanf("%d",&a[i]);
13            }
14            sort(a,a+N);
15            while(N>0){
16                if(N==1){
17                    ans+=a[0];
18                    break;
19                }
20                else if(N==2){
21                    ____①____;
22                    break;
23                }
24                else if(N==3){
```

```
25              ans+=    ②    ;
26              break;
27          }
28          else{
29                  ③
30              int s2=a[N-1]+a[N-2]+2*a[0];
31                  ④
32                  ⑤
33          }
34      }
35      printf("%d\n",ans);
36  }
37  return 0;
38 }
```

39. ①处应填（   ）。

  A. ans+=a[0]　　　　B. ans+=a[1]　　　　C. ans+=a[1]−a[0]　　　　D. ans+=a[1]+a[0]

40. ②处应填（   ）。

  A. a[2]+a[1]+a[0]　　B. a[2]+a[0]　　　　C. a[2]+a[0]　　　　　D. a[0]+a[1]

41. ③处应填（   ）。

  A. int s1=a[1]+2×a[0]+a[N−1];　　　　　B. int s1=2×a[1]+a[0]+a[N];

  C. int s1=2×a[1]+a[0]+a[N−1];　　　　　D. int s1=a[1]+2×a[0]+2×a[N−1];

42. ④处应填（   ）。

  A. ans+=s1;　　　　B. ans+=s2;　　　　C. ans+=s1+s2;　　　　D. ans+=min(s1,s2);

43. ⑤处应填（   ）。

  A. N−−;　　　　　　B. N++;　　　　　　C. N+=2;　　　　　　D. N−=2;

CSP-S 模拟卷（二）

考试满分：100 分；考试时间：120 分钟；命题人：NOI 教研部

一、单项选择题（共 15 小题，每题 2 分，共 30 分；每题有且仅有一个正确选项）

1. 在 Linux 系统终端中，用于删除文件或目录的命令为（　　　）。

　　A. rm　　　　　　　　B. chown　　　　　　　　C. ls　　　　　　　　D. pwd

2. 对 {1, 2, 3, 4, 5, 6, 7, 8, 9, 10, 11} 进行二分查找，等概率的情况下查找成功的平均比较次数是（　　　）。

　　A. $\dfrac{35}{11}$　　　　　　B. 34/11　　　　　　C. 33/11　　　　　　D. 32/11

3. 第一个数是二进制数，第二个数是十进制数，第三个数是十六进制数。三个数相等的是（　　　）。

　　A. 0100 0010/78/4E　　　　　　　　　　　B. 1011 1111/191/BE

　　C. 0111 0011/115/74　　　　　　　　　　　D. 0010 1101/45/2D

4. 将 {2, 6, 10, 19} 分别储存到某个地址区间为 0 ~ 10 的哈希表中，如果哈希函数 h(x)=（　　　），哈希表将不会产生冲突，其中 a mod b 表示 a 除以 b 的余数。

　　A. x mod 17　　　　　　　　　　　　　　B. x^2 mod 17

　　C. 2x mod 17　　　　　　　　　　　　　　D. $\lfloor x \rfloor$ mod 17（$\lfloor\,\rfloor$ 表示向下取整）

5. 在 C++ 中，析构函数的作用是（　　　）。

　　A. 为对象分配内存

　　B. 初始化对象的数据成员

　　C. 在对象生命周期结束时释放资源和执行清理任务

　　D. 重载对象的运算符

6. 在求 LCA（最近公共祖先）的函数中，将 a 到 e 五处代码补全到算法之中，使得算法正确找到 x 和 y 的最近公共祖先。

```
int LCA(int x,int y){
    if(____①____) swap(x,y);
    for(int i=25;i>=0;i--){
        if(____②____)
            x=f[x][i];
    }
    if(____③____) return x;
    for(int i=25;i>=0;i--){
        if(____④____){
```

```
            x=f[x][i];
            y=f[y][i];
        }
    }
    return _____⑤_____;
}
```

a. dep[x]<dep[y]   b. x==y

c. dep[x]-(1<<i)>=dep[y]   d. f[x][i]!=f[y][i]   e. f[x][0]

正确的填空顺序是（   ）。

 A. a,c,b,d,e   B. a,d,b,c,e   C. b,e,a,d,c   D. b,e,a,c,d

7. 快速排序的最坏时间复杂度是（   ）。

 A. O(nlogn)   B. O(n!)   C. O(n)   D. O(n²)

8. 下面关于 C++ 中的构造函数的描述，下列正确的是（   ）。

 A. 构造函数的名称必须与类的名称相同，并且不能有返回类型

 B. 构造函数不能被重载

 C. 构造函数是用来销毁类对象的成员函数

 D. 每个类中只能有一个构造函数

9. 给定一个正整数 x，下面关于表达式 x&-x 的描述中，正确的是（   ）。

 A. 它返回 x 的二进制表示中所有为 1 的位

 B. 它返回 x 的二进制表示中最高位的 1 及其后面的所有 0 对应的值

 C. 它返回 x 的二进制表示中最低位的 1 及其后面的所有 0 对应的值

 D. 它总是返回 0

10. 单调栈的特点不包括（   ）。

 A. 单调栈整体上较为简洁明了

 B. 单调栈需要一个与输入规模相同大小的栈空间，其空间复杂度为 O(n)，比较适合处理大规模的数据

 C. 单调栈内元素呈单调性

 D. 单调栈的所有元素都会多次出入栈

11. 某算法计算时间表示为递推关系式：T(N)=2T(N/3)+N+1，则该算法时间复杂度为（   ）。

 A. O(N²)   B. O(NlogN)   C. O(N)   D. O(1)

12. 在 C++ 标准库中，关于 set 和 map 的描述，以下正确的是（   ）。

 A. set 和 map 都可以通过键来快速访问元素

 B. set 允许存储重复元素，而 map 不允许键重复

 C. set 中的元素是按照插入顺序存储的，而 map 中的元素是根据键的值自动排序的

 D. set 中的元素是自动根据元素的值排序的，而 map 中的元素是根据键值对按照键的顺序排序

13. 由 6 个不同的结点构成的无根树有（   ）。

 A. 3126   B. 1296   C. 31   D. 1024

14. C++ 中，不能重载的运算符是（　　　）。

 A. +　　　　　　　　B. >　　　　　　　　C. .*　　　　　　　　D. =

15. 如果一棵二叉树有 10 个结点，有 2 个孩子的结点个数最多有（　　　）。

 A. 4　　　　　　　　B. 5　　　　　　　　C. 6　　　　　　　　D. 3

二、阅读程序（共 3 道大题，每道大题含 6 道小题，为判断题或单项选择题。判断题正确填"√"，错误填"×"。除特殊说明外，每道判断题 1.5 分，每道单项选择题 3 分。共 40 分）

（一）

```
01    #include<bits/stdc++.h>
02    #define maxn 550
03    #define inf 0x3f3f3f3f
04    using namespace std;
05    int n,a[maxn],f[maxn][maxn];
06
07    int main(){
08        cin>>n;
09        for(int i=1;i<=n;i++)
10        scanf("%d",&a[i]);
11        for(int i=1;i<=n;i++)
12        for(int j=1;j<=n;j++)
13            f[i][j]=inf;
14        for(int len=0;len<n;len++){
15            for(int i=1,j=i+len;i<=n-len;i++,j++){
16                if(a[i]==a[j])
17                    f[i][j]=(len<2)?1:min(f[i][j],f[i+1][j-1]);
18                for(int k=i;k<j;k++)
19                    f[i][j]=min(f[i][j],f[i][k]+f[k+1][j]);
20            }
21
22        }
23        cout<<f[1][n]<<endl;
24        return 0;
25    }
```

● 判断题

 16. 若将 14 行 len<n 改为 len<=n，则运行结果会变。（　　　）

 17. 将代码第 9 行和第 10 行代码改为：

```
for(int i=1;i<=n;)
    scanf("%d",a+ i++);
```

不影响运算结果。（　　　）

18. 本题求的是区间 [1,n] 的最小值。（　　　）

19. 若输入数据为

3

1 2 3

则输出 3（　　　）。

- 选择题

20. 若输入数据为

7

5 4 4 2 3 2 5

则输出（　　　）。

A. 1　　　　　　　　B. 2　　　　　　　　C. 3　　　　　　　　D. 4

21. 这个程序的时间复杂度是（　　　）。

A. O(n)　　　　　　B. O(n^2)　　　　　　C. O(n^3)　　　　　　D. O(nlogn)

（二）

```
01    #include<cstdio>
02    #define ll long long
03    ll n,a[16],m[16],Mi[16],mul=1,X;
04
05    inline int rd(){
06        int io=0;char in=getchar();
07        while(in<'0'||in>'9')in=getchar();
08        while(in>='0'&&in<='9')io=(io<<3)+(io<<1)+(in^'0'),in=getchar();
09        return io;
10    }
11
12    void exgcd(ll a,ll b,ll &x,ll &y){
13        if(b==0){x=1;y=0;return ;}
14        exgcd(b,a%b,x,y);
15        int z=x;x=y,y=z-y*(a/b);
16    }
17
18    int main(){
19        n=rd();
20        for(int t=1;t<=n;++t){
21            int M=rd();m[t]=M;
```

```
22          mul*=M;
23          a[t]=rd();
24      }
25      for(int t=1;t<=n;++t){
26          Mi[t]=mul/m[t];
27          ll x=0,y=0;
28          exgcd(Mi[t],m[t],x,y);
29          X+=a[t]*Mi[t]*x%mul;
30      }
31      if(X<0) X=X+mul;
32      printf("%lld",X%mul);
33      return 0;
34  }
```

● 判断题

22. 该代码实现了中国剩余定理，用于求解一元线性同余方程组。（   ）

23. 代码中 exgcd 函数实现扩展欧几里得算法，ax + by =c，其中的 a，b，c 都是整数即可。（   ）

24. 题目中，$a_1 \sim a_n$，要求都得是质数。（   ）

25. 第 31 行代码删掉后，答案也不会变化。（   ）

● 选择题

26. rd 函数中，inline 的意思是（   ）。

    A. 内联函数   B. 构造函数   C. 自定义函数   D. 析构函数

27. 当输入

    4

    3 2

    5 1

    7 3

    11 4

程序输出结果为（   ）。

    A. 519   B. 521   C. 523   D. 525

（三）

```
01  #include <bits/stdc++.h>
02  using namespace std;
03
04  const int maxn = 100005;
05  const int Log = 21;
06  int f[maxn][Log];
07  int g[maxn][Log];
```

```
08   int Log_t[maxn + 1];
09
10   void init_Log(int n) {
11       Log_t[1] = 0;
12       for (int i = 2; i < maxn; ++i) {
13           Log_t[i] = Log_t[i / 2] + 1;
14       }
15   }
16
17   void init_st(const vector<int>& arr) {
18       int n = arr.size();
19       int Logn = Log_t[n];
20       for (int i = 0; i < n; ++i) {
21           f[i][0] = arr[i];
22           g[i][0] = arr[i];
23       }
24       for (int j = 1; j <= Logn; ++j) {
25           for (int i = 0; i + (1 << j) <= n; ++i) {
26               f[i][j] = min(f[i][j - 1], f[i + (1 << (j - 1))][j - 1]);
27               g[i][j] = max(g[i][j - 1], g[i + (1 << (j - 1))][j - 1]);
28           }
29       }
30   }
31
32   int query_min(int l, int r) {
33       int j = Log_t[r - l + 1];
34       return min(f[l][j], f[r - (1 << j) + 1][j]);
35   }
36
37   int query_max(int l, int r) {
38       int j = Log_t[r - l + 1];
39       return max(g[l][j], g[r - (1 << j) + 1][j]);
40   }
41
42   int main() {
43       int n;
44       cin >> n;
45       vector<int> arr(n);
46       for (int i = 0; i < n; ++i) {
47           cin >> arr[i];
```

```
48          }
49          init_Log(n);
50          init_st(arr);
51          int q;
52          cin >> q;
53          while (q--) {
54              int l, r;
55              cin >> l >> r;
56              cout << query_min(l, r) << " " << query_max(l, r) << endl;
57          }
58          return 0;
59      }
```

● 判断题

28. f[i][j] 永远不可能等于 g[i][j]。（   ）

29. f[i][j] 表示区间 i 到 j 的最小值。（   ）

● 选择题

30. Log_t[1000] 结果应该是（   ）。

A. 8   B. 9   C. 10   D. 11

31. init_st 函数的时间复杂度是（   ）。

A. $O(n)$ B. $O(n^2)$ C. $O(n^3)$ D. $O(n\log n)$

32. 对于 Q 次询问，总的时间复杂度为（   ）。

A. $O(Q)$ B. $O(Qn^2)$ C. $O(Qn)$ D. $O(Q\log n)$

33.（4分）若输入 8 3 6 9 7 8 3 4 4 1 3 7，则输出（   ）。

A. 3 9   B. 3 8   C. 4 8   D. 4 6

三、完善程序（全部为单项选择题，每小题 3 分，共 30 分）

（一）【最少时间】有一个有向图，n 个点 m 条边。边上的权值都是 1。从点 1 到点 n 总是能够到达。小明可以变速跑，每秒跑步的速度可以是 2^x（x 是任意自然数）米。小明可以用最少的时间从点 1 到达点 n。请问需要最少时间是多少。

```
01  /*
02
03  */
04  #include<bits/stdc++.h>
05  #define maxn 61
06  #define inf 0x3f3f3f3f
07  using namespace std;
08  int n,m,dis[maxn][maxn];
```

```
09    int gra[maxn][maxn],f[maxn][maxn][maxn];
10    void fun(){
11        for(int i=1;i<=n;i++){
12        //TODO
13        for(int j=1;j<=n;j++)
14            if(gra[i][j])
15                f[0][i][j]=1;
16
17        }
18        for(int i=1;i<32;i++){
19            for(int j=1;j<=n;j++)
20                for(int u=1;u<=n;u++)
21                    for(int v=1;v<=n;v++)
22                        _____②_____
23        }
24    }
25    int main(){
26        cin>>n>>m;
27        for(int i=1;i<=m;i++){
28            int u,v;
29            cin>>u>>v;
30            _____①_____
31        }
32        fun();
33        for(int i=1;i<=n;i++)
34            for(int j=1;j<=n;j++)
35                if(i!=j)
36                    _____③_____
37        for(int i=0;i<32;i++){
38            for(int u=1;u<=n;u++)
39                for(int v=1;v<=n;v++)
40                    if(f[i][u][v])
41                        dis[u][v]=min(dis[u][v],1);
42        }
43        for(int k=1;k<=n;k++)
44            for(int i=1;i<=n;i++)
45                for(int j=1;j<=n;j++)
46                    if(k!=i&&k!=j&&i!=j)
47                        _____④_____
48        cout<<_____⑤_____<<endl;
```

```
49    return 0;
50  }
```

- 选择题

34. ①处应填（   ）。

    A. gra[u][v]=1;   B. gra[v][u]=1;

    C. gra[u][v]=1; gra[v][u]=1;   D. gra[v][u]=1; gra[u][v]=1;

35. ②处应填（   ）。

    A. f[i][u][v] |= f[i][u][j]&f[i][j][v];   B. f[i][u][v] |= f[i−1][u][j]&&f[i−1][j][v];

    C. f[i][u][v] |= f[i][u][j]&&f[i][j][v];   D. f[i][u][v] |= f[i−1][u][j]&f[i−1][j][v];

36. ③处应填（   ）。

    A. dis[i][j]=0;   B. dis[i][j]=1;   C. dis[i][j]=inf;   D. dis[i][j]=gra[i][j];

37. ④处应填（   ）。

    A. dis[i][j]=min(dis[i][j],dis[i][k]+dis[k][j]);   B. dis[i][j]=min(dis[i][j],dis[i][k]−dis[k][j]);

    C. dis[i][j]=min(dis[i][j],dis[i][k]&&dis[k][j]);   D. dis[i][j]=min(dis[i][j],dis[i][k]||dis[k][j]);

38. ⑤处应填（   ）。

    A. dis[n][1]   B. dis[n][n]   C. dis[1][1]   D. dis[1][n]

（二）【谎牛计数】奶牛 Bessie 躲在数轴上的某处。农夫约翰的 N 头奶牛中的每头奶牛都有一条信息要分享：第 i 头奶牛说 Bessie 躲在小于或等于 p_i 的某个位置，或者说 Bessie 躲在大于或等于 p_i 的某个位置。不幸的是，可能不存在躲藏位置与所有奶牛的回答均一致，这意味着并非所有奶牛都在说真话。计算在撒谎的奶牛的最小数量。

```
01  /*
02
03  */
04  #include<bits/stdc++.h>
05  #define maxn 1000005
06  using namespace std;
07  struct Pos{
08      int p;
09      _____①_____
10  }q[maxn];
11  int n,a[maxn],b[maxn];
12  bool cmp(Pos a,Pos b){
13      if(a.p!=b.p)
14          return a.p<b.p;
15      else return a.c<b.c;
16  }
17  int main(){
```

```
18        cin>>n;
19        for(int i=1;i<=n;i++)
20            cin>>q[i].c>>q[i].p;
21                ②
22        memset(a,0x3f,sizeof(a));
23        memset(b,0x3f,sizeof(b));
24        a[0]=0;b[n+1]=0;
25        for(int i=1;i<=n;i++){
26            a[i]=a[i-1];
27            if(q[i].c=='L')
28                a[i]++;
29        }
30        for(int i=n;i>0;i--){
31            b[i]=b[i+1];
32                ③
33                b[i]++;
34        }
35        int ans=0x3f3f3f3f;
36        for(int i=1;i<=n;i++){
37                ④
38        }
39        cout<<ans<<endl;
40        return 0;
41    }
```

39. ①处应填（   ）。

A. char c;   B. int c;   C. double c;   D. bool c;

40. ②处应填（   ）。

A. sort(q,q+n,cmp);   B. sort(q,q+1+n,cmp);   C. sort(q+1,q+1+n,cmp); D. sort(q+1,q+n,cmp);

41. ③处应填（   ）。

A. if(q[i].p=='G')   B. if(q[i].c=='L')   C. if(q[i].c=='G')   D. if(q[i].c=='G')

42. ④处应填（   ）。

A. ans=max(ans,a[i]+b[i])   B. ans=min(ans,a[i]+b[i])

C. ans=max(ans,a[i-1]+b[i+1])   D. ans=min(ans,a[i-1]+b[i+1]);

43. 如果输入是

2

G 3

L 5

那么输出的 ans 是（   ）。

A. −1   B. 0   C. 1   D. 2

CSP-S 模拟卷（三）

考试满分：100 分；考试时间：120 分钟；命题人：NOI 教研部

一、单项选择题（共 15 小题，每题 2 分，共 30 分；每题有且仅有一个正确选项）

1. 以下不是计算机病毒的特性的是（　　）。

A. 寄生性　　　　　　　　　　　　　B. 隐蔽性

C. 潜伏性　　　　　　　　　　　　　D. 免疫性

2. 假设有 251 个球，把它们装到 15 个盒子里，那么数量最多的一盒至少装（　　）个。

A. 16　　　　　　B. 23　　　　　　C. 15　　　　　　D. 17

3. CPU 主要的性能指标是（　　）。

A. 地址总线和数据总线　　　　　　　B. CPU 指令集和地址总线

C. 字长和缓存　　　　　　　　　　　D. 主频和字长

4. 在 Linux 系统终端中，创建一个新的文件的命令是（　　）。

A. mk　　　　　　B. touch　　　　　C. echo　　　　　D. new

5. 图有 n 个点，m 条边。如果 m=(nlogn)，渐近时间复杂度最小的是（　　）。

A. $O(mlognlog(logn))$　　　　　　B. $O(n^2+m)$

C. $O(n^2logm+mlogn)$　　　　　　D. $O(m+nlogn)$

6. 现有 5 个数字 1，2，3，4，5，从中选取 3 个数字，要求 1、3 不相邻，能组成不同的排列是（　　）。

A. 30　　　　　　B. 36　　　　　　C. 48　　　　　　D. 54

7. 以下选项中（　　）不是操作系统。

A. Linux　　　　　　　　　　　　　B. Windows CE

C. Solaris　　　　　　　　　　　　D. AMD

8. 以下对算法复杂度的表述不恰当的一项是（　　）。

A. 时间复杂度是衡量算法在最坏情况下所需时间的函数

B. 空间复杂度是衡量算法在最坏情况下所需存储空间的函数

C. 平均时间复杂度是衡量算法在所有情况下所需时间的函数

D. 最优时间复杂度是衡量算法在最佳情况下所需时间的函数

9. 关于动态规划，下列说法错误的是（　　）。

A. 动态规划通常用于解决具有重叠子问题和最优子结构特性的问题

B. 动态规划的时间复杂度一般可以通过公式推导得到

C. 动态规划适用于解决无后效性的问题

D. 动态规划算法只能使用递归来实现

10. 下列一定可以用不超过两种颜色进行染色的图结构是（　　　）

    A. 基环树　　　　　　　B. 完全图　　　　　　　C. 平面图　　　　　　　D. 二分图

11. 下列属于 B 类 IP 地址的是（　　　）。

    A. 27.33.119.20　　　　　　　　　　　　B. 134.300.12.14

    C. 128.201.18.112　　　　　　　　　　　D. 192.97.32.121

12. 解释器的功能是（　　　）。

    A. 将源代码翻译成机器码并一次性执行

    B. 将源代码逐行解释成计算机可执行的指令，然后立即执行

    C. 将低级语言翻译成高级语言

    D. 优化编译后的程序

13. 54 张扑克牌里，除掉大小王后有 52 张牌，有黑桃、红桃、方块、梅花四种花色，每种花色用 1 到 13 数字表示。现在随机抽取 5 张，以下概率最小的是（　　　）。

    A. 五张牌都是同一花色

    B. 五张牌可以组成顺子

    C. 三张相同点数的牌加上另外两张相同点数的牌

    D. 两对不同点数的牌

14. 设某算法的时间复杂度函数的递推方程是 $T(n)=4T(n/4)+1$。则该算法的时间复杂度为（　　　）

    A. $O(1)$　　　　　　　B. $O(\log n)$　　　　　　　C. $O(n)$　　　　　　　D. $O(n\log n)$

15. 将一个名为"test.c"的源文件编译并生成一个名为"test"的可执行文件，用到的命令是（　　　）

    A. gcc -o test test.c　　　　　　　　　B. gcc test.c -o test.exe

    C. gcc -c test.c -o test　　　　　　　　D. gcc -Wall -o test.c test

二、阅读程序（共 3 道大题，每道大题含 5 ～ 7 道小题，为判断题和单项选择题。判断题正确填"√"，错误填"×"。除特殊说明外，每道判断题 1.5 分，每道单项选择题 3 分。共 40 分）

（一）

```
01  #include <iostream>
02  #include <vector>
03  #include<bits/stdc++.h>
04  using namespace std;
05
06  int sumOfPairs(vector<int>& nums, int target) {
07      int left = 0, right = nums.size() - 1;
08      int count = 0;
09      while (left < right) {
10          int sum = nums[left] + nums[right];
11          if (sum == target) {
12              count ++;
```

```
13                  right--;
14                  left++;
15              } else if (sum < target) {
16                  left++;
17              } else {
18                  right--;
19              }
20          }
21      return count;
22  }
23
24  int main() {
25      vector<int> nums;
26      int n;
27      cin >> n;
28      for(int i = 0; i < n; i++){
29          int t;
30          cin >> t;
31          nums.push_back(t);
32      }
33      int target;
34      cin >> target;
35      sort(nums.begin(), nums.end());
36      cout << sumOfPairs(nums, target) << endl;
37      return 0;
38  }
```

● 判断题

16. 在 sumOf Pairs 函数中，left 和 right 初始时分别指向数组的第一个元素和最后一个元素。（　　）

17. 尽管只有一重循环，最坏时间复杂度可以达到 $O(n^2)$。（　　）

18. 第 35 行代码去掉后，结果不会有变化。（　　）

19. 输入的数字如果有相同的，程序有可能死循环。（　　）

● 选择题

20. sumOf Pairs 函数的作用是（　　）。

　　A. 计算数组中所有元素的和

　　B. 计算数组中有多少对元素的和等于目标值 target

　　C. 找到数组中和为目标值 target 的唯一一对元素

　　D. 将数组排序，使得相邻元素的和等于 target

21. 在 sumOf Pairs 函数中，变量 count 的作用是（　　　　）。

　　A. 记录数组中元素的数量　　　　　　　　B. 记录数组中和的最大值

　　C. 记录遍历过程中元素的和　　　　　　　D. 记录找到的和为目标值 target 的元素对的数量

（二）

```
01   #include <bits/stdc++.h>
02   using namespace std;
03   int t,n,fa[1000001],b[1000001*3];
04   struct node{
05       int x,y,e;
06   }a[1000001];
07   bool cmp(node a,node b){
08       return a.e>b.e;
09   }
10   inline void init(int t){
11       for(int i=1;i<=t;i++)  fa[i]=i;
12   }
13   int get(int x){
14       if(x==fa[x]) return x;
15       return fa[x]=get(fa[x]);
16   }
17   int main(){
18       scanf("%d",&t);
19       while(t--){
20           int tot=-1;
21           memset(b,0,sizeof(b));
22           memset(a,0,sizeof(a));
23           memset(f,0,sizeof(f));
24           int flag=1;
25           scanf("%d",&n);
26
27           for(int i=1;i<=n;i++){
28               scanf("%d %d %d",&a[i].x,&a[i].y,&a[i].e);
29               b[++tot]=a[i].x;
30               b[++tot]=a[i].y;
31           }
32           sort(b,b+tot);
33           int cnt=unique(b,b+tot)-b;
34           for(int i=1;i<=n;++i){
```

```
35          a[i].x=lower_bound(b,b+cnt,a[i].x)-b;
36          a[i].y=lower_bound(b,b+cnt,a[i].y)-b;
37        }
38        init(cnt);
39        sort(a+1,a+n+1,cmp);
40        for(int i=1;i<=n;i++){
41          int fax=get(a[i].x);
42          int fay=get(a[i].y);
43          if(a[i].e){
44            fa[fax]=fay;
45          }else if(fax==fay){
46            printf("NO\n");
47            flag=0;
48            break;
49          }
50        }
51        if(flag)    printf("YES\n");
52      }
53      return 0;
54  }
```

● 判断题

22. 从程序可以看出，不管 n 多大，最终输出不是 1 个"YES"就是 1 个"NO"。（   ）

23. 数据规模小的时候，第 33 ～ 37 行代码可以省略。（   ）

24. get 函数是递归函数，时间复杂度最坏是 $O(2^n)$。（   ）

● 选择题

25. 如果输入是

    2
    3
    1 2 1
    2 3 1
    3 1 1
    4
    1 2 1
    2 3 1
    3 4 1
    1 4 0

那么输出答案（   ）。

    A. 2 个"YES"   B. 2 个"NO"   C. 先"YES"后"NO"   D. 先"NO"后"YES"

26. 该题的时间复杂度是（　　　）。

    A. $O(n\log n)$　　　　　　B. $O(n\log n\log n)$　　　　　C. $O(n^2)$　　　　　　D. $O(2^n)$

（三）

```
01/*
02
03
04*/
05  #include<cstdio>
06  #include<cstring>
07  #include<cmath>
08  #include<algorithm>
09  using namespace std;
10  const int maxn=290;
11  int D1[maxn][maxn];
12  int pmax[maxn][maxn][20];
13  int pmin[maxn][maxn][20];
14  int  n,b,k;
15
16  void RMQ_INIT()
17  {
18      int f=log(n+0.0)/log(2.0);
19      for(int i=1;i<=n;i++)
20          for(int j=1;j<=n;j++)
21              pmax[i][j][0]=pmin[i][j][0]=D1[i][j];
22      for(int i=1;i<=n;i++)
23      for(int k=1;k<=f;k++)
24      for(int j=1;j+(1<<k)-1<=n;j++)
25      {
26          pmax[i][j][k]=max(pmax[i][j][k-1],pmax[i][j+(1<<k-1)][k-1]);
27          pmin[i][j][k]=min(pmin[i][j][k-1],pmin[i][j+(1<<k-1)][k-1]);
28      }
29      return;
30  }
31  int rmq(int r,int c)
32  {
33      int l=c,rr=c+b-1;
34      int k=log(b+0.0)/log(2.0);
35      int maxx=-0x3f3f3f3f,minn=0x3f3f3f3f;
```

```
36        for(int i=r;i<r+b;i++)
37        {
38            maxx=max(maxx,max(pmax[i][l][k],pmax[i][rr-(1<<k)+1][k]));
39            minn=min(minn,min(pmin[i][l][k],pmin[i][rr-(1<<k)+1][k]));
40        }
41        return maxx-minn;
42    }
43    int main()
44    {
45        while(scanf("%d%d%d",&n,&b,&k)!=EOF)
46        {
47            for(int i=1;i<=n;i++)
48                for(int j=1;j<=n;j++)
49                    scanf("%d",&D1[i][j]);
50            RMQ_INIT();
51            int r,c;
52            while(k--)
53            {
54                scanf("%d%d",&r,&c);
55                printf("%d\n",rmq(r,c));
56            }
57        }
58        return 0;
59    }
```

● 判断题

27. 第 23 行循环里, k<=f, 可以改成 k<=n, 不影响运算结果。(   )

28. 变量 pmin[i][j][2] 存储的是从 (i, j) 到 $(i+2^k-1, j+2^k-1)$ 矩形区域内的最小值。(   )

29. 在 rmq 函数中, k 可以改成 double 类型。(   )

● 选择题

30. 执行 1 次 while 循环的时间复杂度是 (   )。

A. $O(n^3)$ B. $O(n^3 logn)$ C. $O(nlognlogn)$ D. $O(n^2)$

31.（4 分）输入样例：

4 2 1

1 2 6 3

3 5 2 7

7 2 6 1

9 8 6 5

1 2

输出答案是（　　　）。

    A. 1　　　　　　　　B. 2　　　　　　　　C. 3　　　　　　　　D. 4

32. RMQ_INIT 函数的时间复杂度是（　　　）。

    A. O(n)　　　　　　B. O(nlogn)　　　　C. O(nlognlogn)　　D. O(n²)

33. rmq 函数的时间复杂度是（　　　）。

    A. O(n)　　　　　　B. O(nlogn)　　　　C. O(nlognlogn)　　D. O(n²)

三、完善程序（全部为单项选择题，每小题 3 分，共 30 分）

（一）【通信】北极的某区域共有 n 座村庄（$1 \leqslant n \leqslant 500$），每座村庄的坐标用一对整数（x，y）表示，其中 $0 \leqslant x，y \leqslant 10000$。为了加强联系，决定在村庄之间建立通信网络。通信工具可以是无线电收发机，也可以是卫星设备。所有的村庄都可以拥有一部无线电收发机，且所有的无线电收发机型号相同。但卫星设备数量有限，只能给一部分村庄配备卫星设备。 不同型号的无线电收发机有一个不同的参数 d，两座村庄之间的距离如果不超过 d 就可以用该型号的无线电收发机直接通信，d 值越大的型号价格越贵。拥有卫星设备的两座村庄无论相距多远都可以直接通信。现在有 k 台（$1 \leqslant k \leqslant 100$）卫星设备，请你编写一个程序，计算出应该如何分配这 k 台卫星设备，才能使所有的无线电收发机的 d 值最小，并保证每两座村庄之间都可以直接或间接地通信。

输入第一行包括两个整数 n、k，表示村庄的数量和卫星设备的数量。之后的 n 行，输入 xi，yi，表示第 i 个村庄的坐标。

输出一个数，代表 d 的最小值。输出保留两位小数。

```
01  #include<bits/stdc++.h>
02  using namespace std;
03  #define ll long long
04  #define eps 1e-5
05
06  inline int read(){
07      char ch=getchar();
08      int res=0;
09      while(!isdigit(ch))ch=getchar();
10      while(isdigit(ch)) res=(res<<3)+(res<<1)+(ch^48),ch=getchar();
11      return res;
12  }
13
14  struct node{
15      int u,v;
16          double w;
17  }e[250010];
18
19  int n,k,x[505],fa[250010],y[505],cnt;
```

```
20
21   bool cmp(node a,node b){
22       return a.w+eps<b.w;
23   }
24
25   double calc(int a,int b){
26       return sqrt((x[a]-x[b])*(x[a]-x[b])+___①___);
27   }
28
29   int find(int a){
30       if(fa[a]!=a)fa[a]=find(fa[a]);
31       return fa[a];
32   }
33
34   double kruskal(int m){
35       for(int i=1;i<=n;i++) ___③___
36       sort(e+1,e+cnt+1,cmp);
37       int num=0;
38       double ans=0;
39       for(int i=1;i<=cnt;i++){
40           int f1=find(e[i].u),f2=find(e[i].v);
41           if(___④___){
42               ans=max(e[i].w,ans);
43               fa[f1]=f2;
44               num++;
45           }
46           if(num==m-1){
47               break;
48           }
49       }
50       if(num<m-1)return -1;
51       return ans;
52   }
53
54   int main(){
55       n=read(),k=read();
56       for(int i=1;i<=n;i++){
57           x[i]=read(),y[i]=read();
58       }
```

```
59      for(int i=1;i<=n;i++){
60          for(int j=1;j<i;j++){
61              ___②___, e[cnt].w=calc(i,j);
62          }
63      }
64      double ans=kruskal(n-k+1);
65      printf("%.2lf",ans);
66      return 0;
67  }
```

34. ①处应该填（　　　）。

A. (y[a]+y[b])*(y[a]+y[b])   B. (y[a]+y[b])*(y[a]-y[b])

C. (y[a]-y[b])*(y[a]-y[b])   D. (y[a]-y[b])*(y[a]+y[b])

35. ②处应该填（　　　）。

A. e[++cnt].u=i,e[cnt].v=j   B. e[cnt].u=i,e[cnt].v=j

C. e[cnt].u=i,e[++cnt].v=j   D. e[++cnt].u=i,e[++cnt].v=j

36. ③处应该填（　　　）。

A. fa[i]=i;   B. fa[i]=i+1;   C. fa[i]=1;   D. fa[i]=0;

37. ④处应该填（　　　）。

A. f1<f2   B. f1>f2   C. f1==f2   D. f1!=f2

（二）【货车运输】 n 个城市之间，有 n−1 条道路。一辆货车从 a 城市出发，到 b 城市。某一段时间内，共有 m 辆货车出发。货车不会绕道，走 a 城市到 b 城市的最短路径。问：在 m 次运输中，n 个城市里，城市经过的最多货车次数是多少。

N (2≤N≤50,000) 个城市间有 N−1 条道路，编号从 1 到 N。m (1≤m≤100,000) 辆货车出发，第 i 辆从 a 到 b。起点和终点，以及运输中经过的城市，都会记录 1 次，表明货车经过该城市。

第一行输入 n 和 m2 个整数，然后 n−1 组关系，表明哪些城市相连。再输入 m 组数据，表明货车的出发城市和目标城市输出 1 个整数，表示最多货车次数。

```
01  #include<bits/stdc++.h>
02  #define maxn 50010
03  using namespace std;
04  struct node{
05      int u,v,next;
06  }edge[maxn<<1];
07  int deep[maxn],head[maxn],cnt,lp[maxn][30],p[maxn];
08  void addedge(int u,int v){
09      edge[++cnt].u=u;
10      edge[cnt].v=v;
11      edge[cnt].next=head[u];
12      head[u]=cnt;
```

```
13   }
14   void dfs(int u,int fa){
15       _____①_____
16       lp[u][0]=fa;
17       for(int i=1;(1<<i)<=deep[u];i++)
18              _____②_____
19       for(int i=head[u];i;i=edge[i].next){
20           int v=edge[i].v;
21           if(v!=fa){
22               dfs(v,u);
23           }
24       }
25   }
26   int lca(int a,int b){
27       if(_____③_____) swap(a,b);
28       int lg=0;
29       for(;(1<<lg) <=deep[a];) lg++ ;
30       lg--;
31       for(int i=lg;i>=0;i--) if(deep[a]-(1<<i)>=deep[b]) a=lp[a][i];
32       if(a==b) return a;
33       for(int i=lg;i>=0;i--){
34           if(lp[a][i]!=lp[b][i]){
35               a=lp[a][i];b=lp[b][i];
36           }
37       }
38       return _____④_____ ;
39   }
40   void dfs2(int u,int fa){
41       for(int i=head[u];i;i=edge[i].next){
42           int v=edge[i].v;
43           if(v!=fa){
44               dfs2(v,u);
45               p[u]=p[v]+p[u];
46           }
47       }
48   }
49   int main()
50   {
51       int n,m;
```

```
52        scanf("%d%d",&n,&m);
53        for(int i=1;i<n;i++){
54            int u,v;
55            scanf("%d%d",&u,&v);
56            addedge(u,v);
57            addedge(v,u);
58        }
59        dfs(1,0);
60        while(m--){
61            int u,v;
62            scanf("%d%d",&u,&v);
63
64            p[u]++;
65            _____⑤_____
66            int lc=lca(u,v);
67            p[lc]--;
68            _____⑥_____
69        }
70        dfs2(1,0);
71        int ans=0;
72        for(int i=1;i<=n;i++)
73            ans=max(ans,p[i]);
74        cout<<ans<<endl;
75        return 0;
76    }
```

38. ①处应填（   ）。

   A. deep[u]=deep[fa];　　　B. deep[u]=deep[u]+1;　　　C. deep[u]=deep[fa]−1;　　D. deep[u]=deep[fa]+1;

39. ②处应填（   ）。

   A. lp[u][i]=lp[lp[u][i−1]][i−1];　　　　　　　B. lp[u][i]=lp[lp[u][i−1]][i];

   C. lp[u][i]=lp[lp[u][i]][i];　　　　　　　　　D. lp[u][i]=lp[lp[u][i]][i−1];

40. ③处应填（   ）。

   A. deep[a]==deep[b]　　　B. deep[a]<deep[b]　　　C. deep[a]>deep[b]　　　D. deep[a]!=deep[b]

41. ④处应填（   ）。

   A. a　　　　　　　　　B. b　　　　　　　　　C. lp[a][0]　　　　　　　D. lp[a][1]

42. ⑤处应填（   ）。

   A. p[v]++;　　　　　　B. p[v]--;　　　　　　C. p[u]--;　　　　　　D. p[v]+=p[u];

43. ⑥处应填（   ）。

   A. p[lp[lc][1]]++;　　　B. p[lp[lc][1]]--;　　　C. p[lp[lc][0]]++;　　　D. p[lp[lc][0]]--;

CSP-S 模拟卷（四）

考试满分：100 分；考试时间：120 分钟；命题人：NOI 教研部

一、单项选择题（共 15 小题，每题 2 分，共 30 分；每题有且仅有一个正确选项）

1. RAM（随机存取存储器）在计算机中主要负责（　　）。

　A. 存储长期数据　　　　　　　　　B. 储存计算机的操作系统

　C. 存储正在运行的程序和数据　　　D. 存储计算机的备份文件

2. $(912)_{10}+(386)_{16}$ 的结果是（　　）。

　A. $(1814)_{10}$　　　　　　　　　　B. $(0111\ 0001\ 0101)_2$

　C. $(3425)_{16}$　　　　　　　　　　D. $(0111\ 0001\ 0111)_2$

3. 以下陈述描述了图论中的欧拉路径的是（　　）。

　A. 一个路径，其中每个顶点只被访问一次

　B. 一个路径，其中每条边只被访问一次，并且路径的起点和终点是相同的

　C. 一个路径，其中每条边只被访问一次

　D. 一个路径，其中每个顶点都被访问，且起点和终点不一定相同

4. 单调队列在计算机科学中的常见应用是（　　）。

　A. 用于实现广度优先搜索

　B. 用于动态维护一个序列中的最大 / 最小值

　C. 用于解决最短路径问题

　D. 用于实现排序算法

5. 下列关于 C++ 的 string 类的说法错误的是（　　）。

　A. string 类有一个成员函数是 length()，它可以返回字符串的长度

　B. string 类的对象可以用赋值运算符 = 进行赋值

　C. string 类的对象可以使用加法运算符 + 进行字符串的拼接

　D. 在比较 string 对象时，不可以直接使用 > 和 < 运算符比较字典序大小

6. 考虑以下两个逻辑表达式：

　Ⅰ：(A && B) || !(C || D)

　Ⅱ：A && B && (!C && !D)

以下陈述正确的是（　　）。

　A. 表达式Ⅰ和Ⅱ是等价的

　B. 只有当 A，B，C 和 D 都为真时，表达式Ⅰ和Ⅱ才同时为真

　C. 当 A，B 为真，而且 C，D 为假时，表达式Ⅰ和Ⅱ同时为真

　D. Ⅰ和Ⅱ的计算结果不可能相等

7. 桌子上有 A 和 B 两个黑袋子，袋子 A 里有 m 个白色纸团和 1 个黑色纸团，B 里有 n 个白色纸团和 1 个黑色纸团。你需要先从 A 里随机取出一个纸团，再从 B 里随机取出一个纸团。如果两个纸团都是黑色的，那么你就获胜了。下列情况中，获胜的概率更大一些的是（   ）。

A. m = 5，n = 5　　　　　　　　　　B. m = 4，n = 6

C. 获胜概率是相同的　　　　　　　　D. m 大于 n 时获胜概率大

8. 下列二叉树的叙述，正确的是（   ）。

A. 二叉树的深度为 k，那么最多有 logk 层（k>=1）

B. 完全二叉树的第 i 层，都有 2^{i-1} 个结点（i>=1）

C. 完全二叉树不一定是满二叉树

D. 堆不是满二叉树

9. 下列排序算法中，最坏时间复杂度是 O(nlogn) 的是（   ）。

A. 归并排序　　　　　　　　　　　　B. 插入排序

C. 快速排序　　　　　　　　　　　　D. 冒泡排序

10. 可以通过以下哪种方法来检测一个图是否是二分图？（   ）

A. 检查是否存在回路

B. 检查所有的顶点度数是否都是偶数

C. 对图进行深度优先搜索，如果在搜索过程中没有发现奇数长度的闭环，则是二分图

D. 如果一个图的所有顶点可以被染成两种颜色，使得任何一条边的两个端点颜色都不相同，则是二分图

11. 下列不是手机操作系统的有（   ）。

A. Harmony OS　　　　　　　　　　B. iOS

C. Android　　　　　　　　　　　　D. OFFICE

12. 算法中的有穷性是指（   ）。

A. 算法必须能在执行有限个步骤之后终止

B. 算法的执行时间必须有限制

C. 算法的输出必须有限制

D. 算法的输入必须有限制

13. 1500 人中，至少有多少人的生日相同（   ）。

A. 5　　　　　　　B. 6　　　　　　　C. 7　　　　　　　D. 8

14. T(1)=1，T(n)=T(n-1)+0.5n 的时间复杂度是（   ）。

A. O(n)　　　　　　　　　　　　　　B. O(n²)

C. O(nlogn)　　　　　　　　　　　　D. O(1)

15. 将字符 ABCD 填入标号为 ABCD 的四个方格里，每格填一个字符，则每个方格的标号与所填的字符均不相同的填法有（   ）。

A. 6 种　　　　　　B. 9 种　　　　　　C. 11 种　　　　　D. 23 种

二、阅读程序（共 3 道大题，每道大题含 6 道小题，为判断题或单项选择题。判断题正确填"√"，错误填"×"。除特殊说明外，每道判断题 1.5 分，每道单项选择题 3 分。共 40 分）

（一）

```cpp
01  #include<bits/stdc++.h>
02  #define maxn 500001
03  using namespace std;
04  int fa[maxn],head[maxn],cnt,headq[maxn],cnt1,ans[maxn];
05  int vis[maxn],n,m,root;
06  struct Edge{
07      int u,v,w,next;
08  }edge[maxn<<1],q[maxn<<1];
09  void add(int u,int v){
10      edge[++cnt].v=v;
11      edge[cnt].next=head[u];
12      head[u]=cnt;
13  }
14  void add1(int u,int v,int w){
15      q[++cnt1].v=v;
16      q[cnt1].w=w;
17      q[cnt1].next=headq[u];
18      headq[u]=cnt1;
19  }
20  int find(int x){
21      return x==fa[x]?x:fa[x]=find(fa[x]);
22  }
23  void tarjan(int x){
24      vis[x]=true;
25      for(int i=head[x];i;i=edge[i].next){
26          int y=edge[i].v;
27          if(!vis[y]){
28              tarjan(y);
29              fa[y]=x;
30          }
31      }
32      for(int i=headq[x];i;i=q[i].next){
33          int y=q[i].v;
34          if(vis[y]){
```

```
35          ans[q[i].w]=find(y);
36      }
37    }
38 }
39 int main(){
40    ios::sync_with_stdio(false);
41    cin.tie(0);
42    cin>>n>>m>>root;
43    for(int i=1;i<=n;i++) fa[i]=i;
44    for(int i=1;i<n;i++){
45        int u,v;
46        cin>>u>>v;
47        add(u,v);
48        add(v,u);
49    }
50    for(int i=1;i<=m;i++){
51        int u,v;
52        cin>>u>>v;
53        add1(u,v,i);
54        add1(v,u,i);
55    }
56    tarjan(root);
57    for(int i=1;i<=m;i++)
58        cout<<ans[i]<<' ';
59    return 0;
60 }
```

- 判断题

16. 代码的时间复杂度是 O(n+m)。（   ）

17. 该程序用到了并查集算法，判断 2 个点只要在一个集合即可。因此第 29 行代码可以改为 fa[x]=y。（   ）

18. 第 21 行代码可以改为 "return x==fa[x]?x:find(fa[x]);"。（   ）

19. 根结点必须明确，否则答案会有错误。（   ）

- 选择题

20. 若输入是

5 1 1

3 1

2 4

5 1

    1 4

    2 4

则输出结果为（   ）。

    A. 1   B. 2   C. 3   D. 4

21. 若输入是

    5 2 2

    3 1

    2 4

    5 1

    1 4

    2 4

    4 5

则输出结果为（   ）。

    A. 1 2   B. 2 3   C. 3 4   D. 2 4

（二）

```
01    #include<bits/stdc++.h>
02    using namespace std;
03    int a[301],r[301][301],maxn[301],minx[301];
04
05    int main(){
06
07        int N;
08        cin>>N;
09        for(int i=1;i<=N;i++)
10            for(int j=i;j<=N;j++)
11                cin>>r[i][j];
12        for(int i=1;i<=N;i++){
13            maxn[i]=-1e9;
14            minx[i]=1e9;
15        }
16        a[1]=1;
17        maxn[1]=minx[1]=a[1];
18        int i,j;
19        for(i=2;i<=N;i++){
20            a[i]=a[i-1]+r[i-1][i];
21
22            for(j=1;j<i;j++){
23                if(max(maxn[j],a[i])-min(minx[j],a[i])!=r[j][i])
```

```
24              break;
25          }
26          if(j!=i)
27              a[i]=a[i-1]-r[i-1][i];//
28          for(int j=1;j<=i;j++){
29              maxn[j]=max(a[i],maxn[j]);
30              minx[j]=min(a[i],minx[j]);
31          }
32
33      }
34      for(int i=1;i<=N;i++) cout<<a[i]<<' ';
35      return 0;
36  }
```

● 判断题

22. 数组相邻的元素不相互影响。（　　　）

23. 此程序构造的数组 a[1] 始终等于 1。（　　　）

24. 第 13 行和 14 行的初始化可以不要。（　　　）

● 选择题

25. 该程序构造的数组可以有（　　　）。

A. 1 个 　　　　　　B. 2 个 　　　　　　C. 3 个 　　　　　　D. 4 个

26. 若输入

3

1 2 2

0 1

0

则输出结果为（　　　）。

A. 1 3 2 　　　　　B. 1 2 3 　　　　　C. 1 2 2 　　　　　D. 1 3 3

27. （4 分）若输入

4

1 1 1 2

0 0 2

0 2

0

则输出结果为（　　　）。

A. 1 1 2 2 　　　　B. 1 0 2 2 　　　　C. 1 2 3 4 　　　　D. 1 2 2 0

（三）

```
01  #include<bits/stdc++.h>
02  using namespace std;
03  const int N=1010;
04  int dfn[N],low[N],head[N],vis[N];
05  bool cut[N];
06  int k,n,cnt,root;
07  struct Edge{
08      int v,nxt;
09  }edge[N<<1];
10  void addedge(int cu,int cv){
11      edge[cnt].v=cv;
12      edge[cnt].nxt=head[cu];
13      head[cu]=cnt++;
14  }
15  void tarjan(int u){
16      int num=0;
17      vis[u]=1;
18      dfn[u]=low[u]=++k;
19      for(int i=head[u];i!=-1;i=edge[i].nxt){
20          int v=edge[i].v;
21          if(vis[v]==0){
22              tarjan(v);
23              num++;
24              low[u]=min(low[u],low[v]);
25          if((u==root && num>1) || (u!=root && dfn[u]<=low[v]))
26                  cut[u]=1;
27          }
28          else low[u]=min(low[u],dfn[v]);
29      }
30  }
31  int main(){
32      while(~scanf("%d",&n) && n){
33          memset(head,-1,sizeof(head));
34          memset(dfn,0,sizeof(dfn));
35          memset(low,0,sizeof(low));
36          memset(vis,0,sizeof(vis));
37          memset(cut,0,sizeof(cut));
```

```
38          cnt=0;
39          int u,v;
40          while(scanf("%d",&u) && u){
41              while(getchar()!='\n'){
42                  scanf("%d",&v);
43                  addedge(u,v);
44                  addedge(v,u);
45              }
46          }
47          root=1;
48          k=0;
49          tarjan(root);
50          int ans=0;
51          for(int i=1;i<=n;i++)
52              if(cut[i])
53                  ans++;
54          printf("%d\n",ans);
55      }
56      return 0;
57  }
```

● 判断题

28. root 必须是 1。（   ）

29. 第 43 行和 44 行代码不可以互换。（   ）

30. 结点编号越大，d 对应的 dfn 值也就越大。（   ）

● 选择题

31. ans 最小值可能是（   ）。

   A. 0   B. 1   C. 2   D. 3

32. 若输入是

   6

   2 1 3

   5 4 6 2

   0

则输出的答案是（   ）。

   A. 1   B. 2   C. 3   D. 4

33. 该算法的时间复杂度为（   ）。

   A. O (n+m)   B. O (nlogn)   C. O (n²)   D. O (n²logn)

三、完善程序（全部为单项选择题，每小题 3 分，共 30 分）

（一）【最小贡献】状态压缩动态规划通常利用二进制去压缩路径，但也有用三进制压缩的情况。有个无向图，n 个点，m 条边，每条边都有边权值。要求每个点至少访问 1 次，最多访问 2 次。经过一次边就要累加边权值。注意，可能有重边。访问完 n 个点的最小贡献值是多少。

输入：第一行输入 n 和 m，2 个整数，1≤n≤10，之后有 m 行数据，每行 3 个整数 a,b,c，表示点 a 到点 b 的距离是 c。

输出：最小贡献值，如果不能完成，则输出 −1。

```cpp
01   #include<bits/stdc++.h>
02   #define inf 0x3f3f3f3f
03   #define maxn 600001
04   using namespace std;
05   int n, m, three[20] = {0, 1}, gra[12][12];
06   int dp[11][maxn], t[maxn][11], ans;
07
08   int fun(){
09       int res = inf;
10       memset(dp, 0x3f, sizeof(dp));
11       for(int j = 0; j <= n; j++)
12           dp[j][three[j]] = 0;
13       for(int i = 0; i < three[n+1]; i++){
14           int f = 1;
15            for(int j = 1; j <= n; j++){
16               if(     ②     ){
17                   f = 0;continue;
18               }
19               for(int k = 1; k <= n; k++){
20                   int temp = i - three[j];
21                         ③
22               }
23           }
24           if(f){
25               for(int j = 1; j <= n; j++)
26                   res = min(res, dp[j][i]);
27           }
28       }
29       return res;
30   }
```

```
31  int main(){
32      for(int i = 2; i < 12; i++)
33          ___①___
34      for(int i = 0; i < maxn; i++){
35          int temp = i;
36          for(int j = 1; j < 11; j++){
37              t[i][j] = temp % 3;
38              temp /= 3;
39          }
40      }
41      cin >> n >> m;
42      memset(gra, 0x3f, sizeof(gra));
43      int a, b, c;
44      for(int i = 1; i <= m; i++){
45          cin >> a >> b >> c;
46          ___④___
47      }
48      ans = fun();
49      if(___⑤___) cout << -1 << endl;
50      else cout << ans << endl;
51      return 0;
52  }
```

34. ①处应填（   ）。

   A. three[i]=three[i]*3;

   C. three[i]=three[i]*2;

   B. three[i]=three[i-1]*2;

   D. three[i]=three[i-1]*3;

35. ②处应填（   ）。

   A. t[i][j]==0

   C. t[i][j]!=0

   B. t[i][j]==1

   D. t[i][j]>0

36. ③处应填（   ）。

   A. dp[j][i]=min(dp[j][i],dp[temp][k]+gra[k][j]);

   B. dp[j][i]=min(dp[j][i],dp[k][temp]+gra[j][k]);

   C. dp[j][i]=min(dp[j][i],dp[k][temp]+gra[k][j]);

   D. dp[j][i]=min(dp[j][i],dp[temp][k]+gra[j][k]);

37. ④处应填（   ）。

   A. gra[a][b]= min(min(gra[a][b],c),gra[b][a]);

   B. gra[a][b]=gra[b][a]=min(min(gra[a][b],c),gra[b][a]);

   C. gra[b][a]=min(min(gra[a][b],c),gra[b][a]);

   D. gra[a][b]=gra[b][a]=min(gra[a][b],gra[b][a]);

38. ⑤处应填（　　　　）。

    A. ans==inf　　　　　　B. ans==0　　　　　　C. ans==1　　　　　　D. ans==2

（二）【最小花费】 假如你现在正处在一个 N*N 的矩阵中，这个矩阵里面有 K 个障碍物，你拥有一把武器，一发弹药一次能消灭一行或一列的障碍物，求最小的弹药消灭全部障碍物。

    输入第一行有 2 个整数，表示 N 和 K 的值。接下来有 K 行，每行包含障碍物的行坐标和列坐标。

    输出一个整数，表示花费最小的弹药数。

```
01   #include  <bits/stdc++.h>
02   const int   MaxN = 500 + 1;
03   bool Map[MaxN][MaxN] , vis[MaxN];
04   int n , match[MaxN] , ans , k;
05   using namespace std;
06
07   bool search(int x){
08       int i , t;
09       for (i = 1 ; i <= n ; i ++)
10           if (Map[i][x]&&    ②      )
11           {
12               vis[i] = true;
13               t = match[i];
14                   ③
15               if (t ==0 ||    ④    ) return true;
16               match[i] = t;
17           }
18       return false;
19   }
20
21   void  hungary(){
22       int i ;
23           ⑤
24       ans = 0;
25       for (i=1;i<=n;i++){
26           memset(vis,false,sizeof(vis));
27           if (search(i)) ans++;
28       }
29   }
30
31   int main(){
32       int i, x,y;
```

```
33      cin>>n>>k;
34      for ( i=1 ; i<=k;i++){
35          cin>>x>>y;
36              ①
37      }
38      hungary();
39      cout<<ans<<endl;
40
41      return 0;
42  }
```

39.①处应填（   ）。

A. Map[x][y] = 1;   B. Map[x][y] = 0;

C. Map[y][x] = 1;   D. Map[y][x] = 0;

40.②处应填（   ）。

A. !vis[x]   B. !vis[i]   C. vis[x]   D. vis[i]

41.③处应填（   ）。

A. match[x] = i;   B. match[i] = true;

C. match[i] = x;   D. match[x] = true;

42.④处应填（   ）。

A. search(i)   B. search(t+1)

C. search(t−1)   D. search(t)

43.⑤处应填（   ）。

A. memset(match ,0, sizeof(match));   B. memset(Map ,0, sizeof(match));

C. memset(match ,0x3f, sizeof(match));   D. memset(Map,0x3f, sizeof(match));

CSP-J 模拟卷（一）答案及思路解析

一、单项选择题

题号	1	2	3	4	5	6	7	8	9	10	11	12	13	14	15
答案	B	D	C	A	A	B	C	B	B	C	A	C	A	B	B

【思路解析】

1. CPU 全称为 central processing unit, 意思是中央处理器，不是中央控制器。CPU 只能执行机器指令，也就是机器语言的代码。C 选项，晶体管和电子管时代，就已经有 CPU 了，不是 IBM 公司发明的。D 选项，32 位只能说明处理的字长，所在的系统硬件指令不同，速度很难区分谁快。

2. 原码转补码，除符号位其他位按位取反，末位 +1。所以 1111111111101011 转换为原码 1000000000010101。最高位为符号位，1 表示负数，10101 为 21。所以是 −21。

3. 在计算机中存储、传送、处理数据都是以二进制进行的。

4. 排序算法总结如下表所示，故选 A。

序号	排序方法	平均时间复杂度	最好时间复杂度	最坏时间复杂度	空间复杂度	是否是稳定排序
1	选择排序	$O(n^2)$	$O(n^2)$	$O(n^2)$	$O(1)$	不稳定
2	冒泡排序	$O(n^2)$	$O(n)$	$O(n^2)$	$O(1)$	稳定
3	插入排序	$O(n^2)$	$O(n)$	$O(n^2)$	$O(1)$	稳定
4	快速排序	$O(n\log n)$	$O(n\log n)$	$O(n^2)$	$O(n\log n)$	不稳定
5	归并排序	$O(n\log n)$	$O(n\log n)$	$O(n\log n)$	$O(n)$	稳定
6	桶排序	$O(n+k)$	$O(n)$	$O(n^2)$	$O(n+k)$	稳定
7	计数排序	$O(n+k)$	$O(n+k)$	$O(n+k)$	$O(n+k)$	稳定
8	基数排序	$O(n*k)$	$O(n*k)$	$O(n*k)$	$O(n+k)$	稳定
9	堆排序	$O(n\log n)$	$O(n\log n)$	$O(n\log n)$	$O(1)$	不稳定
10	希尔排序	$O(n^{1.3})$	$O(n)$	$O(n^2)$	$O(1)$	不稳定

5. 可参照 3.4.6.1 节内容还原二叉树，如下图所示，后序遍历为 DCBFEA。

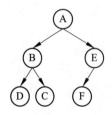

6. 二分算法的时间复杂度是 $O(\log n)$。

7. 哈夫曼树查找如下图所示，其带权路径长度为 =(13+15)×2+(7+9+11)×3+5×4+(1+3)×5=177。

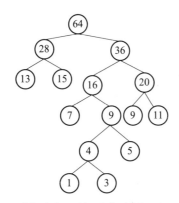

8. 方法一：可以画出表达式的二叉树形式，然后先序遍历。因为加号是最后进行的，故一定是根结点，"+"排在第一位，选 B。

方法二：写全括号 ((a/b)+((c−(d*e))*f))，运算符前置 +(/(ab)*(−(c*(de))f))，最后去掉括号 +/ab*−c*def。

9. 可以根据主定理解答，也可以推导，T(1)=1，T(2)=2+2×T(2/2)，…，故选 B。

10. 根据折半查找思路，11 个元素，第一次查找下标是 (1+11)/2=6。50 > a[6]，因此在下标 7～11 之间查找。第二次查找 (7+11)/2=9，a[9]=62 > 50，因此在下标 7～8 之间查找。第三次查找 (7+8)/2=7，a[7]=47 < 50，第四次查找 (8+8)/2=8。a[8]=50，找到。因此需要 4 次查找。

11. 拓扑排序先找到入度为 0 的结点，如果有多个结点优先选择编号最小的，然后删除该结点，并删除由该结点出发的所有有向边，重复此过程。因为每个结点和边都要删除一遍，所以时间复杂度是 O(n+m)。

12. 逆序对就是对于给定的一段正整数序列，序列中 a[i]>a[j]，且 i<j 的有序对。这个序列的有序列有 (8,5)、(8,1)、(8,3)、(8,6)、(8,4)、(5,1)、(5,3)、(5,4)、(10,3)、(10,6)、(10,9)、(10,4)、(6,4)、(9,4)，共 14 个逆序对。

13. 排列组合问题。允许有的班级没有名额，可以给每个班级借一个名额，名额总数就变成 9+5，这样就变成 14 个名额分配到 5 个班级，每个班级至少分配一个的问题，用插板法来解决。$C_{14-1}^{5-1} = 715$。

14. 根据二叉树的性质 $n_0 = n_2 + 1$。度为 2 的结点数等于 120−1=119 个。完全二叉树度为 1 的结点数最多 1 个。因此结点总数 $n = n_0 + n_1 + n_2$，所以 119+1+120=240。

15. 邻接矩阵中的值都是按照对角线相对称的，a[2][5] 的值是 1，那么 a[5][2] 的值也一定是 1。

二、阅读程序

（一）

题号	16	17	18	19	20	21
答案	√	√	√	√	B	C

【思路解析】

16. 第 7 行循环遍历 1～n，第 9 行 while 循环取出 num 的每一位数字，第 10 行的 if 判断当前位如果是 2，则计数器 s 加 1，break 终止循环，也就是枚举到这个数里面有 2，s 自增 1，就终止循环，最后输出 s，求 1～n 中含有 2 的数字的个数，因此正确。

17. 在 C++ 中，0 为假，非 0 为真。while(num)，就是 num 值为真执行循环，相当于 num!=0 时执行循环。初始时 num 等于 i 是大于 0 的，循环过程中 num 不断的除以 10，直到等于 0，所以 num 大于 0 时要一直循环，因此正确。

18. 删除 12 行的 break 后，会把每个数字中的所有 2 都统计上。

19. "num/=10" 等价于 "num=num/10"，都是将 num 自身除以 10。

20. 程序求 1～100 中，有多少个数字含有 2。个位为 2 的数字有 2，12，22，32，…，92 有 10 个，十位有 2 的右 20，21，22，…，29 有 10 个，其中 22 计算了两次，因此共有 10+10-1=19 个。

21. 删除 break 后程序是求 1～n 中的数字里面总共包含了多少个 2，如 22 就要统计为 2。根据上题共有 20 个。

（二）

题号	22	23	24	25	26	27	28
答案	×	×	×	√	D	C	B

【思路解析】

22. 程序是求 n 的阶乘有多少个因子，因此错误。

23. 按照程序模拟一下，先统计 2～5 质因子的数量，即 a[2]=3,a[3]=1,a[5]=1，再用一个 for 循环统计数量 ans=(3+1)×(1+1)×(1+1)=16，因此错误。

24. while 改成 if 后可能会少加部分质因子的数量，如当 tmp=4，j=2 时，while 里面 a 数组会累加两次，if 只会累加 1 次。

25. 运行到 13 行，j 肯定是 tmp 的因子，如果它能一直被质因子整除，while 循环一定是在它的质因子位置上统计，比如 tmp=16，while 循环就会一直执行 a[2]++ 语句。

26. 第 9～18 行的双层循环中，第 9 行的 for 循环时间复杂度是 $O(n)$，第 11 行的循环为 $O(\sqrt{n})$，第 12 行的 while 循环平均时间复杂度为 $O(1)$，总的时间复杂度为 $O(n\sqrt{n})$。

27. 模拟一下结果，a[2]=8,a[3]=4，a[5]=2,a[7]=1，其余都为 0，a 数组元素之和为 8+4+2+1=15。

28. 根据第 27 题分析，ans=(a[2]+1)×(a[3]+1)×(a[5]+1)×(a[7]+1)=9×5×3×2=270。

（三）

题号	29	30	31	32	33	34
答案	×	√	√	×	B	C

【思路解析】

29. 因为是多组数据的输入，所以去掉 11 行会影响第 2 组及以后的数据的结果。

30. 第 17 行是 "s1+=h[s[i]-55];"，十六进制中用大写字母 A～F 表示数字 10～15，所以检测到大写字母开始转换，"A" 是 65，从 A 开始的字母转换成 10，也可以写成 "s[i]-65+10" 即 "s[i]-55"。二者是等同的。

31. 第 17 行转换的只有大写字母，小写字母未处理，因此输入小写字母会导致数组溢出，因此输入字母只能是大写字母。

32. 十六进制转八进制结果不可能有 8。

33. 看懂程序，就可以知道本题是十六进制转八进制，直接转换即可知道结果，是 15274。

34. 直接转换也可得到结果 22317。

三、完善程序

（一）

题号	35	36	37	38	39
答案	A	A	B	C	A

【思路解析】

35. l 和 r 是二分的左右端点。正常情况下，只需要赋值 l=0，r=n−1，但是本程序要求没有这个数的时候需要查找插入的位置，例如已有 5 个数，要插入数字 9，5 个数是 1、3、5、6、7。下标从 0 开始，要插入的位置应该是 5，r=5，即 r=n。如果 r=n−1，输出的位置就不对，所以初始化的时候 l=0，r=n。

36. while 的条件应该是 l<r，因为第 19 行，r=mid，若 l<=r，有可能造成死循环。

37. 12 行条件成立，找到了 x，13 行输出 x 在序列中的位置为 mid。

38. 19 行是 r=mid，在左区间查找，所以此处答案肯定是在右区间查找，l=mid+1。

39. while() 循环执行的条件是 l<r，最后结束循环的时候，肯定是 l==r，所以输出 l 和 r 都可以，而选项里没有 r。

（二）

题号	40	41	42	43	44
答案	B	A	D	A	C

40. 输入的下标范围是 0～n−1，因此滑动窗口的数据下标范围也是从 0～n−1，此处选择 B。

41. head++ 是队首元素出队，当前队首元素如果不在窗口中就需要出队。由 14 行的 a[q[head]] 可知，队列里保存的是元素下标，排除 C、D。区间长度是 k，区间应有 k 个元素，最后一个元素下标是 i，区间范围应是 [i−k+1,i]，因此下标 i−k 不应在范围内。下标应大于等于 0，i−k>=0，即 i>=k。

42. 队列里保存的是元素下标，故排除 A、B。这里是判断当前元素如果大于等于队尾元素则队尾元素出队，看 43 题任意一个选项，tail 运算后指向一个空位置，队尾元素为 q[tail−1]，故选择 D。

43. 第 13 行是当前元素要入队，队列保存是元素下标，故排除 C 和 D，队尾指针 tail 指向队尾元素的下一个位置，故入队操作是将下一个元素放在 tail 处，再将 tail 往后移动一位。故选 A。

44. 当前滑动窗口的长度已经为 k，当 i==k−1 时，第一次窗口长度为 k，当 i>=k−1 时，表示窗口长度已经为 k，故选 C。

CSP-J 模拟卷（二）答案及思路解析

一、单项选择题

题号	1	2	3	4	5	6	7	8	9	10	11	12	13	14	15
答案	A	C	B	C	D	B	A	D	D	B	A	C	A	C	A

【思路解析】

1. iostream 库的基础是两种命名为 istream 和 ostream 的类型，分别表示输入流和输出流，cin 和 cout 需要调用它。cstdio 是 scanf 和 printf 需要调用的库，cmath 是一些数学函数要调用的库，stack 是栈要调用的库。

2. 数位拆分的基础知识，n/100 去掉四位数的最后两位数，再 %10 得到百位数。n%10/10 结果为 0，n/10%10 是得到十位数，n%100/10 也是得到十位数。

3. 总结规律即可，a 是第一位小写字母，a 的 ACSII 值是 97=96+1，b 是第二位字母，98=96+2，f 是第六位字母，即 102=96+6。

4. 原码转补码符号位不变，其他位取反 +1。可以验证答案选 C。10110111=>11001000+1=>11001001。

5. 存储单位通常有 B，KB，MB，GB，TB 等，它们之间都是相差 2^{10} 倍，即 1024，通常也可以约等于 1000，32GB/2MB=16×1024 约等于 16000。

6. 圆排列问题，总方案数是 8!/8=5040。串成手串与珠子的顺序无关，例如，1 2 3 串成的手串和 3 2 1 串成的手串是一样的，所以结果要再除以 2。结果就是 5040/2=2520。

7. 直接算或者转换成中缀表达式再算。直接算从左向右开始计算，遇见两个操作数，就用前面的操作符运算，先遇见 3 和 4，用前面的运算符 3+4，再（3+4）×2，再（3+4）×2−2=12。

8. 原码转补码，符号位不变，其他位取反 +1。验证答案即可，选 D。

9. 归并排序的空间复杂度主要取决于临时数组，而临时空间的大小不会超过数据范围 n，所以空间复杂度是 O(n)。

10. 前序遍历顺序是根结点→左子树→右子树，而后序遍历顺序是左子树→右子树→根结点，首先知 A 是根结点，又由后序遍历知 C 必然是右子树的根结点，C 前面的 ABDE 中 A 是根结点，剩下的 BDE 三个结点必然是左子树的，答案是 3 个。

11. 16 是 2^4，因此二进制数是 10000，17 再加上 1，是 10001。0.625 乘二取整。0.625×2=1.25；0.25×2=0.5；0.5×2=1，取整数部分 0.101。因此结果是 10001.101。

12. 英国的域名后缀是 UK。

13. 5 是 101，6 是 110，7 是 111，连起来 101110111。

14. abc 顺序已定，$C_6^3 × A_3^3$ =20×6=120。

15. 模拟操作即可。操作步骤可以是，ACDHEBGIF → ABCDHEGIF → ABCDHEFGI → ABCDEFGHI，3 次就可以完成。

二、阅读程序

（一）

题号	16	17	18	19	20	21
答案	√	√	×	×	A	B

【思路解析】

16. 已知语句"int cnt[26];"第 10 行有"cnt[s[i]−'a']"，如果输入中有不含小写字母的字符，则"s[i]−'a'"会超出 0 ～ 25 范围，导致 cnt 数组下标越界。

17. m_cnt 是求 cnt 数组中的最大值，初始时默认为 cnt[0] 不会影响后面统计结果。

18. 改完后，cnt[0] 若是 cnt 数组中的最大值则被漏掉。

19. 如果 cnt 中有多个最大值，ans 会记录最小的下标，改完后变成记录最大的下标。

20. 程序统计出现次数最多的字母以及对应出现的次数，若多个字母出现次数相同，则选小的字母，a 出现 2 次，c 出现 3 次，d 出现 1 次。所以输出 c 3。

21. 程序统计出现最多的字母以及对应出现的次数，改完后，如果多个字母出现次数相同，则选大的字母，a 和 c 都出现 3 次，所以输出 c 3。

（二）

题号	22	23	24	25	26	27
答案	×	√	√	×	B	D

22. 是多组数据，虽然在全局位置定义了数组，但是每次都需要清零。

23. c−'A'+1 和 c−64 结果相同。

24. "min(G[u][v],d);"已经处理了重边的问题。

25. 输入中可以没有小写字母。

26. func 函数中有双重循环，时间复杂度 $O(n^2)$。

27. 26 个大写字母，可以用 1～26 表示，范围是 [1, 26]。

（三）

题号	28	29	30	31	32	33
答案	×	×	D	B	B	C

【思路解析】

28. 代码实现是在一个 n×m 的数字矩形中从 (1,1) 到 (n,m) 中选择一条路径，使得其路径上方格中数字和最大，xx 和 yy 数组，也各有 9 个方向选择。t 循环 9 次，因此每个方格选择下一个方格有 9 种路线选择，因此错误。

29. 第 13 行"maxn=−1e9;"删除，虽然在全局位置上 maxn 默认初始值为 0，但是格子的值是负数的话就会改变结果。

30. −1e9 等同于 −1000000000。

31. 时间复杂度取决于循环，三重循环，时间复杂度 O(n×m×9)，通常我们省去常数，所以是 O(n×m)。

32. 代码求解最大路径和问题使用了动态规划思想。

33. 模拟一下过程，$-4+7+10+6+(-10)=9$。

三、完善程序

（一）

题号	34	35	36	37	38
答案	B	D	B	A	A

【思路解析】

34. 本题是搜索找最小值问题。根据第 17 行，ans 每次取得最小值。根据题意，ans 最大可能等于 n，所以排除 AC 选项。求最小个数，和分量 W 没关系，所以排除 D 选项，选择 B 选项。

35. 分析 now 和 number 变量对应的含义。根据 dfs 里的函数，now 是当前剩的第几道菜，number 是当前可以用的盒子数量。如果用的盒子数量比已经可能的答案大于或者等于，没有必要继续计算下去，属于"剪枝"操作。选择 D 选项。

36. 根据 if 里面的 dfs 语句，number 没有增加，意味着用当前现有的盒子（即不增加盒子）轮流尝试装当前的第 now 道菜，能装下才尝试装下一道菜，所以小于等于 w 满足继续尝试的条件。选择 B 选项。

37. 对应第 20 行代码，是"恢复现场"的操作，前面加，此位置要减掉。选择 A 选项。

38. 从前面的循环得知，是在不增加 number 数量的情况下，尝试解决问题。如果解决不了，需要用此处语句解决。结合 24 和 26 行代码，number+1 表示要增加 1 个盒子，所以盒子的数量要增加 1 个，A 或者 C 选项。根据题意，尝试用当前数量的盒子去装下一道菜，所以 now 也要加 1。综合考虑选择 A 选项。

（二）

题号	39	40	41	42	43
答案	C	B	D	D	A

【思路解析】

39. 数组 a 初始化 1～9 这 9 个数字，a[i]=i。

40. 13 行的 for 循环在枚举乘号的位置，乘号总共有 8 个位置，分布位于第 1 个数到第 8 个数后面，j 从 1 到 8，所以 j<9。

41. 21 行的 while 循环在检查两个数的乘积 num3 是否只包含 1～9 数字，且每个数只出现 1 次。ok 标记 num3 是否满足这两个条件，t 是 num3 拆分出来的每一位数，如果 t==0，不在 1～9 的范围内。vis[t] 表示 t 出现的次数，++vis[t] 表示 t 出现 1 次就加 1，如果大于 2 超过了出现一次这个条件，这两个条件只要不符合其中之一，ok 就为 false，所以用逻辑或连接。

42. cnt 统计 num3 的位数，ok 为 true 表示 num3 满足条件只出现 1～9 且每个数字不超过 1 次，cnt==9 和 ok==true 同时满足表示 num3 恰好有 9 个数字，且 1～9 都只出现 1 次。运行到 27 行，若 ok 成立，则 num3 在上面的 for 循环已经除完为 0 了。num3 除之前的值保存在 tmp 中，这时 tmp 为一个可行解，如果 tmp > ans 表示是一个更优解，需要更新 ans。综合有 cnt==9 && ok && tmp > ans。

43. next_permutation 函数求下一个排列，如果没有下一个排列就返回 false，这样配合 do-while 循环就能枚举全排列。next_permutation 中的两个参数表示的区间是前闭后开的，排列保存在 a[1] 到 a[9] 中，相对应的区间为 [1, 10)，传入的参数为 a+1,a+10。

CSP-J 模拟卷（三）答案及思路解析

一、单项选择题

题号	1	2	3	4	5	6	7	8	9	10	11	12	13	14	15
答案	C	C	D	A	A	B	A	B	D	B	A	B	C	B	B

【思路解析】

1. IPv4 中，合法 IP 地址范围为 (1～255).(0～255).(0～255).(0～255)。

2. 面向对象开发的语言都是高级语言。

3. 本题主要考查信息编码。每个汉字的输入码不是唯一的。声音数字化是指将模拟信号转换成数字信号，此过程称为"模数转换"。颜色模式为 RGB/8 的位图中每个像素用 8*3＝24 位二进制数进行编码。已知大写字母 I 的 ASCII 码是 49H，则小写字母 j 的 ASCII 码是 49+1+20＝6AH（大写字母与小写字母十六进制相差 20），转换为十进制数是 106D。

4. 链表插入和删除数据不需要移动数据元素，因此用头插法插入和删除数据，时间复杂度是 O(1)。

5. 对着出栈的顺序推算入栈的顺序，并记录栈中的元素。例如第一个出栈的是 2，这需要先将 1,2 入栈，然后 2 出栈，依次类推。

6. 无向图中边的条数等于顶点度数之和除以 2。

7. 因 10000 后面有 4 个 0，所以是 2^4 即 16，10001 就是 17 的二进制数。$0.101 = 1 \times 2^{-1} + 1 \times 2^{-3} = 0.5 + 0.125 = 0.625$。

8. 有 n 层的完全二叉树结点个数大于 $2^{n-1} - 1$ 且小于等于 $2^n - 1$。$2^8 - 1 < 266 \leqslant 2^9 - 1$。

9. 用二叉树遍历或者括号法都行。括号法 ((a×(b+c))－((d×e)/f))，符号后置，((a(bc)+)×((de)×f)/)－，去掉括号 abc＋×de×f/－。

10. 从 9 个吉祥物中任取 3 个有 C_9^3 个基本事件，其中没有冰墩墩的事件有 C_5^3 个基本事件，所以至少有一个冰墩墩的概率为 $P = 1 - \dfrac{C_5^3}{C_9^3} = 1 - \dfrac{10}{84} = \dfrac{37}{42}$。

11. 根据题意，5 名志愿者去 3 个地方，有 1+1+3，1+2+2 两种可能，根据部分分组的原理求解。5 名志愿者去 3 个场所，每个场所至少 1 人，有以下两种可能，3 个场所可能分别有 1，1，3 或 1，2，2 名志愿者，根据部分均分的分组公式，分组的可能有：$\dfrac{C_4^1 + C_5^2 C_3^2}{A_2^2} = 25$ 种，在把这些分组分到三个不同的场所，有 $25 A_3^3 = 150$ 种。

12. 图灵被称为计算机科学之父、人工智能之父。冯·诺依曼是计算机科学家、物理学家，更是 20 世纪最重要的数学家之一，被后人称为"现代计算机之父""博弈论之父"。林纳斯·托瓦茨，是发明 Linux 操作系统的人，Git（分布式版本控制系统）的缔造者。本贾尼·斯特劳斯特卢普是 C++ 之父。

13. 根据流程图可知，只要 a、b 任意一个变量的值大于等于 m，循环就结束，c 的值就等于哪个变量值。a=3，b=4，m=20 进行累加的时候先执行 a=a+b，再执行 b=a+b，具体累加情况如下表所示，最后 c=29。

m	n	a<m	b<m	c
20	3	3	4	
		7	11	
		18	29	29

14. n 个顶点的无向简单图最多有 n×(n−1)/2 条边。n×(n−1)/2>=28 的最小 n 为 8。

15. 4 位员工依次选择检测点，方法数为 $5^4 = 625$。

二、阅读程序

（一）

题号	16	17	18	19	20	21
答案	√	×	×	A	C	D

【思路解析】

16. 运行到 11 行，说明第 8 行的条件成立，即 n 能整除 a，第 10 行的条件也成立，即 n/a 能整除 b，有 k=n/a/b，所以 n/a==b×k，也有 n==a×b×k。注意这里的除法是向下取整，只有能整除时，乘以分母等式才成立。

17. 第 9 行的 b>=a，修改后 b 的遍历范围会减少，最后导致 res 变小。

18. 修改前有 else，12 行的 res++ 和 13 行的 res+=3 最多只有一个被执行，修改后，如果 12 行的 res++ 执行，13 的 res+=3 肯定也会被执行。最终导致 res 变大。

19. 当 n=4 时，第 7 行循环只执行 1 次，代入内部循环模拟，可得答案是 6。同理，当 n=5 时，得到答案是 3。

20. 下面是进入 11 行后的 a b k 的可能情况，以及 res 的相应累加值。

a	b	k	res
1	1	12	+3
1	2	6	+6
1	3	4	+6
2	2	3	+3

21. 外层 for 循环为 a×a×a<=n，即 a<= $\sqrt[3]{n}$，即 $O(\sqrt[3]{n})$，同理内层循环也为 $O(\sqrt[3]{n})$，循环嵌套时间复杂度相乘，为 $O((\sqrt[3]{n})^2)$。

（二）

题号	22	23	24	25	26	27
答案	√	√	×	D	D	D

【思路解析】

22. 初始化变量 r=1，运行到第 8 行条件成立，f 被赋值为 1，所以初始 f 值并不会影响程序结果。

23. 初始化变量 r=1，c=1，运行到第 8 行 if 条件成立，c++ 后 C 的值变为 2，13 行的 if 条件不会成立。其他任何时候 r 和 c 都不会同时为 1，故两个条件只会成立一个。

24. 两个 if 中的 sum++ 不会在同一次 while 循环中都被执行。

25. 第 9 到 11 行和第 14 到 16 行会导致 c 和 r 的和加 1，第 18 到 20 行不会改变 c 和 r 的和，所以总的来说 c 和 r 的和相加不会小于 2，自然也不会同时为 0。第 21 行的 if 条件无法成立。导致死循环。

26. 初始化变量 r=1，c=1，sum=1 运行到第 8 行条件成立，第 9 到 11 行执行完 c=2，f=1，sum=2，第 18 到 20 行执行完 r=2，c=1，sum=3，进入下次循环，执行完第 14 到 16 行，r=3，c=1，f=-1，sum=4，执行完第 18 到 20 行 r=2，c=2，sum=5，此时第 21 行条件成立，跳出循环，输出 5。

27. 程序是从左上角第 1 行第 1 列开始，沿着左上或者右下方向填充矩形，具体如下所示。

1	2	6	7	15	16
3	5	8	14	17	
4	9	13	18		
10	12	19	25		
11	20	24			
21	23				
22					

（三）

题号	28	29	30	31	32	33
答案	×	√	×	√	B	A

【思路解析】

28. 上述代码是计数排序。将输入的 n 个数字从小到大输出。

29. 第 7 行代码将 y 数组中的值初始化为 0 的操作，y 数组是全局变量，本身就已经初始化为 0 了。

30. 输入中的 200 已经大于 110 了，超出了 y 数组的下标，在第 11 行 y[x[i]]++ 时会出现数组下标越界错误。

31. 在 while 循环中，y[i] > 0 时循环，然后 y[i] 每次减 1。改为"y[i]--"后，运算结果不变。

32. 程序对输入的 5 个数字进行升序排序后输出，输出为 1 2 2 3 3。

33. 程序采用的是计数排序，计数排序的时间复杂度为 O(n)。

三、完善程序

（一）

题号	34	35	36	37	38
答案	C	B	A	D	C

【思路解析】

34. 第 5 行的 prime 函数用来判断 x 是否为素数。第 7 行的 m 是 i 的遍历上界，我们需要检查 2 到根号 x 中的所有 i，查看是否有整除 x 的数。故 m 为 sqrt(x) 的整数，(int)(sqrt(x)+0.5) 表示根号 x 的四舍五入取整。直接用 m=sqrt(x) 可能由于浮点数误差出现问题，比如 x=9，sqrt(x) 可能返回 2.999999，然后赋值给 x 就直接舍去了小数部分变成了 2。

35. 第 14 行是递归函数 dfs 的边界条件。dep 表示当前被选数的数量，如果当 dep>k 表示选择的数超过的 k 个，需要退出递归函数。n-x 表示可选数的数量，k-dep 表示剩余需要选择数的数量，如果可选数的数量小于需要被选数的数量，也可以及时退出。这两个条件只要满足一个就可以退出 dfs 函数。

36. 第 15 行的 ans++ 表示只要满足条件就是一种选数方案。我们的方案是要选择 k 个数，即 dep==k，并且选择的数之和是一个素数，即 prime(sum)。

37. 第 16 行的 for 循环表示选择的数还没有 k 个，需要继续选择后面的数，由于我们要考虑去重，我们每次选择的数都要比前面的数位置靠后，x 是这次需要考虑数的起始位置。

38. 选好第 i 个数 a[i] 后，继续选数，选择的数的起始位置要比第 i 个数要大，故下次从 i+1 的位置开始考虑选数。

（二）

题号	39	40	41	42	43
答案	B	A	B	B	C

【思路解析】

39. 第 13 行 top>=0 表示栈非空，栈顶元素是距离当前遍历元素左边最近的元素，现在要找左边最近且小于当前元素的元素下标。通过第 15 行可以得知，栈里保存的是元素下标。若当前栈里下标对应的元素大于等于当前元素，则都应该出栈。

40. 数组保存当前元素左边小于它的最近元素下标。经过第 13 行的循环，如果栈非空，栈顶元素即所求，若栈为空，则表示左边没有元素比当前元素小，对应的下标为 −1。

41. 第 17 行是初始化栈，栈初始为空，没有任何元素，栈顶指针初始时为 −1。

42. 第 20 行和第 13 行类似，只不过这里是求右边小于当前元素最近的下标，所以循环是从右往左扫描，栈里保存的是右边元素的下标。若栈里下标对应的元素大于等于当前元素，则需要出栈操作。

43. 第 24 行求最大矩形的面积，当前的矩形高是 a[i]，r[i] 是右边小于 a[i] 的柱子下标，r[i]−1 就是矩形的右边界，同理 l[i] 是左边小于 a[i] 的柱子下标，l[i]+1 就是矩形的左边界，矩形的底部宽为 ((r[i]−1)−(+l[i]+1)+1)=r[i]−l[i]−1，矩形的面积为 a[i]×(r[i]−l[i]−1)。

CSP-J 模拟卷（四）答案及思路解析

一、单项选择题

题号	1	2	3	4	5	6	7	8	9	10	11	12	13	14	15
答案	B	A	B	C	B	C	B	D	D	C	B	C	C	C	A

【思路解析】

1. 本题主要考查二进制编码。"A"的编码为"01000001"，则"G"的二进制编码为 0100 0111，经过奇校验后为"10100 0111"，故选 B。

2. 本题主要考查数据安全。一般密码同时包括字母大小写、数字和特殊字符，安全性比较高，故密码更安全的是 Tlgp!@154，故选 A。

3. 模拟操作过程是：1 进，1 出，2 进，3 进，3 出，4 进，4 出，2 出，5 进，6 进，7 进，7 出，6 出，5 出。

4. ①先序遍历找根结点。②中序遍历里根结点左边的都是左子树，根结点右边的都是右子树。③左右子树重复上述过程。画出这棵二叉树。可求出树的深度是 4。

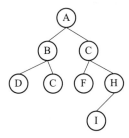

5. 本题主要考查计算机系统知识。应用软件必须在系统软件的支持下才能正常运行；计算机硬件系统必须使用系统软件才能正常工作；计算机分成硬件系统和软件系统，缺一不可；应用软件是为了完成某种应用或解决某类问题而编写的专用程序，故选 B。

6. 发布天气情况只是一个简单的发布系统，不涉及智能应用。

7. 1TB=1024GB，1GB=1024MB，1MB=1024KB。

8. 在链表中一般只能进行顺序查找，所以双链表并不能提高查找速度。因为双链表中有两个指针域，显然不能节约存储空间。对于动态存储分配，回收存储空间的速度是一样的。由于双链表具有对称性，所以其插入和删除操作更加方便。

9. s 指向要被删除的结点 s=p->next，删除 s 结点 p->next=s->next。

10. 根据二叉树的基本性质 3，在任何二叉树中，叶子结点数总比度为 2 的结点数多 1。

11. 根据先序遍历结果看出 A 为根结点，中序遍历 A 左边的都是左子树，一共有 3 个结点 DBE。

12. 当无向连通图存在权值相同的多条边时，最小生成树可能是不唯一的；另外，由于这是一个无向连通图，故最小生成树必定存在。

13. 对小分队内的女医生人数进行分类讨论，结合组合计数原理可得结果。当小分队中有 1 名女医生时，有 $C_7^1 C_8^2$ 种组法。当小分队中有 2 名女医生时，有 $C_7^2 C_8^1$ 种组法。综上所述，共有 $C_7^1 C_8^2 + C_7^2 C_8^1 = 364$ （种）组队方案。

14. 将 5 人分为 3 组有两种情况：1 1 3；1 2 2。再分好组派去三个不同的场馆求解即可。

$$\left(C_5^3 + \frac{C_5^2 C_3^2 C_1^1}{A_2^2} \right) A_3^3 = 25 \times 6 = 150$$

15. n 个顶点，n−1 条边的连通图一定是树。

二、阅读程序

（一）

题号	16	17	18	19	20	21
答案	×	×	×	B	C	B

【思路解析】

16. 左移一位是 ×2，所以是错的。

17. 因为第 42 行 "while(cin>>n>>m){"，很显然每次必须要初始化数组。

18. 很明显第 47，48 行是进行加边操作。"47 add(u,v);" " 48 add(v,u);" 一组 u，v 加了两次，证明是一个无向图。

19. 通过第 5 和第 12 行可以看出，数组是从 1 开始存储的。

20. 模拟程序运行，因此选 C。

21. 看加边函数 add 是采用邻接表存储的，典型的链式前向星，属于邻接表存储。

（二）

题号	22	23	24	25	26	27
答案	√	√	×	A	B	B

【思路解析】

22. 第 9 行是遍历字符串 s 的下标，字符串 s 以 0 结尾，遍历到结尾时 s[i] 等于 0，跳出循环。

23. 程序中有 "a[s[j]−'a']"，如果不是小写字母 s，[j]−'a' 不在 0～25 范围内，会导致 a 数组下标越界。

24. 程序在运行第 9 行循环的最后一轮时，i 指向 s 最后一个字母，最后一个字母对应的 a 下面会被加 1 一次，所以退出循环后 a 所有值的和为 1。

25. 在外循环的第一轮循环中，j 扫描第 1 个 "a"，15 行 if 条件成立；a[0]=1，j 扫描第 2 个 "a"，20 行 if 条件成立；a[0]=2，j 扫描第 3 个 "a"，第 15 行和第 20 行 if 条件都不成立。内层循环跳出时，a[0]=2。

26. 程序是由第 9 和第 12 行的双层循环嵌套组成，每层循环都是线性的。所以程序时间复杂度为 $O(n^2)$。

27. 具体循环情况如下描述。第一轮循环：

j=0,res=1,a[0]=1;

j=1,res=2,a[1]=1;

j=2,res=1,a[0]=2;

j=3,res=1,a[0]=2;

第二轮循环：

j=1,res=1,a[1]=1;

j=2,res=2,a[0]=1;

j=3,res=1,a[0]=2;

第三轮循环：

j=2,res=1,a[0]=1;

j=3,res=0,a[0]=2;

第四轮循环：

j=3,res=1,a[0]=1;

ans 累加所有的 res，1+2+1+1+1+2+1+1+0+1=11。

（三）

题号	28	29	30	31	32	33
答案	√	×	×	√	A	D

【思路解析】

28. C++ 中 0 为假，1 为真，改成 int 后第 25 行依旧可以正常判断。

29. 可以包含其他字符，如果是包含其他字符 check 函数运行到第 15 行，执行 else 语句返回 0。

30. mp 数组标记再一次遍历过程中哪些位置已经被遍历，如果放到循环外只初始化一次，不同次的遍历会相互影响。

31. 每一次遍历中刚开始时 mp 数组对应设置肯定会被设置 1，故最后一次遍历 mp 数组也至少有一个元素被设置为 1。

32. 程序是在统计哪些位置可以按照字符标识方向走出矩阵外面。输入中只有 (0,0) 位置能走出去。(0,1) 位置为 R，走到 (0,2) 位置为 D，走到 (1,2) 位置为 L，走到 (2,1) 位置为 R，又会回走到 (1,2) 位置，这样如果继续走下去会一直在 (1,1) 和 (1,2) 位置循环。剩下的位置出发都走不出矩阵。

33. 程序的第 21 和 22 行遍历了所有位置为 $O(n \times m)$，每次检查一个位置都可能会遍历整个位置为 $O(n \times m)$，所以整体时间复杂度为 $O(n^2 m^2)$。

三、完善程序

（一）

题号	34	35	36	37	38
答案	A	B	C	B	B

【思路解析】

34. 第 6 行是程序递归边界条件，当一个排列被填充完成后输出当前生成的排列。由 if 条件里的输出可知，生成的排列保存在 a[0] 到 a[n-1] 中，第 31 行调用 dfs(0) 可知 dep 为当前生成序列被填充的位置，如果填充完毕，即 0 到 n-1 都被填充，此时有 dep==n。

35. 由第 21 行可知，i 为当前要填充的数字，12 行的 for 循环在尝试 i 的填充范围，i 应该是填充 1-n 中前面没有填充过的数字，所以遍历范围为 1 到 n，只要 i<=n，则循环继续。

36. 第 15 行的 for 循环是在检查当前选择的 i 是否在前面已经被填充使用过，前面填充过的数字保存在 a[0] 到 a[dep-1] 中，故 j 需要遍历 0 到 dep-1，即 j<dep。

37. 第 16 行条件成立表示当前 i 已经在前面被填充过了，flag 标记 i 是否可以使用，填充过了不能使用，需要将 flag 设置为 false，并跳出内层循环，不需要继续检查 i 是否被填充过。

38. 第 19 行条件成立表示当前 i 可以被填充在 a[dep] 位置，第 21 行将 i 填充到 a[dep] 位置，第 22 行递归调用 dfs 填充后面剩余的位置，下一个填充的位置为 dep+1。

（二）

题号	39	40	41	42	43
答案	B	D	B	A	A

39. 本题考查 2n 皇后问题。if(t>n&&p==1) 表示搜索完白皇后的位置后，应该开始搜索黑皇后的摆放位置，所以应该是 dfs(1,2)。p 的值为 2 表示开始搜索下一个皇后的位置。

40. 这个点可以摆放皇后，它的列，左对角线，右对角线全部标记为 1。

41. 根据上下文假设 p==1 的时候代表白皇后，p==2 的时候代表黑皇后，第 17 行 p==1 判断的是白皇后，那么③处应该是 p==2 判断黑皇后的摆放。

42. 根据第 25 行，此处应该回溯，根据第 25 行代码推导，选 A。

43. 从第一行、第一类颜色的皇后摆放开始搜索，第一个参数表示行数，第二个参数表示哪一类颜色的皇后，选择 A。

CSP-S 模拟卷（一）答案及思路解析

一、单项选择题

题号	1	2	3	4	5	6	7	8	9	10	11	12	13	14	15
答案	B	D	A	C	A	D	B	A	B	C	A	B	A	B	C

【思路解析】

1. 函数接收的是指针类型的参数。在 main 函数中，创建了一个包含 3 个 Student 结构体的数组，并通过初始化列表给每个学生赋值。

2. union 只能存储一个数据。

3. 考查多进制转换，将计算结果转成不同进制进行验证。

4. 考查排序算法知识点，堆排序的性质。

5. 类的名字也要符合命名规则。类中可以有多个构造函数，函数内可以没有参数。构造函数不是必须完成的。

6. 取得的两个球颜色相同，可以分成 2 种情况：第一种，两次取得红球的概率为 $\frac{2}{7} \times \frac{1}{6} = \frac{1}{21}$；第二种，两次取得白球的概率为 $\frac{5}{7} \times \frac{4}{6} = \frac{10}{21}$。因此，取得的两个球颜色相同的概率为 $\frac{11}{21}$。

7. 根据题意，选 1 个盒子放 2 个球，再选 2 个盒子，每个盒子放 1 个球，最后剩下一个空盒，因此 C(1,4)*C(2,4)*A(3,3)=144。

8. n 个点要组成一棵树，应该是 n−1 条边，现有 m 条边，故需要删除 m−n+1 条边。

9. 先放黑笔芯和蓝笔芯，有 A(9,2) 种方法，再放红笔芯有 C(7,2) 种方法，故共有 A(9,2) × C(7,2) 种放法。

10. 第 4 个和第 5 个数是 30，因此中位数是 30。

11. 插入排序、冒泡排序、选择排序复杂程度均为 $O(n^2)$，归并排序、快速排序复杂程度为 $O(n\log n)$。

12. k-d 树是树形结构，不属于线性结构。

13. Dijkstra 算法只适用求无负权值的单源问题最短路。Floyd 算法可以处理多源点，有负权值，但复杂度高。Bellman-ford 算法是求含负权图的单源最短路径的一种算法。SPFA 可以处理有负权值的最短路问题。

14. 栈的特性是后进先出（栈满时，只能先出后进）。由于栈内只能容纳 4 个元素，所以 EF 不可能第一个出栈；当栈内少于四个元素时，既可以选择进栈，也可以选择出栈。所以第一个出栈的元素从 ABCD 中选。排除 A 选项。再根据栈的后进先出特点，选 B。

15. 在任意一条直线上取 2 个点，在另外两条直线上任取 1 个点，构成三角形。C(5,2) × (C(6,1)+C(7,1))+C(6,2) × (C(5,1)+C(7,1))+C(7,2) × (C(5,1)+C(6,1))=10 × 13+15 × 12+21 × 11=541。

二、阅读程序

（一）

题号	16	17	18	19	20	21
答案	×	√	×	A	B	C

【思路解析】

16. i 默认是 0 时退出循环。i 等于 −1 时，~i 等于 0，退出循环，判断条件变了，因此会影响答案。

17. 分析代码，求的是树的重心。树的重心最多有 2 个，因此正确。

18. 树的边是无向边，不是有向边。去掉 42 行就成了有向边，因此错误。

19. 1 和 2 都是重心，从小到大输出，因此选 A。

20. 两个重心是 2 和 3，排序后，从小到大输出。

21. 每个结点都会被计算一次，总时间复杂度是 O(n)。

（二）

题号	22	23	24	25	26	27
答案	√	×	×	√	B	C

【思路解析】

22. 第 26 行 for 循环执行了 n−1 次，相当于增加了 n−1 条边，是树。

23. 错误，求树的直径从哪个点开始都可以。

24. 错误，先对父结点的 dis 数组赋值，然后访问父结点的子结点，不会死循环。

25. dis[y] 保存的是数组中的最大值，只有 y 是直径中的某个端点才可以。

26. 构建一下树，计算得到树的直径是 2。

27. 每个点被放过 2 次，共 n 个点，因此选 C。

（三）

题号	28	29	30	31	32	33
答案	×	×	√	D	B	D

【思路解析】

28. 错误，本题用到矩阵快速幂知识点。

29. 错误，根据 37 行，是个无向图。

30. 正确。operator 是运算符重载关键字，matrix 结构体内是个二维数组，表示矩阵。

31. 模拟，求出答案是 10。

32. 矩阵运算三重循环时间复杂度是 $O(n^3)$，矩阵快速幂是 logn 相乘结果是 $O(n^3logn)$。

33. C++ 中不能重载的运算符有：①条件运算符 "?:"；②成员访问运算符 "."；③域运算符 "::"；④长度运算符 "sizeof"；⑤成员指针访问运算符 "->*" 和 ".*"。

三、完善程序

（一）

题号	34	35	36	37	38
答案	A	D	C	C	B

【思路解析】

34. 枚举起始和终止位置。第 0 个和第 n 个位置默认为枚举端点。可以通过第 8 行推出答案。

35. 至少加入 1 个元素。之前加入了 0 和 n，2 个数字。大于 2 的时候开始判断。

36. 从 i 开始左右两侧分别是严格递增的，所以如果 height [ve[i]]−height [ve[i]−2] > 1，则表示 height [ve[i]−1] 可修改。

37. 可以根据最近的 if 条件判断，要取 ve[i]−ve[i−1] 和 ve[i+1]−ve[i] 中的较大值加 1。

38. 保留最终答案。用变量 res 保存。

（二）

题号	39	40	41	42	43
答案	B	A	C	D	D

【思路解析】

39. 只有 2 个人时，按照题意，速度由划船慢的人决定。第 14 行代码功能是将速度从小到大排序，因此应加上 a[1] 的速度。

40. 只有 3 个人时，最少时间是 3 个人速度的和。具体组合可以是 0、1 过河，结果加 a[1]；0 返回，结果加 a[0]；0、2 过河，结果加 a[2]，因此选 A。

41. 3 人以上，一种方案是 0 和 1 先过河，0 回来，最慢的 2 个人过河，1 再回来。

42. S1 和 S2 是二种可能的方案，要加 2 种方案的最小值。

43. 每次运到对岸 2 个人，因此人数每次减 2。

CSP-S 模拟卷（二）答案及思路解析

一、单项选择题

题号	1	2	3	4	5	6	7	8	9	10	11	12	13	14	15
答案	A	C	D	D	C	A	D	A	C	D	C	D	B	C	A

【思路解析】

1. rm 和 mv 是删除文件或目录的命令。

2. 根据二分查找的方法：找到 6 需要查找 1 次，找到 3、9 需要查找 2 次，找到 1 和 2、4 和 5、7 和 8、10 和 11 四组数字中，每组两个数中，查找一个数字需要 3 次，另一个数字就需要 4 次。每个数字的概率是相等的，为 $\frac{1}{11}$，所以平均长度 $= \frac{1}{11} \times (1+2 \times 2+3 \times 4+4 \times 4) = \frac{33}{11}$。

3. 进制转换计算即可。

4. 注意存储空间是 0 到 10，选取 D 选项的哈希函数，$\{2, 6, 10, 19\}$ 散列后的值分别为 $\{1, 2, 3, 4\}$，不会产生冲突。

5. 析构函数在 C++ 中是一个特殊的成员函数，它在对象生命周期结束时被自动调用，用于执行清理任务。

6. 根据倍增算法求 LCA，模拟完成即可。

7. 快速排序的平均时间复杂度为 $O(n\log n)$，最坏情况是 $O(n^2)$。

8. 构造函数的名称必须与类的名称完全相同，并且构造函数不具有返回类型，也不具有返回值。

9. 表达式 x&-x 利用了补码的性质，返回 x 的二进制表示中最低位的 1 及其后面的所有 0 对应的值。

10. 在单调栈中，每个元素通常只会有一次机会进出栈。

11. 可以用主定理求解。

12. 在 C++ 中，set 是一个存储唯一元素的容器，这些元素按照特定的顺序排序。map 中键值对按照键的顺序排序。

13. 无根树指的是无环连通无向图，有 $n(n-2)$ 种。

14. C++ 中，还有 ".*" "::" "?:" 等不能被重载。

15. 可以画图模拟一下，发现最多是 4 个。也可以设度为 0 的结点数为 n_0，度为 1 的结点数为 n_1，度为 2 的结点数为 n_2，由题意可得：$n_0+n_1+n_2=10$。在二叉树中有：$n_0=n_2+1$，所以有 $2 \times n_2+n_1=9$。n_1 的值为奇数，最小的值为 1 时 n_2 取最大值，所以 $n_2=4$。

二、阅读程序

（一）

题号	16	17	18	19	20	21
答案	×	√	√	√	B	C

【思路解析】

16. len=n 时，第 15 行 for 循环内，i=1，退出条件是 i<=n−n=0，条件不成立，也就不会循环，不影响结果。

17. 正确。scanf 函数可以读入每个数组元素的指针地址。

18. 通过代码，初始化是一个最大值，每次都要取得最小值。

19. 模拟可知答案为 3。本题是一道每次删掉回文数字的题目。回文数字长度是 1，就需要删除 1 次，1 2 3 不能构成回文数字，因此要删除 3 次。

20. 删除 2 次即可。第一次删除 2 3 2，剩下的数字是 5 4 4 5，第 2 次删除剩下数字即可。

21. 看第 14～19 行代码，平均间复杂度是三重循环即 $O(n^3)$。

（二）

题号	22	23	24	25	26	27
答案	√	×	×	×	A	B

【思路解析】

22. 正确。exgcd 函数用来求解一元二次方程的解，多个方程组成方程组，变量 x 满足所有方程，体现了中国剩余定理的思想。

23. 错误，ax+by=gcd(a,b)，要求 c 是 gcd(a,b) 的倍数。

24. 中国剩余定理中，a_1～a_n 不一定必须是质数，两两互质即可。

25. 错误，X 不能保证是非负数，去掉后 X 可能是个非正数。

26. Inline 是内联函数的意思。

27. 中国剩余定理，模拟计算，求出是 521。

（三）

题号	28	29	30	31	32	33
答案	×	×	B	D	A	B

【思路解析】

28. 错误。如果 arr 数组元素都相同，他们是可以相等的。

29. 错误。区间是 [i,j+(1<<j)−1]。

30. 模拟一重循环，可得结果是 9。

31. 发现循环 2 次，外重循环和 j 的大小有关，j 可由 logn 求出。总的时间复杂度是 D 选项。

32. 可以在 O(1) 时间复杂度内回答单个询问，总共是 Q 次查询。

33. 根据题意，查询区间 [3,7] 的最值，注意数组读入下标从 0 开始，实际上是第 4 个数字到第 8

个数字的区间。因此选 B。

三、完善程序

（一）

题号	34	35	36	37	38
答案	A	D	C	A	D

【思路解析】本题考查最短路、倍增、动态规划算法。

34. 有向图，u 到 v 有条边。

35. 倍增法，求 [i][u][v]，要先知道 [i-1] 区间的值。路径是从 u--->j，j--->v，两条路径都要连通，才能在 2^i 时间内从 u 到达 v。

36. 求最短距离，初始化时应该是最大值。

37. 求的是最小值，路径是从 i--->k，k--->j。

38. 输出 1 到 n 的值。

（二）

题号	39	40	41	42	43
答案	A	C	D	D	B

【思路解析】本题考查前缀和。

39. 根据数据类型，是字符型。

40. 排序，从 1 到 n。

41. 上面处理 L，下面处理 G 的情况。

42. 以 i 为准，左边撒谎的数量加上右边撒谎的数量。

43. 可以是 0 头奶牛撒谎。

CSP-S 模拟卷（三）答案及思路解析

一、单项选择题

题号	1	2	3	4	5	6	7	8	9	10	11	12	13	14	15
答案	D	D	D	B	D	C	D	C	D	D	C	B	C	C	A

【思路解析】

1. 计算机病毒的五个特性，即寄生性、隐蔽性、潜伏性、传染性、破坏性。

2. 利用鸽巢原理推断，把 m 个物体放到 n 个抽屉中，至少有一个抽屉有 [m/n] 个物体。[251/15]=17。

3. 主频和字长是 CPU 的主要性能指标。

4. touch 命令用于创建一个新的文件或者更新已有文件的时间戳。

5. D 选项为 $O(m+n\log n)=O(n\log n+n\log n)=O(n\log n)$，时间复杂度最小。

6. 从 5 个数字中选取 3 个的组合数为 C(5,3)=10。不考虑 1 和 3 不相邻的情况，总共有 10×6=60 种排列。如果 1 和 3 相邻，它们可以看作一个整体，再选取一个数字，共有 2×3=6 种排列。由于 13 和 31 分前后，所以有 6×2=12 种排列。剩下 60−12=48 种情况。

7. AMD 是指处理器而非操作系统。

8. 平均时间复杂度反映的是算法在处理相同问题规模时，每次运行所需时间的平均值。

9. 动态规划不一定使用递归来实现，也可以使用迭代方式实现。

10. 一个环也可以视为基环树，结点总数是奇数时的环无法黑白染色。完全图具有较高的边密度，不一定可以用两种颜色进行染色。平面图可以用不超过四种颜色进行染色（四色定理）。

11. B 类 IP 地址的范围是 128.0.0.0 到 191.255.255.254。

12. 解释器的功能就是将源代码逐行解释成计算机可执行的指令并执行。

13. 计算每种情况的可能性。A 选项，C(13,5)×4=5148；B 选项，10×4×4×4×4×4=10240；C 选项，13×4×12×6=3744；D 选项，13×6×12×6×(52−8)/2=123552。

14. 根据主定理计算可得，时间复杂度是 $O(n)$。

15. A 选项格式正确，-o 允许用户指定输出文件的名称。

二、阅读程序

（一）

题号	16	17	18	19	20	21
答案	√	×	×	×	B	D

【思路解析】

16. 正确，函数中第 7 行进行了初始化。

17. 最坏的情况下，每个数字也只访问一次，时间复杂度是 O(n)。

18. 错误，必须有序才能找到所有正确答案。

19. 错误，第 9 行的循环体内，left 和 right 一直在靠近，不会有死循环。

20. 函数 sumOfPairs 的目的是计算数组中有多少对元素的和等于目标值 target。它通过双指针法从数组的两端向中间遍历，寻找和为 target 的元素对。

21. 变量 count 用于统计达到目标和为 target 的元素对的总数。

（二）

题号	22	23	24	25	26
答案	×	√	×	C	A

【思路解析】

22. 错误，多组测试数据，可能是"YES"和"NO"的组合。

23. 数据规模小的时候，可以不用离散化。

24. 错误，考查并查集知识点，本代码没有按树的高度优化，最坏时间复杂度是 O(n)。

25. 第一个样例，输入的 3 个 e 值都是 1，因此输出"YES"；第二个样例第 4 个 e 值是 0，1 和 4 已经在 1 个集合里，因此会输出"NO"。

26. 排序和离散化中的时间复杂度是 O(nlogn)。

（三）

题号	27	28	29	30	31	32	33
答案	×	×	×	D	D	D	A

【思路解析】

27. 错误，k 的值只能小于 20，n 可能会大于等于 20，会导致越界。

28. 错误，是第 i 行中 $[j, j+2^2-1]$ 区间最小值。

29. 错误，位运算只能是字符型或者整型。

30. 读入的双重循环时间复杂大于其他循环，最大时间复杂度是 $O(n^2)$。

31. 查询区间坐标是 (1, 2) 到 (2, 3) 这个长度是 2 的子区间，最大值与最小值的差是 4。

32. 分析函数，双重循环输入，后面的三重循环中有两重是 logn 级别，综合考虑十几分钟是 $O(n^2)$。

33. 分析函数，里面的循环次数和 b 有关系，b 的最大值是 n，因此时间复杂度是 O(n)。

三、完善程序

（一）

题号	34	35	36	37
答案	C	A	A	D

【思路解析】

本题考查并查集和 kruskal 算法。

34. 求直角坐标系中 2 个点的距离，是横坐标差的平方加上纵坐标差的平方，最后开根号。

35. 增加 1 条边，保存边对应的 2 个点。

36. 并查集初始化父结点。

37. 2 个结点不在一个集合里，根结点不相等，合并操作。

（二）

题号	38	39	40	41	42	43
答案	D	A	B	C	A	D

【思路解析】

本题考查的树上点差分 +LCA。

38. 变量 fa 是变量 u 的父结点，u 的层等于父结点的层加 1。

39. 求倍增对应的结点。

40. 根据下面的代码判断，让 a 为层数大的点，向上跳至与 b 同层。

41. 返回 a 的父结点。

42. v 结点的差分值 +1，对比第 64 行语句。

43. 最近公共祖先的父结点也减一。

CSP-S 模拟卷（四）答案及思路解析

一、单项选择题

题号	1	2	3	4	5	6	7	8	9	10	11	12	13	14	15
答案	C	A	C	B	D	C	B	C	A	D	D	A	A	B	B

【思路解析】

1. RAM 的作用是存储正在运行的数据和程序。

2. 本题考查进制运算基本知识。

3. 欧拉路径是指在图中可以找到一条路径，这条路径经过图中的每一条边，并且每一条边只会被经过一次。路径的起点和终点可以是不同的，如果起点和终点是同一顶点，这个路径被称为欧拉回路。

4. 队列中的元素始终是单调的，可以高效地解决动态维护序列中最大值或最小值的问题。

5. 可以直接用"＜"和"＞"比较。

6. 只有当 A，B 为真，而且 C，D 为假时，表达式 I 和 II 才同时为真。

7. 在情况 A 中，获胜的概率为 $\frac{1}{6} \times \frac{1}{6} = \frac{1}{36}$；在情况 B 中，获胜的概率为 $\frac{1}{5} \times \frac{1}{7} = \frac{1}{35}$。根据 A、B 选项的结果，排除 C、D 选项。因此，这个题目的答案是 B。

8. 完全二叉树不一定是满二叉树。

9. 归并排序算法时间复杂度最坏是 $O(n\log n)$。

10. 染色法可以判断一个图是否是二分图。

11. Harmony OS、iOS、Android 都是手机操作系统，OFFICE 是软件。

12. 有穷性是有限个步骤。

13. 根据鸽巢原理求解，1500/366 向上取整的结果是 5。

14. 时间复杂度是 $O(n^2)$。

15. 根据题意，ABCD 填入标号为 ABCD 的四个方格里，共 A(4,4)=24 种填法，其中，四个数字全部相同的有 1 种，有 1 个数字相同的有 4×2=8 种情况，有 2 个数字相同的有 C(4,2)×1=6 种情况，有 3 个数字相同的情况不存在，则每个方格的标号与所填的数字均不相同的填法有 24－1－8－6＝9 种，故选 B。也可以用错位排列求解。

二、阅读程序

（一）

题号	16	17	18	19	20	21
答案	√	×	×	√	D	D

【思路解析】

程序是用 tarjan 算法求 LCA。

16. 每个结点只访问 1 次，每个查询也处理 1 次，因此正确。

17. 子结点 y 必须合并到父结点，不然不能找到最近公共祖先。

18. fa[] 不重新赋值的话，会导致超时。

19. 正确，求 LCA 的前提是有根树。

20. 根据程序可知 1 是根结点，将树画出，可以看到 2、4 的 LCA 是 4。

21. 根结点是 2，2、4 和 4、5 的 LCA 是 2 和 4。

（二）

题号	22	23	24	25	26	27
答案	×	√	×	D	A	D

【思路解析】

本题是要构造一个数组，r[][] 要满足 max(a[i…j])-min(a[i…j])。

22. a[i]=a[i−1]+r[i−1][i]; 根据此语句，相邻元素相互有关联。

23. 正确。a[1] 在后面不会被改变。

24. 不能取消，否则无法保证存储是最值。

25. 数组内的数字满足规律即可，起始项可以是 2、3 等数字。

26. 代入样例运算即可。

27. 代入样例运算即可。

（三）

题号	28	29	30	31	32	33
答案	×	×	×	A	B	A

【思路解析】

程序是用 tarjan 算法求割点。

28. 求割点。根结点可以从任何点开始。

29. 无向图，可以互换。

30. 错误，结点的 dfn 值和访问的顺序有关。

31. 根割点的数量可以是 0 个，因此选 A。

32. 建完图后，有 2 个割点。

33. tarjan 的时间复杂度是 O(n+m)。

三、完善程序

（一）

题号	34	35	36	37	38
答案	D	A	C	B	A

【思路解析】

34.题目提示用三进制，先统计 3 的 n 次方。

35.t 数组保留的是两个城市之间的访问次数，如果访问次数是 0，就不能统计最小值。

36.统计 i 到 j 经过的所有点，求最小值。

37.重边，无向图，保留 a-b,b-a 和 c，就是最小边的值。

38.等于最大值，说明无法完成，输出 −1。

（二）

题号	39	40	41	42	43
答案	A	B	C	D	A

【思路解析】

匈牙利算法求最大匹配。

39.根据输入描述，表示 x 行 y 列，将对应位置赋值。

40.!vis[i] 表示结点 i 未访问。

41.表示第 i 行、第 x 列放置弹药。

42.判断 t 是否能匹配下一个。

43.对匹配内容初始化为 0。

第三部分

初赛真题、答案及思路解析

2024 CSP-J CCF 非专业级别软件能力认证第一轮

（CSP-J1）入门级 C++ 语言试题

认证时间：2024 年 9 月 21 日 09：30—11：30

考生注意事项：

- 满分 100 分。
- 不得使用任何电子设备（如计算器、手机、电子词典等）或查阅任何书籍资料。

一、单项选择题（共 15 小题，每题 2 分，共 30 分；每题有且仅有一个正确选项）

1. 32 位 int 类型的存储范围是（　　）。

    A. $-2147483647 \sim +2147483647$　　　　B. $-2147483647 \sim +2147483648$

    C. $-2147483648 \sim +2147483647$　　　　D. $-2147483648 \sim +2147483648$

2. 计算 $(14_8 - 1010_2) * D_{16} - 1101_2$ 的结果，并选择答案对应的十进制数。（　　）

    A. 13　　　　　　B. 14　　　　　　C. 15　　　　　　D. 16

3. 某公司有 10 名员工，分为 3 个部门：A 部门有 4 名员工，B 部门有 3 名员工，C 部门有 3 名员工。现需要从这 10 名员工中选出 4 名组成一个工作小组，且每个部门至少要有 1 人。问有多少种选择方式？（　　）

    A. 120　　　　　　B. 126　　　　　　C. 132　　　　　　D. 238

4. 以下哪个序列对应数字 0 至 7 的 4 位二进制格雷码（Gray code）？（　　）

    A. 0000, 0001, 0011, 0010, 0110, 0111, 0101, 1000

    B. 0000, 0001, 0011, 0010, 0110, 0111, 0100, 0101

    C. 0000, 0001, 0011, 0010, 0100, 0101, 0111, 0110

    D. 0000, 0001, 0011, 0010, 0110, 0111, 0101, 0100

5. 记 1KB 为 1024 字节（Byte）、1MB 为 1024KB，那么 1MB 是多少二进制位（bit）？（　　）

    A. 1000000　　　B. 1048576　　　C. 8000000　　　D. 8388608

6. 以下哪个不是 C++ 中的基本数据类型？（　　）

    A. int　　　　　　B. float　　　　　　C. struct　　　　　　D. char

7. 以下哪个不是 C++ 中的循环语句？（　　）

    A. for　　　　　　B. while　　　　　　C. do-while　　　　　　D. repeat-until

8. 在 C/C++ 中，(char)('a'+13) 与下面的哪个值相等？（　　）

    A. 'm'　　　　　　B. 'n'　　　　　　C. 'z'　　　　　　D. '3'

9. 假设有序表中有 1000 个元素，则用二分法查找元素 x 最多需要比较（　　）次。

    A. 25　　　　　　B. 10　　　　　　C. 7　　　　　　D. 1

10. 下面不是操作系统名字的是（   ）。

    A. Notepad   B. Linux   C. Windows   D. macOS

11. 在无向图中，所有顶点的度数之和等于（   ）。

    A. 图的边数   B. 图的边数的两倍

    C. 图的顶点数   D. 图的顶点数的两倍

12. 已知二叉树的前序遍历为 [A, B, D, E, C, F, G]，中序遍历为 [D, B, E, A, F, C, G]，请问该二叉树的后序遍历结果是（   ）。

    A. [D, E, B, F, G, C, A]   B. [D, E, B, F, G, A, C]

    C. [D, B, E, F, G, C, A]   D. [D, B, E, F, G, A, C]

13. 给定一个空栈，支持入栈和出栈操作。若入栈操作的元素依次是 1 2 3 4 5 6，其中 1 最先入栈、6 最后入找，下面不可能的出栈顺序是（   ）。

    A. 6 5 4 3 2 1   B. 1 6 5 4 3 2

    C. 2 4 6 5 3 1   D. 1 3 5 2 4 6

14. 有 5 个男生和 3 个女生站成一排，规定 3 个女生必须相邻，问有多少种不同的排列方式？（   ）

    A. 4320 种   B. 5040 种   C. 3600 种   D. 2880 种

15. 编译器的主要作用是（   ）。

    A. 直接执行源代码   B. 将源代码转换为机器代码

    C. 进行代码调试   D. 管理程序运行时的内存

二、阅读程序（程序输入不超过数组或字符申定义的范围；判断题正确填"√"，错误填"×"；除特殊说明外，每道判断题 1.5 分，每道选择题 3 分，共 40 分）

（一）

```
01    #include<iostream>
02    using namespace std;
03
04    bool isPrime(int n){
05        if(n<=1){
06            return false;
07        }
08        for(int i=2;i*i<=n;i++){
09            if(n%i==0){
10                return false;
11            }
12        }
13        return true;
14    }
15
16    int countPrimes(int n){
```

```
17      int count=0;
18      for(int i=2;i<=n;i++){
19          if(isPrime(i)){
20              count++;
21          }
22      }
23      return count++;
24  }
25
26  int sumPrimes(int n){
27      int sum=0;
28      for(int i=2;i<=n;i++){
29          if(siPrime(i)){
30              sum+=i;
31          }
32      }
33      return sum;
34  }
35
36  int main(){
37      int x;
38      cin>>x;
39      cout<<countPrimes(x)<<" "<<sumPrimes(x)<<endl;
40      return 0;
41  }
```

● 判断题

16. 当输入为"10"时，程序的第一个输出为"4"，第二个输出为"17"。（　　）

17. 若将 isPrime(i) 函数中的条件 i*i<=n 改为 i*i<=n/2，输入"20"时，countPrimes(20) 的输出将变为"6"。（　　）

18. sumPrimes 函数计算的是从 2 到 n 之间的所有素数之和。（　　）

● 单选题

19. 当输入为"50"时，sumPrimes(50) 的输出为（　　）。

    A. 1060   B. 328   C. 381   D. 275

20. 如果将第 8 行 for(int i=2;i*i<=n;i++) 改为 for(int i=2;i<=n;i++)，输入"10"时，程序的输出（　　）。

    A. 将不能正确计算 10 以内素数个数及其和

    B. 仍然输出"4"和"17"

    C. 输出"3"和 10

    D. 输出结果不变，但时间更短

（二）

```
01   #include <iostream>
02   #include <vector>
03   using namespace std;
04
05   int compute(vector<int>& cost) {
06       int n=cost.size();
07       vector<int>dp(n + 1, 0);
08       dp[1]=cost[0];
09       for(int i=2;i<=n;i++){
10           dp[i]=min(dp[i-1],dp[i-2])+cost[i-1];
11       }
12       return min(dp[n], dp[n - 1]);
13   }
14
15   int main(){
16       int n;
17       cin>>n;
18       vector<int> cost(n);
19       for(int i=0;i<n;i++) {
20           cin>>cost[i];
21       }
22       cout<<compute(cost)<<endl;
23       return 0;
24   }
```

● 判断题

21. 当输入的 cost 数组为 {10，15，20} 时，程序的输出为 15。（　　　）

22. 如果将 dp[i−1] 改为 dp[i−3]，程序可能会产生编译错误。（　　　）

23.（2 分）程序总是输出 cost 数组中最小的元素。（　　　）

● 单选题

24. 当输入的 cost 数组为 {1, 180, 1, 1, 1, 188, 1, 1, 188, 1} 时，程序的输出为（　　　）。

    A. 6　　　　　　　　　B. 7　　　　　　　　　C. 8　　　　　　　　　D. 9

25.（4 分）如果输入的 cost 数组为 {10,15,30,5,5,10,20}，程序的输出为（　　　）。

    A. 25　　　　　　　　B. 30　　　　　　　　C. 35　　　　　　　　D. 40

26. 若将代码中的 min(dp[i−1], dp[i−2])+cost[i−1] 修改为 dp[i−1]+cost[i−2]，输入 cost 数组为 {5, 10, 15} 时，程序的输出为（　　　）。

    A. 10　　　　　　　　B. 15　　　　　　　　C. 20　　　　　　　　D. 25

（三）

```
01   #include <iostream>
02   #include <cmath>
03   using namespace std;
04
05   int customFunction(int a, int b) {
06       if (b == 0) {
07           return a;
08       }
09       return a + customFunction(a , b - 1);
10   }
11
12   int main(){
13       int x, y;
14       cin >> x >> y;
15       int result = customFunction(x, y);
16       cout << pow(result, 2) << endl;
17       return 0;
18   }
```

● 判断题

27. 当输入为"2 3"时，customFunction(2,3) 的返回值为 64。（   ）

28. 当 b 为负数时，custonmFunction(a,b) 会陷入无限递归。（   ）

29. 当 b 的值越大时，程序的运行时间越长。（   ）

● 单选题

30. 当输入为"5 4"时，cusomFunction(5,4) 的返回值为（   ）。

   A. 5   B. 25   C. 250   D. 625

31. 如果输入 x=3 和 y=3，则程序的最终输出为（   ）。

   A. 27   B. 81   C. 144   D. 256

32.（4 分）若将第 9 行代码改为 return a+customFunction(a−1, b−1)；并输入 3 3，则程序的最终结果输出为（   ）。

   A. 9   B. 16   C. 25   D. 36

三、完善程序（单选题，每小题 3 分，共 30 分）

（一）【判断平方数】问题：给定一个正整数 n，希望判断这个数是否为完全平方数，即存在一个正整数 x 使得 x 的平方为 n。

试补全程序。

```
01   #include<iostream>
02   #include<vector>
03   using namespace std;
04
05   bool isSquare(int num){
06       int i = ___①___;
07       int bound = ___②___;
08       for ( ; i <= bound; ++i) {
09           if ( ___③___ ) {
10               return ___④___;
11           }
12       }
13       return ___⑤___;
14   }
15   int main( ) {
16       int n;
17       cin >> n;
18       if ( isSquare(n) ) {
19           cout << n << "is a square number" << endl;
20       else {
21           cout <<n <<"is not a square number" << endl;
22       }
24       return 0;
24   }
```

33. ①处应填（   ）。

A. 1　　　　　　　　B. 2　　　　　　　　C. 3　　　　　　　　D. 4

34. ②处应填（   ）。

A. (int)floor(sqrt(num))−1　　　　　　B. (int)floor(sqrt(num))

C. floor(sqrt(num/2))−1　　　　　　　D. floor(sqrt(num/2))

35. ③处应填（   ）。

A. num = 2 * i　　　　　　　　　　　B. num == 2 * i

C. num = i * i　　　　　　　　　　　D. num == i * i

36. ④处应填（   ）。

A. num= 2 * i　　　　　　　　　　　B. num==2 * i

C. true　　　　　　　　　　　　　　D. false

37. ⑤处应填（   ）。

A. num= i * i　　　　　　　　　　　B. num!=2 * i

C. true　　　　　　　　　　　　　　D. false

（二）【汉诺塔问题】给定三根柱子，分别标记为 A、B 和 C。初始状态下，柱子 A 上有若干个圆盘，这些圆盘从上到下按从小到大的顺序排列。任务是将这些圆盘全部移到柱子 C 上，且必须保持原有顺序不变。在移动过程中，需要遵守以下规则：

1. 只能从一根柱子的顶部取出圆盘，并将其放入另一根柱子的顶部。

2. 每次只能移动一个圆盘。

3. 小圆盘必须始终在大圆盘之上。

试补全程序。

```
01    #include <iostream>
02    #include <vector>
03    using namespace std;
04
05    void move(char src, char tgt) {
06        cout << "从柱子" << src << "挪到柱子上" << tgt << endl;
07    }
08    void dfs(int i, char src, char tmp, char tgt) {
09        if ( i ==    ①    ) {
10            move(   ②   );
11            return;
12        }
13        dfs( i-1,    ③   );
14        move( src , tgt );
15        dfs(   ⑤   ,   ④   );
16    }
17
18    int main (    ) {
19        int n;
20        cin >> n;
21        dfs(n, 'A', 'B', 'C');
22    }
```

38. ①处应填（　　）。

  A. 0　　　　　　　　B. 1　　　　　　　　C. 2　　　　　　　　D. 3

39. ②处应填（　　）。

  A. src, tmp　　　　　B. src,tgt　　　　　C. tmp,tgt　　　　　D. tgt,tmp

40. ③处应填（　　）。

  A. src, tmp, tgt　　　B. src, tgt, tmp　　　C. tgt, tmp, src　　　D. tgt, src, tmp

41. ④处应填（　　）。

  A. src, tmp, tgt　　　B. tmp, src, tgt　　　C. src, tgt, tmp　　　D. tgt, src, tmp

42. ⑤处应填（　　）。

  A. 0　　　　　　　　B. 1　　　　　　　　C. i-1　　　　　　　D. i

2023 CSP-J CCF 非专业级别软件能力认证第一轮

（CSP-J1）入门级 C++ 语言试题

认证时间：2023 年 9 月 16 日 09：30—11：30

考生注意事项：

- 满分 100 分。
- 不得使用任何电子设备（如计算器、手机、电子词典等）或查阅任何书籍资料。

一、单项选择题（共 15 小题，每题 2 分，共 30 分；每题有且仅有一个正确选项）

1. 在 C++ 中，下面哪个关键字用于声明一个变量，其值不能被修改？（　　　）

   A. unsigned　　　　　　B. const　　　　　　C. static　　　　　　D. mutable

2. 八进制数 12345670_8 和 07654321_8 的和为（　　　）。

   A. 22222221_8　　　　B. 21111111_8　　　　C. 22111111_8　　　　D. 22222211_8

3. 阅读下述代码，请问修改 data 的 value 成员以存储 3.14，正确的方式是（　　　）。

```
union Data {
    int num;
    float value;
    char symbol;
};
union Data data;
```

   A. data.value = 3.14;　　B. value.data = 3.14;　　C. data->value = 3.14;　　D. value->data = 3.14;

4. 假设有一个链表的结点定义如下：

```
struct Node {
    int data;
    Node* next;
};
```

现在有一个指向链表头部的指针：Node* head。如果想要在链表中插入一个新结点，其成员 data 的值为 42，并使新结点成为链表的第一个结点，下面哪个操作是正确的？（　　　）

   A. Node* newNode = new Node; newNode->data = 42; newNode->next = head; head = newNode;

   B. Node* newNode = new Node; head->data = 42; newNode->next = head; head = newNode;

   C. Node* newNode = new Node; newNode->data = 42; head->next = newNode;

   D. Node* newNode = new Node; newNode->data = 42; newNode->next = head;

5. 根结点的高度为 1，一棵拥有 2023 个结点的三叉树高度至少为（   ）。

    A. 6   B. 7   C. 8   D. 9

6. 小明在某一天中依次有七个空闲时间段，他想要选出至少一个空闲时间段来练习唱歌，但他希望任意两个练习的时间段之间都有至少两个空闲的时间段让他休息。则小明一共有（   ）种选择时间段的方案。

    A. 31   B. 18   C. 21   D. 33

7. 以下关于高精度运算的说法错误的是（   ）。

    A. 高精度计算主要是用来处理大整数或需要保留多位小数的运算

    B. 大整数除以小整数的处理的步骤可以是，将被除数和除数对齐，从左到右逐位尝试将除数乘以某个数，通过减法得到新的被除数，并累加商

    C. 高精度乘法的运算时间只与参与运算的两个整数中长度较长者的位数有关

    D. 高精度加法运算的关键在于逐位相加并处理进位

8. 后缀表达式 "6 2 3 + − 3 8 2 / + * 2 ^ 3 +" 对应的中缀表达式是（   ）。

    A. ((6 - (2 + 3)) * (3 + 8 / 2)) ^ 2 + 3

    B. 6 - 2 + 3 * 3 + 8 / 2 ^ 2 + 3

    C. (6 - (2 + 3)) * ((3 + 8 / 2) ^ 2) + 3

    D. 6 - ((2 + 3) * (3 + 8 / 2)) ^ 2 + 3

9. 数 101010_2 和 166_8 的和为（   ）。

    A. 10110000_2 B. 236_8 C. 158_{10} D. $A0_{16}$

10. 假设有一组字符 {a,b,c,d,e,f}，对应的频率分别为 5%、9%、12%、13%、16%、45%。请问以下哪个选项是字符 a,b,c,d,e,f 分别对应的一组哈夫曼编码？（   ）

    A. 1111, 1110, 101, 100, 110, 0   B. 1010, 1001, 1000, 011, 010, 00

    C. 000, 001, 010, 011, 10, 11   D. 1010, 1011, 110, 111, 00, 01

11. 给定一棵二叉树，其前序遍历结果为 ABDECFG，中序遍历结果为 DEBACFG。请问这棵树的正确后序遍历结果是（   ）。

    A. EDBFGCA   B. EDBGCFA   C. DEBGFCA   D. DBEGFCA

12. 考虑一个有向无环图，该图包含 4 条有向边：(1,2), (1,3), (2,4) 和 (3,4)。以下哪个选项是这个有向无环图的一个有效的拓扑排序？（   ）

    A. 4, 2, 3, 1

    B. 1, 2, 3, 4

    C. 1, 2, 4, 3

    D. 2, 1, 3, 4

13. 在计算机中，以下哪个选项描述的数据存储容量最小？（   ）

    A. 字节（Byte）   B. 比特（bit）

    C. 字（word）   D. 千字节（kilobyte）

14. 一个班级有 10 个男生和 12 个女生。如果要选出一个 3 人的小组，并且小组中必须至少包含 1 个女生，那么有多少种可能的组合？（   ）

    A. 1420   B. 1770   C. 1540   D. 2200

15. 以下哪个不是操作系统?（　　　）

    A. Linux   B. Windows   C. Android   D. HTML

二、阅读程序（程序输入不超过数组或字符串定义的范围；判断题正确填"√"，错误填"×"；除特殊说明外，每道判断题 1.5 分，每道选择题 3 分，共 40 分）

（一）

```
01  #include <iostream>
02  #include <cmath>
03  using namespace std;
04
05  double f(double a, double b, double c) {
06      double s = (a + b + c) / 2;
07      return sqrt(s * (s - a) * (s - b) * (s - c));
08  }
09
10  int main() {
11      cout.flags(ios::fixed);
12      cout.precision(4);
13
14      int a, b, c;
15      cin >> a >> b >> c;
16      cout << f(a, b, c) << endl;
17      return 0;
18  }
```

假设输入的所有数都为不超过 1000 的正整数，完成下面的判断题和单选题。

- 判断题

16.（2 分）当输入为 "2 2 2" 时，输出为 "1.7321"。（　　　）

17.（2 分）将第 7 行中的 "(s−b) * (s−c)" 改为 "(s−c) * (s−b)" 不会影响程序运行的结果。（　　　）

18.（2 分）程序总是输出四位小数。（　　　）

- 单选题

19. 当输入为 "3 4 5" 时，输出为（　　　）。

    A. "6.0000"   B. "12.0000"   C. "24.0000"   D. "30.0000"

20. 当输入为 "5 12 13" 时，输出为（　　　）。

    A. "24.0000"   B. "30.0000"   C. "60.0000"   D. "120.0000"

（二）

```cpp
01  #include <iostream>
02  #include <vector>
03  #include <algorithm>
04  using namespace std;
05
06  int f(string x, string y) {
07      int m = x.size();
08      int n = y.size();
09      vector<vector<int>> v(m+1, vector<int>(n+1, 0));
10      for (int i = 1; i <= m; i++) {
11          for (int j = 1; j <= n; j++) {
12              if (x[i-1] == y[j-1]) {
13                  v[i][j] = v[i-1][j-1] + 1;
14              } else {
15                  v[i][j] = max(v[i-1][j], v[i][j-1]);
16              }
17          }
18      }
19      return v[m][n];
20  }
21
22  bool g(string x, string y) {
23      if (x.size() != y.size()) {
24          return false;
25      }
26      return f(x + x, y) == y.size();
27  }
28
29  int main() {
30      string x, y;
31      cin >> x >> y;
32      cout << g(x, y) << endl;
33      return 0;
34  }
```

● 判断题

21. f 函数的返回值小于等于 $\min(n, m)$。（　　　）

22. f 函数的返回值等于两个输入字符串的最长公共子串的长度。（　　　）

23. 当输入两个完全相同的字符串时，g 函数的返回值总是 true。（　　　）

● 单选题

24. 将第 19 行中的 "v[m][n]" 替换为 "v[n][m]"，那么该程序（　　　）。

A. 行为不变　　　　　　B. 只会改变输出　　　　C. 一定非正常退出　　　D. 可能非正常退出

25. 当输入为 "csp-j p-jcs" 时，输出为（　　　）。

A. "0"　　　　　　　　　B. "1"　　　　　　　　　C. "T"　　　　　　　　　D. "F"

26. 当输入为 "csppsc spsccp" 时，输出为（　　　）。

A. "T"　　　　　　　　　B. "F"　　　　　　　　　C. "0"　　　　　　　　　D. "1"

（三）

```cpp
01    #include <iostream>
02    #include <cmath>
03    using namespace std;
04
05    int solve1(int n) {
06        return n * n;
07    }
08
09    int solve2(int n) {
10        int sum = 0;
11        for (int i = 1; i <= sqrt(n); i++) {
12            if (n % i == 0) {
13                if (n/i == i) {
14                    sum += i*i;
15                } else {
16                    sum += i*i + (n/i)*(n/i);
17                }
18            }
19        }
20        return sum;
21    }
22
23    int main() {
24        int n;
25        cin >> n;
26        cout << solve2(solve1(n)) << " " << solve1(solve2(n)) << endl;
27        return 0;
28    }
```

假设输入的 n 是绝对值不超过 1000 的整数，完成下面的判断题和单选题：

- 判断题

27. 如果输入的 n 为正整数，solve2 函数的作用是计算 n 所有的因子的平方和。（　　　）

28. 第 13 和 14 行的作用是避免 n 的平方根因子 i（或 n/i）进入第 16 行而被计算两次。（　　　）

29. 如果输入的 n 为质数，solve2(n) 的返回值为 $n^2 + 1$。（　　　）

- 单选题

30.（4 分）如果输入的 n 为质数 p 的平方，那么 solve2(n) 的返回值为（　　　）。

    A. p^2+p+1 B. n^2+n+1 C. n^2+1 D. p^4+2p^2+1

31. 当输入为正整数时，第一项减去第二项的差值一定（　　　）。

    A. 大于 0   B. 大于等于 0 且不一定大于 0

    C. 小于 0   D. 小于等于 0 且不一定小于 0

32. 当输入为 "5" 时，输出为（　　　）。

    A. "651 625"   B. "650 729"   C. "651 676"   D. "652 625"

三、完善程序（单选题，每小题 3 分，共 30 分）

（一）【寻找被移除的元素】问题：原有长度为 n+1、公差为 1 的等差升序数列；将数列输入到程序的数组时移除了一个元素，导致长度为 n 的升序数组可能不再连续，除非被移除的是第一个或最后一个元素。需要在数组不连续时，找出被移除的元素。

试补全程序。

```
01    #include <iostream>
02    #include <vector>
03
04    using namespace std;
05
06    int find_missing(vector<int>& nums) {
07        int left = 0, right = nums.size() - 1;
08        while (left < right) {
09            int mid = left + (right - left) / 2;
10            if (nums[mid] == mid +    ①    ) {
11                    ②    ;
12            } else {
13                    ③    ;
14            }
15        }
16        return    ④    ;
17    }
18
```

```
19   int main() {
20       int n;
21       cin >> n;
22       vector<int> nums(n);
23       for (int i = 0; i < n; i++) cin >> nums[i];
24       int missing_number = find_missing(nums);
25       if (missing_number == ____⑤____) {
26           cout << "Sequence is consecutive" << endl;
27       } else {
28           cout << "Missing number is " << missing_number << endl;
29       }
30       return 0;
31   }
```

33. ①处应填（   ）。

A. 1   B. nums[0]   C. right   D. left

34. ②处应填（   ）。

A. left = mid + 1   B. right = mid − 1

C. right = mid   D. left = mid

35. ③处应填（   ）。

A. left = mid + 1   B. right = mid − 1

C. right = mid   D. left = mid

36. ④处应填（   ）。

A. left + nums[0]   B. right + nums[0]

C. mid + nums[0]   D. right + 1

37. ⑤处应填（   ）。

A. nums[0]+n   B. nums[0]+n−1   C. nums[0]+n+1   D. nums[n−1]

（二）【编辑距离】给定两个字符串，每次操作可以选择删除（Delete）、插入（Insert）、替换（Replace）一个字符，求将第一个字符串转换为第二个字符串所需的最少操作次数。

试补全动态规划算法。

```
01   #include <iostream>
02   #include <string>
03   #include <vector>
04   using namespace std;
05
06   int min(int x, int y, int z) {
07       return min(min(x, y), z);
08   }
09
```

```
10  int edit_dist_dp(string str1, string str2) {
11      int m = str1.length();
12      int n = str2.length();
13      vector<vector<int>> dp(m + 1, vector<int>(n + 1));
14
15      for (int i = 0; i <= m; i++) {
16          for (int j = 0; j <= n; j++) {
17              if (i == 0)
18                  dp[i][j] = ____①____;
19              else if (j == 0)
20                  dp[i][j] = ____②____;
21              else if (____③____)
22                  dp[i][j] = ____④____;
23              else
24                  dp[i][j] = 1+min(dp[i][j-1], dp[i-1][j], ____⑤____);
25          }
26      }
27      return dp[m][n];
28  }
29
30  int main() {
31      string str1, str2;
32      cin >> str1 >> str2;
33      cout << "Minimum number of operations: "
34          << edit_dist_dp(str1, str2) << endl;
35      return 0;
36  }
```

38. ①处应填（   ）。

A. j   B. i   C. m   D. n

39. ②处应填（   ）。

A. j   B. i   C. m   D. n

40. ③处应填（   ）。

A. str1[i−1] == str2[j−1]   B. str1[i] == str2[j]

C. str1[i−1] != str2[j−1]   D. str1[i] != str2[j]

41. ④处应填（   ）。

A. dp[i−1][j−1]+1   B. dp[i−1][j−1]

C. dp[i−1][j]   D. dp[i][j−1]

42. ⑤处应填（   ）。

A. dp[i][j] + 1   B. dp[i−1][j−1]+1   C. dp[i−1][j−1]   D. dp[i][j]

2022 CSP-J CCF 非专业级别软件能力认证第一轮

（CSP-J1）入门级 C++ 语言试题

认证时间：2022 年 9 月 18 日 09：30—11：30

考生注意事项：

- 满分 100 分。
- 不得使用任何电子设备（如计算器、手机、电子词典等）或查阅任何书籍资料。

一、单项选择题（共 15 小题，每题 2 分，共 30 分；每题有且仅有一个正确选项）

1. 以下哪种功能没有涉及 C++ 语言的面向对象特性支持？（　　　）

 A. C++ 中调用 printf 函数   B. C++ 中调用用户定义的类成员函数

 C. C++ 中构造一个 class 或 struct   D. C++ 中构造来源于同一基类的多个派生类

2. 有 6 个元素，按照 6、5、4、3、2、1 的顺序进入栈 S，请问下列哪个出栈序列是非法的（　　　）。

 A. 5 4 3 6 1 2   B. 4 5 3 1 2 6

 C. 3 4 6 5 2 1   D. 2 3 4 1 5 6

3. 运行以下代码片段的行为是（　　　）。

```
int x = 101;
int y = 201;
int *p = &x;
int *q = &y;
p = q;
```

 A. 将 x 的值赋为 201   B. 将 y 的值赋为 101

 C. 将 q 指向 x 的地址   D. 将 p 指向 y 的地址

4. 链表和数组的区别包括（　　　）。

 A. 数组不能排序，链表可以   B. 链表比数组能存储更多的信息

 C. 数组大小固定，链表大小可动态调整   D. 以上均正确

5. 对假设栈 S 和队列 Q 的初始状态为空。存在 e1~e6 六个互不相同的数据，每个数据按照进栈 S、出栈 S、进队列 Q、出队列 Q 的顺序操作，不同数据间的操作可能会交错。已知栈 S 中依次有数据 e1、e2、e3、e4、e5 和 e6 进栈，队列 Q 依次有数据 e2、e4、e3、e6、e5 和 e1 出队列。则栈 S 的容量至少是（　　　）个数据。

 A. 2   B. 3   C. 4   D. 6

6. 对表达式 a+(b−c)*d 的前缀表达式为（　　　），其中 +、−、* 是运算符。

 A. *+a−bcd   B. +a*−bcd   C. abc−d*+   D. abc−+d

7. 假设字母表 {a, b, c, d, e} 在字符串出现的频率分别为 10%、15%、30%、16%、29%。若使用哈夫曼

编码方式对字母进行不定长的二进制编码，字母 d 的编码长度为（　　　）位。

  A. 1   B. 2   C. 2 或 3   D. 3

8. 一棵有 n 个结点的完全二叉树用数组进行存储与表示，已知根结点存储在数组的第 1 个位置。若存储在数组第 9 个位置的结点存在兄弟结点和两个子结点，则它的兄弟结点和右子结点的位置分别是（　　　）。

  A. 8、18   B. 10、18   C. 8、19   D. 10、19

9. 考虑由 N 个顶点构成的有向连通图，采用邻接矩阵的数据结构表示时，该矩阵中至少存在（　　　）个非零元素。

  A. N−1   B. N   C. N+1   D. N^2

10. 以下对数据结构的表述不恰当的一项为（　　　）。

  A. 图的深度优先遍历算法常使用的数据结构为栈

  B. 栈的访问原则为后进先出，队列的访问原则是先进先出

  C. 队列常常被用于广度优先搜索算法

  D. 栈与队列存在本质不同，无法用栈实现队列

11. 以下哪组操作能完成在双向循环链表结点 p 之后插入结点 s 的效果（其中，next 域为结点的直接后继，prev 域为结点的直接前驱）（　　　）。

  A. p->next->prev=s;   s->prev=p;   p->next=s;   s->next=p->next;

  B. p->next->prev=s;   p->next=s;   s->prev=p;   s->next=p->next

  C. s->prev=p;   s->next=p->next;   p->next=s;   p->next->prev=s;

  D. s->next=p->next;   p->next->prev=s;   s->prev=p;   p->next=s;

12. 以下排序算法的常见实现中，以下说法错误的是（　　　）。

  A. 冒泡排序算法是稳定的   B. 简单选择排序是稳定的

  C. 简单插入排序是稳定的   D. 归并排序算法是稳定的

13. 八进制数 32.1 对应的十进制数是（　　　）。

  A. 24.125   B. 24.250   C. 26.125   D. 26.250

14. 一个字符串中任意个连续的字符组成的子序列称为该字符串的子串，则字符串 abcab 有（　　　）个内容互不相同的子串。

  A. 12   B. 13   C. 14   D. 15

15. 以下对递归方法的描述中，正确的是（　　　）。

  A. 递归是允许使用多组参数调用函数的编程技术

  B. 递归是通过调用自身来求解问题的编程技术

  C. 递归是面向对象和数据而不是功能和逻辑的编程语言模型

  D. 递归是将用某种高级语言转换为机器代码的编程技术

二、阅读程序（程序输入不超过数组或字符串定义的范围；判断题正确填"√"，错误填"×"；除特殊说明外，每道判断题 1.5 分，每道选择题 3 分，共 40 分）

（一）

```
01  #include <iostream>
02
```

```
03  using namespace std;
04
05  int main()
06  {
07      unsigned short x, y;
08      cin >> x >> y;
09      x = (x | x << 2) & 0x33;
10      x = (x | x << 1) & 0x55;
11      y = (y | y << 2) & 0x33;
12      y = (y | y << 1) & 0x55;
13      unsigned short z = x | y << 1;
14      cout << z << endl;
15      return 0;
16  }
```

假设输入的 x、y 均是不超过 15 的自然数，完成下面的判断题和单选题。

- 判断题

16. 删去第 7 行与第 13 行的 unsigned，程序行为不变。（   ）

17. 将第 7 行与第 13 行的 short 均改为 char，程序行为不变。（   ）

18. 程序总是输出一个整数"0"。（   ）

19. 当输入为"2 2"时，输出为"10"。（   ）

20. 当输入为"2 2"时，输出为"59"。（   ）

- 单选题

21. 当输入为"13 8"时，输出为（   ）。
   A. "0"   B. "209"   C. "197"   D. "226"

（二）

```
01  #include <algorithm>
02  #include <iostream>
03  #include <limits>
04
05  using namespace std;
06
07  const int MAXN = 105;
08  const int MAXK = 105;
09
10  int h[MAXN][MAXK];
11
12  int f(int n, int m)
```

```
13  {
14      if (m == 1) return n;
15      if (n == 0) return 0;
16
17      int ret = numeric_limits<int>::max();
18      for (int i = 1; i <= n; i++)
19          ret = min(ret, max(f(n - i, m), f(i - 1, m - 1)) + 1);
20      return ret;
21  }
22
23  int g(int n, int m)
24  {
25      for (int i = 1; i <= n; i++)
26          h[i][1] = i;
27      for (int j = 1; j <= m; j++)
28          h[0][j] = 0;
29
30      for (int i = 1; i <= n; i++) {
31          for (int j = 2; j <= m; j++) {
32              h[i][j] = numeric_limits<int>::max();
33              for (int k = 1; k <= i; k++)
34                  h[i][j] = min(
35                  h[i][j],
36                  max(h[i - k][j], h[k - 1][j - 1]) + 1);
37          }
38      }
39
40      return h[n][m];
41  }
42
43  int main()
44  {
45      int n, m;
46      cin >> n >> m;
47      cout << f(n, m) << endl << g(n, m) << endl;
48      return 0;
49  }
```

假设输入的 n、m 均是不超过 100 的正整数，完成下面的判断题和单选题。

● 判断题

22. 当输入为"7 3"时，第 19 行用来取最小值的 min 函数执行了 449 次。（   ）

23. 输出的两行整数总是相同的。（　　　　）

24. 当 m 为 1 时，输出的第一行总为 n。（　　　　）

● 单选题

25. 算法 g(n,m) 最为准确的时间复杂度分析结果为（　　　　）。

A. $O\left(n^{\frac{3}{2}}m\right)$ 　　　　B. $O(nm)$ 　　　　C. $O(n^2m)$ 　　　　D. $O(nm^2)$

26. 当输入为"20 2"时，输出的第一行为（　　　　）。

A. "4" 　　　　B. "5" 　　　　C. "6" 　　　　D. "20"

27.（4 分）当输入为"100 100"时，输出的第一行为（　　　　）。

A. "6" 　　　　B. "7" 　　　　C. "8" 　　　　D. "9"

（三）

```
01   #include <iostream>
02
03   using namespace std;
04
05   int n, k;
06
07   int solve1()
08   {
09       int l = 0, r = n;
10       while (l <= r) {
11           int mid = (l + r) / 2;
12           if (mid * mid <= n) l = mid + 1;
13           else r = mid - 1;
14       }
15       return l - 1;
16   }
17
18   double solve2(double x)
19   {
20       if (x == 0) return x;
21       for (int i = 0; i < k; i++)
22           x = (x + n / x) / 2;
23       return x;
24   }
25
26   int main()
27   {
```

```
28      cin >> n >> k;
29      double ans = solve2(solve1());
30      cout << ans << ' ' << (ans * ans == n) << endl;
31      return 0;
32  }
```

假设 int 为 32 位有符号整数类型，输入的 n 是不超过 47000 的自然数、k 是不超过 int 表示范围的自然数，完成下面的判断题和单选题：

● 判断题

28. 该算法最准确的时间复杂度分析结果为 O(log n+k)。（   ）

29. 当输入为"9801 1"时，输出的第一个数为"99"。（   ）

30. 对于任意输入的 n，随着所输入 k 的增大，输出的第二个数会变成"1"。（   ）

31. 该程序有存在缺陷。当输入的 n 过大时，第 12 行的乘法有可能溢出，因此应当将 mid 强制转换为 64 位整数再计算。（   ）

● 单选题

32. 当输入为"2 1"时，输出的第一个数最接近（   ）。

  A. 1   B. 1.414   C. 1.5   D. 2

33. 当输入为"3 10"时，输出的第一个数最接近（   ）。

  A. 1.7   B. 1.732   C. 1.75   D. 2

34. 当输入为"256 11"时，输出的第一个数（   ）。

  A. 等于 16   B. 接近但小于 16   C. 接近但大于 16   D. 前三种情况都有可能

三、完善程序（单选题，每小题 3 分，共 30 分）

（一）【枚举因数】从小到大打印正整数 n 的所有正因数。

试补全枚举程序。

```
01  #include <bits/stdc++.h>
02  using namespace std;
03
04  int main() {
05      int n;
06      cin >> n;
07
08      vector<int> fac;
09      fac.reserve((int)ceil(sqrt(n)));
10
11      int i;
12      for (i = 1; i * i < n; ++i) {
```

```
13          if (    ①    ) {
14              fac.push_back(i);
15          }
16      }
17
18      for (int k = 0; k < fac.size(); ++k) {
19          cout <<      ②      << " ";
20      }
21      if (    ③    ) {
22          cout <<      ④      << " ";
23      }
24      for (int k = fac.size() - 1; k >= 0; --k) {
25          cout <<      ⑤      << " ";
26      }
27 }
```

35. ①处应填（   ）。

   A. n % i == 0   B. n % i == 1   C. n % (i−1) == 0   D. n % (i−1) == 1

36. ②处应填（   ）。

   A. n / fac[k]   B. fac[k]   C. fac[k]−1   D. n / (fac[k]−1)

37. ③处应填（   ）。

   A. (i−1) * (i−1) == n   B. (i−1) * i == n   C. i * i == n   D. i * (i−1) == n

38. ④处应填（   ）。

   A. n−i   B. n−i+1   C. i−1   D. i

39. ⑤处应填（   ）。

   A. n / fac[k]   B. fac[k]   C. fac[k]−1   D. n / (fac[k]−1)

（二）【洪水填充】现有用字符标记像素颜色的 8×8 图像。颜色填充的操作描述如下：给定起始像素的位置和待填充的颜色，将起始像素和所有可达的像素（可达的定义：经过一次或多次的向上、下、左、右四个方向移动所能到达且终点和路径上所有像素的颜色都与起始像素颜色相同），替换为给定的颜色。

试补全程序。

```
01  #include <bits/stdc++.h>
02  using namespace std;
03
04  const int ROWS = 8;
05  const int COLS = 8;
06
07  struct Point {
08      int r, c;
```

```
09          Point(int r, int c) : r(r), c(c) {}
10      };
11
12      bool is_valid(char image[ROWS][COLS], Point pt,
13                      int prev_color, int new_color) {
14          int r = pt.r;
15          int c = pt.c;
16          return (0 <= r && r < ROWS && 0 <= c && c < COLS &&
17                      ___①___ && image[r][c] != new_color);
18      }
19
20      void flood_fill(char image[ROWS][COLS], Point cur, int new_color) {
21          queue<Point> queue;
22          queue.push(cur);
23
24          int prev_color = image[cur.r][cur.c];
25          ___②___;
26
27          while (!queue.empty()) {
28              Point pt = queue.front();
29              queue.pop();
30
31              Point points[4] = {___③___, Point(pt.r - 1, pt.c),
32                              Point(pt.r, pt.c + 1), Point(pt.r, pt.c - 1)};
33              for (auto p : points) {
34                  if (is_valid(image, p, prev_color, new_color)) {
35                      ___④___;
36                      ___⑤___;
37                  }
38              }
39          }
40      }
41
42      int main() {
43          char image[ROWS][COLS] = {{'g', 'g', 'g', 'g', 'g', 'g', 'g', 'g'},
44                                    {'g', 'g', 'g', 'g', 'g', 'g', 'r', 'r'},
45                                    {'g', 'r', 'r', 'g', 'g', 'r', 'g', 'g'},
46                                    {'g', 'b', 'b', 'b', 'b', 'r', 'g', 'r'},
47                                    {'g', 'g', 'g', 'b', 'b', 'r', 'g', 'r'},
48                                    {'g', 'g', 'g', 'b', 'b', 'b', 'b', 'r'},
```

```
49                              {'g', 'g', 'g', 'g', 'g', 'b', 'g', 'g'},
50                              {'g', 'g', 'g', 'g', 'g', 'b', 'b', 'g'}};
51
52          Point cur(4, 4);
53          char new_color = 'y';
54
55          flood_fill(image, cur, new_color);
56
57          for (int r = 0; r < ROWS; r++) {
58              for (int c = 0; c < COLS; c++) {
59                  cout << image[r][c] << " ";
60              }
61              cout << endl;
62          }
63          // 输出:
64          // g g g g g g g g
65          // g g g g g g r r
66          // g r r g g r g g
67          // g y y y y r g r
68          // g g g y y r g r
69          // g g g y y y y r
70          // g g g g g y g g
71          // g g g g g y y g
72
73          return 0;
74      }
```

40. ①处应填（   ）。

A. image[r][c] == prev_color   B. image[r][c] != prev_color

C. image[r][c] == new_color   D. image[r][c] != new_color

41. ②处应填（   ）。

A. image[cur.r+1][cur.c] = new_color   B. image[cur.r][cur.c] = new_color

C. image[cur.r][cur.c+1] = new_color   D. image[cur.r][cur.c] = prev_color

42. ③处应填（   ）。

A. Point(pt.r, pt.c)   B. Point(pt.r, pt.c+1)   C. Point(pt.r+1, pt.c)   D. Point(pt.r+1, pt.c+1)

43. ④处应填（   ）。

A. prev_color = image[p.r][p.c]   B. new_color = image[p.r][p.c]

C. image[p.r][p.c] = prev_color   D. image[p.r][p.c] = new_color

44. ⑤处应填（   ）。

A. queue.push(p)   B. queue.push(pt)

C. queue.push(cur)   D. queue.push(Point(ROWS,COLS))

2021 CSP-J CCF 非专业级别软件能力认证第一轮

（CSP-J1）入门级 C++ 语言试题

认证时间：2021 年 9 月 19 日 14：30—16：30

考生注意事项：

- 满分 100 分。
- 不得使用任何电子设备（如计算器、手机、电子词典等）或查阅任何书籍资料。

一、单项选择题（共 15 小题，每题 2 分，共 30 分；每题有且仅有一个正确选项）

1. 以下不属于面向对象程序设计语言的是（   ）。

   A. C++   B. Python   C. Java   D. C

2. 以下奖项与计算机领域最相关的是（   ）。

   A. 奥斯卡奖   B. 图灵奖   C. 诺贝尔奖   D. 普利策奖

3. 目前主流的计算机储存数据最终都是转换成（   ）数据进行储存。

   A. 二进制   B. 十进制   C. 八进制   D. 十六进制

4. 以比较作为基本运算，在 N 个数中找出最大数，最坏情况下所需要的最少的比较次数为（   ）。

   A. N^2 B. N   C. N−1   D. N+1

5. 对于入栈顺序为 a, b, c, d, e 的序列，下列（   ）不是合法的出栈序列。

   A. a, b, c, d, e   B. e, d, c, b, a   C. b, a, c, d, e   D. c, d, a, e, b

6. 对于有 n 个顶点、m 条边的无向连通图（m>n），需要删掉（   ）条边才能使其成为一棵树。

   A. n−1   B. m−n   C. m−n−1   D. m−n+1

7. 二进制数 101.11 对应的十进制数是（   ）。

   A. 6.5   B. 5.5   C. 5.75   D. 5.25

8. 如果一棵二叉树只有根结点，那么这棵二叉树高度为 1。请问高度为 5 的完全二叉树有（   ）种不同的形态。

   A. 16   B. 15   C. 17   D. 32

9. 表达式 a*(b+c)*d 的后缀表达式为（   ），其中"*"和"+"是运算符。

   A. **a+bcd   B. abc+*d*   C. abc+d**   D. *a*+bcd

10. 6 个人，两个人组一队，总共组成三队，不区分队伍的编号。不同的组队情况有（   ）种。

    A. 10   B. 15   C. 30   D. 20

11. 在数据压缩编码中的哈夫曼编码方法，在本质上是一种（   ）的策略。

    A. 枚举   B. 贪心   C. 递归   D. 动态规划

12. 由 1，1，2，2，3 这五个数字组成不同的三位数有（   ）种。

    A. 18   B. 15   C. 12   D. 24

2021 CSP-J CCF 非专业级别软件能力认证第一轮

13.考虑如下递归算法

```
solve(n)
    if n<=1 return 1
    else if n>=5 return n*solve(n-2)
    else return n*solve(n-1)
```

则调用 solve(7) 得到的返回结果为（　　　）。

A. 105　　　　　　　　B. 840　　　　　　　　C. 210　　　　　　　　D. 420

14.以 a 为起点，对右边的无向图进行深度优先遍历，则 b、c、d、e 四个点中有可能作为最后一个遍历到的点的个数为（　　　）。

A. 1　　　　　　　　　　　　　　B. 2

C. 3　　　　　　　　　　　　　　D. 4

15.有四个人要从 A 点坐一条船过河到 B 点，船一开始在 A 点。 该船一次最多可坐两个人。已知这四个人中每个人独自坐船的过河时间分别为 1，2，4，8，且两个人坐船的过河时间为两人独自过河时间的较大者。则最短（　　　）时间可以让四个人都过河到 B 点（包括从 B 点把船开回 A 点的时间）。

A. 14　　　　　　　　B. 15　　　　　　　　C. 16　　　　　　　　D. 17

二、阅读程序（程序输入不超过数组或字符串定义的范围；判断题正确填"√"，错误填"×"；除特殊说明外，每道判断题 1.5 分，每道选择题 3 分，共 40 分）

（一）

```
01   #include <iostream>
02   using namespace std;
03
04   int n;
05   int a[1000];
06
07   int f(int x)
08   {
09       int ret = 0;
10       for (; x; x &  x - 1) ret++;
11       return ret;
12   }
13
14   int g(int x)
15   {
16       return x & -x;
17   }
18
```

```
19    int main()
20    {
21        cin >> n;
22        for (int i = 0; i < n; i++) cin >> a[i];
23        for (int i = 0; i < n; i++)
24            cout << f(a[i]) + g(a[i]) << ' ';
25        cout << endl;
26        return 0;
27    }
```

● 判断题

16. 输入的 n 等于 1001 时，程序不会发生下标越界。（   ）

17. 输入的 a[i] 必须全为正整数，否则程序将陷入死循环。（   ）

18. 当输入为"5 2 11 9 16 10"时，输出为"3 4 3 17 5"。（   ）

19. 当输入为"1 511998"时，输出为"18"。（   ）

20. 将源代码中 g 函数的定义（第 14～17 行）移到 main 函数的后面，程序可以正常编译运行。（   ）

● 单选题

21. 当输入为"2 65536 2147483647"时，输出为（   ）。

    A. "65532 33"   B. "65552 32"   C. "65535 34"   D. "65554 33"

（二）

```
01    #include <iostream>
02    #include <string>
03    using namespace std;
04
05    char base[64];
06    char table[256];
07
08    void init()
09    {
10        for (int i = 0; i < 26; i++) base[i] = 'A' + i;
11        for (int i = 0; i < 26; i++) base[26 + i] = 'a' + i;
12        for (int i = 0; i < 10; i++) base[52 + i] = '0' + i;
13        base[62] = '+', base[63] = '/';
14
15        for (int i = 0; i < 256; i++) table[i] = 0xff;
16        for (int i = 0; i < 64; i++) table[base[i]] = i;
17        table['='] = 0;
18    }
```

```
19
20    string decode(string str)
21    {
22        string ret;
23        int i;
24        for (i = 0; i < str.size(); i += 4) {
25            ret += table[str[i]] << 2 | table[str[i + 1]] >> 4;
26            if (str[i + 2] != '=')
27                ret += (table[str[i + 1]] & 0x0f) << 4 | table[str[i
                        +2]] >> 2;
28            if (str[i + 3] != '=')
29                ret += table[str[i + 2]] << 6 | table[str[i + 3]];
30        }
31        return ret;
32    }
33
34    int main()
35    {
36        init();
37        cout << int(table[0]) << endl;
38
39        string str;
40        cin >> str;
41        cout << decode(str) << endl;
42        return 0;
43    }
```

- 判断题

22. 输出的第二行一定是由小写字母、大写字母、数字和 "+" "/" "=" 构成的字符串。(   )

23. 可能存在输入不同，但输出的第二行相同的情形。(   )

24. 输出的第一行为 "−1"。(   )

- 单选题

25. 设输入字符串长度为 n，decode 函数的时间复杂度为（   ）。

    A. O($\sqrt{n}$)   B. O(n)   C. O(nlogn)   D. O(n^2)

26. 当输入为 "Y3Nx" 时，输出的第二行为（   ）。

    A. "csp"   B. "csq"   C. "CSP"   D. "Csp"

27.（3.5 分）当输入为 "Y2NmIDIwMjE=" 时，输出的第二行为（   ）。

    A. "ccf2021"   B. "ccf2022"   C. "ccf 2021"   D. "ccf 2022"

（三）

```cpp
01  #include <iostream>
02  using namespace std;
03
04  const int n = 100000;
05  const int N = n + 1;
06
07  int m;
08  int a[N], b[N], c[N], d[N];
09  int f[N], g[N];
10
11  void init()
12  {
13      f[1] = g[1] = 1;
14      for (int i = 2; i <= n; i++) {
15          if (!a[i]) {
16              b[m++] = i;
17              c[i] = 1, f[i] = 2;
18              d[i] = 1, g[i] = i + 1;
19          }
20          for (int j = 0; j < m && b[j] * i <= n; j++) {
21              int k = b[j];
22              a[i * k] = 1;
23              if (i % k == 0) {
24                  c[i * k] = c[i] + 1;
25                  f[i * k] = f[i] / c[i * k] * (c[i * k] + 1);
26                  d[i * k] = d[i];
27                  g[i * k] = g[i] * k + d[i];
28                  break;
29              }
30              else {
31              c[i * k] = 1;
32                  f[i * k] = 2 * f[i];
33                  d[i * k] = g[i];
34                  g[i * k] = g[i] * (k + 1);
35              }
36          }
37      }
```

```
38    }
39
40    int main()
41    {
42        init();
43
44        int x;
45        cin >> x;
46        cout << f[x] << ' ' << g[x] << endl;
47        return 0;
48    }
```

假设输入的 x 是不超过 1000 的自然数，完成下面的判断题和单选题。

- 判断题

28. 若输入不为 "1"，把第 13 行删去不会影响输出的结果。（   ）

29.（2 分）第 25 行的 "f[i] / c[i * k]" 可能存在无法整除而向下取整的情况。（   ）

30.（2 分）在执行完 init() 后，f 数组不是单调递增的，但 g 数组是单调递增的。（   ）

- 单选题

31. init 函数的时间复杂度为（   ）。

   A. O(n)   B. O(nlogn)   C. O(n√n)   D. O(n²)

32. 在执行完 init() 后，f[1], f[2], f[3], …, f[100] 中有（   ）个等于 2。

   A. 23   B. 24   C. 25   D. 26

33.（4 分）当输入为 "1000" 时，输出为（   ）。

   A. "15 1340"   B. "15 2340"   C. "16 2340"   D. "16 1340"

三、完善程序（单选题，每小题 3 分，共 30 分）

（一）【Josephus 问题】有 n 个人围成一个圈，依次标号 0 至 n-1。从 0 号开始，依次 0, 1, 0, 1, … 交替报数，报到 1 的人会离开，直至圈中只剩下一个人。求最后剩下人的编号。

试补全模拟程序。

```
01    #include <iostream>
02
03    using namespace std;
04
05    const int MAXN = 1000000;
06    int F[MAXN];
07
08    int main() {
```

```
09        int n;
10        cin >> n;
11        int i = 0, p = 0, c = 0;
12        while (    ①    ) {
13            if (F[i] == 0) {
14                if (    ②    ) {
15                    F[i] = 1;
16                        ③    ;
17                }
18                    ④    ;
19            }
20                ⑤    ;
21        }
22        int ans = -1;
23        for (i = 0; i < n; i++)
24            if (F[i] == 0)
25                ans = i;
26        cout << ans << endl;
27        return 0;
28    }
```

34. ①处应填（　　）。

A. i < n   B. c < n

C. i < n−1   D. c < n−1

35. ②处应填（　　）。

A. i % 2 == 0   B. i % 2 == 1

C. p   D. !p

36. ③处应填（　　）。

A. i++   B. i = (i + 1) % n

C. c++   D. p ^= 1

37. ④处应填（　　）。

A. i++   B. i = (i + 1) % n

C. c++   D. p ^= 1

38. ⑤处应填（　　）。

A. i++   B. i = (i + 1) % n

C. c++   D. p ^= 1

（二）【矩形计数】平面上有 n 个关键点，求有多少个四条边都和 x 轴或者 y 轴平行的矩形，满足四个顶点都是关键点。给出的关键点可能有重复，但完全重合的矩形只计一次。

试补全枚举算法。

```
01    #include <iostream>
02
03    using namespace std;
04
05    struct point {
06        int x, y, id;
07    };
08
09    bool equals(point a, point b) {
10        return a.x == b.x && a.y == b.y;
11    }
12
13    bool cmp(point a, point b) {
14        return    ①    ;
15    }
16
17    void sort(point A[], int n) {
18        for (int i = 0; i < n; i++)
19            for (int j = 1; j < n; j++)
20                if (cmp(A[j], A[j - 1])) {
21                    point t = A[j];
22                    A[j] = A[j - 1];
23                    A[j - 1] = t;
24                }
25    }
26
27    int unique(point A[], int n) {
28        int t = 0;
29        for (int i = 0; i < n; i++)
30            if (    ②    )
31                A[t++] = A[i];
32        return t;
33    }
34
35    bool binary_search(point A[], int n, int x, int y) {
```

```
36        point p;
37        p.x = x;
38        p.y = y;
39        p.id = n;
40        int a = 0, b = n - 1;
41        while (a < b) {
42            int mid =    ③    ;
43            if (   ④   )
44                a = mid + 1;
45            else
46                b = mid;
47        }
48        return equals(A[a], p);
49    }
50
51    const int MAXN = 1000;
52    point A[MAXN];
53
54    int main() {
55        int n;
56        cin >> n;
57        for (int i = 0; i < n; i++) {
58            cin >> A[i].x >> A[i].y;
59            A[i].id = i;
60        }
61        sort(A, n);
62        n = unique(A, n);
63        int ans = 0;
64        for (int i = 0; i < n; i++)
65            for (int j = 0; j < n; j++)
66                if (   ⑤    && binary_search(A, n, A[i].x, A[j].y) &&
                            binary_search(A, n, A[j].x, A[i].y)) {
67                    ans++;
68                }
69        cout << ans << endl;
70        return 0;
71    }
```

39. ①处应填（   ）。

    A. a.x != b.x ? a.x < b.x : a.id < b.id

    B. a.x != b.x ? a.x < b.x : a.y < b.y

    C. equals(a, b) ? a.id < b.id : a.x < b.x

    D. equals(a, b) ? a.id < b.id : (a.x != b.x ? a.x < b.x : a.y < b.y)

40. ②处应填（   ）。

    A. i == 0 || cmp(A[i], A[i−1])   B. t == 0 || equals(A[i], A[t−1])

    C. i == 0 || !cmp(A[i], A[i−1])   D. t == 0 || !equals(A[i], A[t−1])

41. ③处应填（   ）。

    A. b−(b−a) / 2+1   B. (a+b+1) >> 1

    C. (a+b) >> 1   D. a+(b−a+1) / 2

42. ④处应填（   ）。

    A. !cmp(A[mid], p)   B. cmp(A[mid], p)

    C. cmp(p, A[mid])   D. !cmp(p, A[mid])

43. ⑤处应填（   ）。

    A. A[i].x == A[j].x

    B. A[i].id < A[j].id

    C. A[i].x == A[j].x && A[i].id < A[j].id

    D. A[i].x < A[j].x && A[i].y < A[j].y

2020 CSP-J CCF 非专业级别软件能力认证第一轮

（CSP-J）入门级 C++ 语言试题

认证时间：2020 年 1 月 11 日 14：30—16：30

考生注意事项：

- 满分 100 分。
- 不得使用任何电子设备（如计算器、手机、电子词典等）或查阅任何书籍资料。

一、单项选择题（共 15 小题，每题 2 分，共 3 分；每题有且仅有一个正确选项）

1. 在内存储器中每个存储单元都被赋予一个唯一的序号，称为（　　）。

A. 下标　　　　　　　B. 地址　　　　　　　C. 序号　　　　　　　D. 编号

2. 编译器的主要功能是（　　）。

A. 将源程序翻译成机器指令代码

B. 将一种高级语言翻译成另一种高级语言

C. 将源程序重新组合

D. 将低级语言翻译成高级语言

3. 设 x=true，y=true，z=false，以下逻辑运算表达式值为真的是（　　）。

A. $(x \wedge y) \wedge z$　　　　　　　　　　　B. $x \wedge (z \vee y) \wedge z$

C. $(x \wedge y) \vee (z \vee x)$　　　　　　　　D. $(y \vee z) \wedge x \wedge z$

4. 现有一张分辨率为 2048×1024 像素的 32 位真彩色图像。请问要存储这张图像，需要多大的存储空间？（　　）

A. 4MB　　　　　　　B. 8MB　　　　　　　C. 32MB　　　　　　　D. 16MB

5. 冒泡排序算法的伪代码如下：

```
输入：数组 L，n ≥ 1。输出：按非递减顺序排序的 L。
算法 BubbleSort：
01   FLAG ← n      // 标记被交换的最后元素位置
02   while FLAG>1 do
03   k ← FLAG-1
04   FLAG ← 1
05   for j=1 to k do
06   if L(j) > L(j+1) then do
07   L(j) ⟷ L(j+1)
08   FLAG ← j
```

对 n 个数用以上冒泡排序算法进行排序，最少需要比较多少次？（　　）

  A. n   B. $n-2$ C. n^2 D. $n-1$

6. 设 A 是 n 个实数的数组，考虑下面的递归算法：

```
XYZ(A[1..n])
01  if n=1 then return A[1]
02  else temp ← XYZ(A[1..n-1])
03      if temp <A[n]
04      then return temp
05      else return A[n]
```

请问算法 XYZ 的输出是（　　）。

  A. A 数组的平均   B. A 数组的最小值

  C. A 数组的最大值   D. A 数组的中值

7. 链表不具有的特点是（　　）。

  A. 插入删除不需要移动元素   B. 可随机访问任意元素

  C. 不必事先估计存储空间   D. 所需空间与线性表长度成正比

8. 有 10 个顶点的无向图至少应该有（　　）条边才能确保是一个连通图。

  A. 10   B. 12   C. 9   D. 11

9. 二进制数 1011 转换成十进制数是（　　）。

  A. 10   B. 13   C. 11   D. 12

10. 五个小朋友并排站成一列，其中有两个小朋友是双胞胎，如果要求这两个双胞胎必须相邻，则有（　　）种不同排列方法。

  A. 24   B. 36   C. 72   D. 48

11. 下图中所使用的数据结构是（　　）。

  A. 哈希表   B. 二叉树   C. 栈   D. 队列

12. 独根树的高度为 1。具有 61 个结点的完全二叉树的高度为（　　）。

  A. 7   B. 5   C. 8   D. 6

13. 干支纪年法是中国传统的纪年方法，由 10 个天干和 12 个地支组合成 60 个天干地支。由公历年份可以根据以下公式和表格换算出对应的天干地支。

天干 =(公历年份) 除以 10 所得余数。

地支 =(公历年份) 除以 10 所得余数。

天干	甲	乙	丙	丁	戊	己	庚	辛	壬	癸		
	4	5	6	7	8	9	0	1	2	3		
地支	子	丑	寅	卯	辰	巳	午	未	申	酉	戌	亥
	4	5	6	7	8	9	10	11	0	1	2	3

例如，今年是 2020 年，2020 除以 10 余数为 0，查表为 "庚"。2020 除以 12，余数为 4，查表为

"子"，所以今年是庚子年。

请问 1949 年的天干地支是（　　）。

　　A. 己亥　　　　　　B. 己丑　　　　　　C. 己卯　　　　　　D. 己酉

14. 10 个三好学生名额分配到 7 个班级，每个班级至少有一个名额，一共有（　　）种不同的分配方案。

　　A. 56　　　　　　B. 84　　　　　　C. 72　　　　　　D. 504

15. 有五副不同颜色的手套（共 10 只手套，每副手套左右手各 1 只），一次性从中取 6 只手套，请问恰好能配成两副手套的不同取法有（　　）种。

　　A. 30　　　　　　B. 150　　　　　　C. 180　　　　　　D. 120

二、阅读程序（程序输入不超过数组或字符串定义的范围：判断题正确填"√"，错误填"×"；除特殊说明外，每道判断题 1.5 分，每道选择题 3 分，共 40 分）

（一）

```
01   #include <cstdlib>
02   #include <iostream>
03   using namespace std;
04
05   char encoder[26] ={'C','S','P',0};
06   char decoder[26];
07
08   string st;
09
10   int main() {
11       int k=0;
12       for (int i=0;i<26;++i)
13           if(encoder[i]!=0) ++k;
14           for (char x='A';x<='Z';++x){
15           bool flag = true;
16           for(int i=0;i<26;++i)
17               if(encoder[i] == x){
18                   flag = false;
19                   break;
20               }
21               if (flag){
22                   encoder[k] =x;
23                   ++k;
24               }
25       }
```

```
26      for (int i=0;i<26;++i)
27          decoder[encoder[i]-'A']=i+'A';
28      cin >>st;
29      for (int i=0;i<st.length();++i)
30          st[i] = decoder[st[i] -'A'];
31      cout << st;
32      return 0;
33  }
```

- 判断题

16. 输入的字符串应当只由大写字母组成，否则在访问数组时可能越界。（   ）

17. 若输入的字符串不是空串，则输入的字符串与输出的字符串一定不一样。（   ）

18. 将第 12 行的"i<26"改为"i<16"，程序运行结果不会改变。（   ）

19. 将第 26 行的"i<26"改为"i<16"，程序运行结果不会改变。（   ）

- 单选题

20. 若输出的字符串为"ABCABCABCA"，则下列说法正确的是（   ）。

    A. 输入的字符串中既有 A 又有 P

    B. 输入的字符串中既有 S 又有 B

    C. 输入的字符串中既有 S 又有 P

    D. 输入的字符串中既有 A 又有 B

21. 若输出的字符串为"CSPCSPCSPCSP"，则下列说法正确的是（   ）。

    A. 输入的字符串中既有 J 又有 R

    B. 输入的字符串中既有 P 又有 K

    C. 输入的字符串中既有 J 又有 K

    D. 输入的字符串中既有 P 又有 R

（二）

```
01  #include <iostream>
02  using namespace std;
03
04  long long n,ans;
95  int k,len;
06  long long d[1000000];
07
08  int main() {
09      cin >>n>>k;
10      d[0]=0;
11      len = 1;
12      ans = 0;
```

```
13        for (long long i=0;i<n;++i){
14            ++d[0];
15            for (int j=0;j+1<len;++j){
16                if (d[j] == k) {
17                    d[j]=0;
18                    d[j + 1] += 1;
19                    ++ans;
20                }
21            }
22            if (d[len - 1] == k) {
23                d[len-1]=0;
24                d[len]=1;
25                ++len;
26                ++ans;
27            }
28        }
29    cout << ans << endl;
30    return 0;
31 }
```

假设输入的 n 是不超过 2^{62} 的正整数，k 都是不超过 10000 的正整数，完成下面的判断题和单选题。

● 判断题

22. 若 k=1，则输出 ans 时，len=n。（　　　）

23. 若 k>1，则输出 ans 时，len 一定小于 n。（　　　）

24. 若 k>1，则输出 ans 时，k^{len} 一定大于 n。（　　　）

● 单选题

25. 若输入的 n 等于 115，输入的 k 为 1，则输出等于（　　　）。

　　A. $(10^{30}-10^{15})/2$　　　　B. $(10^{30}+10^{15})/2$　　　　C. 1　　　　　　　　D. 10^{15}

26. 若输入的 n 等于 205，891，132，094，649（即 3^{30}），输入的 k 为 3，则输出等于（　　　）。

　　A. $(3^{30}-1)/2$　　　　　　B.3^{30}　　　　　　　　C.$3^{30}-1$　　　　　　D. $(3^{30}+1)/2$

（三）

```
01  #include <algorithm>
02  #include <iostream>
03  using namespace std;
04
05  int n;
06  int d[50][2];
```

```
07    int ans;
08
09    void dfs(int n, int sum) {
10        if(n==1){
11            ans = max(sum, ans);
12            return;
13        }
14        for (int i=1;i<n;++i){
15            int a=d[i-1][0],b=d[i-1][1];
16            int x=d[i][0],y=d[i][1];
17            d[i-1][0]=a+x;
18            d[i-1][1]=b+y;
19            for(int j=i;j<n-1;++j)
20                d[j][0]=d[j+1][0], d[j][1]=d[j+1][1];
21            int s=a+x+abs(b-y);
22            dfs(n-1,sum+s);
23            for(int j=n-1;j>i;--j)
24                d[j][0]=d[j-1][0],d[j][1]=d[j-1][1];
25            d[i-1][0]=a,d[i-1][1]=b;
26            d[i][0]=x, d[i][1]=y;
27        }
28    }
29
30    int main() {
31        cin>>n;
32        for(int i=0;i<n;++i)
38        cout << ans << endl;
39        return 0;
40    }
```

假设输入的 n 是不超过 50 的正整，d[i][0]、d[i][1] 都是不超过 10000 的正整数，完成下面的判断题和单选题。

- 判断题

27. 若输入 n 为 0，此程序可能会死循环或发生运行错误。（   ）

28. 若输入 n 为 20，接下来的输入全为 0，则输出为 0。（   ）

29. 输出的数一定不小于输入的 d[i][0] 和 d[i][1] 的任意一个。（   ）

● 单选题

30. 若输入的 n 为 20，接下来的输入是 20 个 9 和 20 个 0，则输出为（   ）。

    A. 1917   B. 1908   C. 1881   D. 1899

31. 若输入的 n 为 30，接下来的输入是 30 个 0 和 30 个 5，则输出为（   ）。

    A. 2020   B. 2030   C. 2010   D. 2000

32.（4分）若输入的 n 为 15，接下来的输入是 15 到 1，以及 15 到 1，则输出为（   ）。

    A. 2420   B. 2220   C. 2440   D. 2240

三、完善程序（单选题，每小题 3 分，共 30 分）

（一）【质因数分解】给出正整数 n，请输出将 n 质因数分解的结果，结果从小到大输出。

例如：输入 n=120，程序应该输出 2 2 2 3 5，表示 120=2×2×2×3×5。输入保证 $2 \leqslant n \leqslant 10^9$。提示：先从小到大枚举变量 i，然后用 i 不停试除 n 来寻找所有的质因子。

试补全程序。

```
01    #include <cstdio>
02    using namespace std;
03
04    int n,i;
05
06    int main() {
07        scanf("%d", &n);
08        for(i=___①___; ___②___ <= n;i++) {
09            ___③___ {
10                printf("%d", i);
11                n=n/i;
12            }
13        }
14        if(___④___)
15            printf("%d", ___⑤___);
16        return 0;
17    }
```

33. ①处应填（   ）。

    A. n−1   B. 0   C. 1   D. 2

34. ②处应填（   ）。

    A. n/i   B. n/(i*i)   C. i*i*i   D. i*i

35. ③处应填（   ）。

    A. if(i*i<=n)   B. if(n%i==0)

    C. while(i*i<=n)   D. while(n%i==0)

36. ④处应填（　　）。

   A. n>1　　　　　　　　　B. n<=1　　　　　　　　C. i+i<=n　　　　　　　D. i<n/i

37. ⑤处应填（　　）。

   A. 2　　　　　　　　　　B. i　　　　　　　　　　C. n/i　　　　　　　　　D. n

（二）【最小区间覆盖】给出 n 个区间，第 i 个区间的左右端点是 [ai，bi]。现在要在这些区间中选出若干个，使得区间 [0，m] 被所选区间的并覆盖（即每一个 $0 \leq i \leq m$ 都在某个所选的区间中）。保证答案存在，求所选区间个数的最小值。

输入第一行包含两个整数 n 和 m（$1 \leq n \leq 5000$，$1 \leq m \leq 10^9$）。

接下来 n 行，每行两个整数 ai，bi（$0 \leq ai$，$bi \leq m$）。

提示：使用贪心法解决这个问题。先用 $O(n^2)$ 的时间复杂度排序，然后贪心选择这些区间。

试补全程序。

```
01   #include <iostream>
02
03   using namespace std;
04
05   const int MAXN = 500;
06   int n,m;
07   struct segment{int a,b;}A[MAXN];
08
09   void sort() // 排序
10   {
11       for (inti=0;i<n;i++)
12           for (int j=1;j<n;j++)
13               if(    ①    )
14               {
15                   segment t=A[j];
16                       ②
17               }
18   }
19
20   int main()
21   {
22       cin>>n>>m;
23       for (int i=0;i<n;i++)
24           cin >>A[i].a>>A[i].b;
25       sort();
26       int p=1;
27       for (int i=1;i<n; i++)
```

```
28          if(____③____)
29              A[p++] = A[i];
30      n=p;
31      int ans=0,r=0;
32      int q=0;
33      while (r<m)
34      {
35          while(____④____)
36              q++;
37          ____⑤____
38          ans++;
39      }
40      cout << ans << endl;
41      return 0;
42  }
```

38. ①处应填（　　　　）。

   A. A[j].b<A[j−1].b

   B. A[j].b>A[j−1].b

   C. A[j].a<A[j−1].a

   D. A[j].a>A[j−1].a

39. ②处应填（　　　　）。

   A. A[j−1]=A[j];A[j]=t;

   B. A[j+1]=A[j];A[j]=t;

   C. A[j]=A[j−1];A[j−1]=t;

   D. A[j]=A[j+1];A[j+1]=t;

40. ③处应填（　　　　）。

   A. A[i].b<A[p−1].b

   B. A[i].b>A[i−1].b

   C. A[i].b>A[p−1].b

   D. A[i].b<A[i−1].b

41. ④处应填（　　　　）。

   A. q+1<n&&A[q+1].b<=r

   B. q+1<n&&A[q+1].a<=r

   C. q<n&&A[q].a<=r

   D. q<n&&A[q].b<=r

42. ⑤处应填（　　　　）。

   A. r=max(r, A[q+1].a)

   B. r=max(r, A[q].b)

   C. r=max(r, A[q+1].b)

   D. q++

2019 CSP-J CCF 非专业级别软件能力认证第一轮

（CSP-J）入门级 C++ 语言试题 A 卷

（B 卷与 A 卷仅顺序不同）

认证时间：2019 年 10 月 19 日 14：30—16：30

考生注意事项：

- 满分 100 分。
- 不得使用任何电子设备（如计算器、手机、电子词典等）或查阅任何书籍资料。

一、单项选择题（共 15 小题，每题 2 分，共 30 分；每题有且仅有一个正确选项）

1. 中国的国家顶级域名是（　　）。

　　A. .cn 　　　　　　　　B. .ch 　　　　　　　　C. .chn 　　　　　　　　D. .China

2. 二进制数 11 1011 1001 0111 和 01 0110 1110 1011 进行逻辑与运算的结果是（　　）。

　　A. 01 0010 1000 1011 　　　　　　　　　　B. 01 0010 1001 0011

　　C. 01 0010 1000 0001 　　　　　　　　　　D. 01 0010 1000 0011

3. 一个 32 位整型变量占用（　　）个字节。

　　A. 32 　　　　　　　　B. 128 　　　　　　　　C. 4 　　　　　　　　D. 8

4. 若有如下程序段，其中 s、a、b、c 均已定义为整型变量，且 a、c 均已赋值（c 大于 0）

　　s=a;

　　for(b=1;b<c;b++) s=s-1;

　　则与上述程序段功能等价的赋值语句是（　　）。

　　A. s=a−c; 　　　　　B. s=a−b; 　　　　　C. s=s−c; 　　　　　D. s=b−c;

5. 设有 100 个已排好序的数据元素，采用折半查找时，最大比较次数为（　　）。

　　A. 7 　　　　　　　　B. 10 　　　　　　　　C. 6 　　　　　　　　D. 8

6. 链表不具有的特点是（　　）。

　　A. 插入删除不需要移动元素 　　　　　　　B. 不必事先估计存储空间

　　C. 所需空间与线性表长度成正比 　　　　　D. 可随机访问任意元素

7. 把 8 个同样的球放在 5 个同样的袋子里，允许有的袋子空着不放，问共有（　　）种不同的分法。（提示：如果 8 个球都放在一个袋子里，无论是哪个袋子，都只算同一种分法。）

　　A. 22 　　　　　　　　B. 24 　　　　　　　　C. 18 　　　　　　　　D. 20

8. 一棵二叉树如图所示，若采用顺序存储结构，即用一维数组元素存储该二叉树中的结点（根结点的下标为 1，若某结点的下标为 i，则其左孩子位于下标 2i 处、右孩子位于下标 2i+1 处），则该数组的最大下标至少为（　　）。

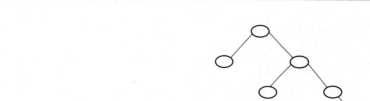

A. 6　　　　　　　B. 10　　　　　　　C. 15　　　　　　　D. 12

9. 100 以内最大的素数是（　　　）。

　　A. 89　　　　　　　B. 97　　　　　　　C. 91　　　　　　　D. 93

10. 319 和 377 的最大公约数是（　　　）。

　　A. 27　　　　　　　B. 33　　　　　　　C. 29　　　　　　　D. 31

11. 新学期开学了，小胖想减肥，健身教练给小胖制定了两个训练方案。方案一：每次连续跑 3 公里可以消耗 300 千卡（耗时半小时）；方案二：每次连续跑 5 公里可以消耗 600 千卡（耗时 1 小时）。小胖每周周一到周四能抽出半小时跑步，周五到周日能抽出一小时跑步。另外，教练建议小胖每周最多跑 21 公里，否则会损伤膝盖。请问如果小胖想严格执行教练的训练方案，并且不想损伤膝盖，每周最多通过跑步消耗多少千卡？（　　　）

　　A. 3000　　　　　　B. 2500　　　　　　C. 2400　　　　　　D. 2520

12. 一副纸牌除掉大小王有 52 张牌，四种花色，每种花色 13 张。假设从这 52 张牌中随机抽取 13 张纸牌，则至少（　　　）张牌的花色一致。

　　A. 4　　　　　　　B. 2　　　　　　　C. 3　　　　　　　D. 5

13. 一些数字可以颠倒过来看，例如 0、1、8 颠倒过来还是本身，6 颠倒过来是 9，9 颠倒过来看还是 6，其他数字颠倒过来都不构成数字。类似的，一些多位数也可以颠倒过来看，比如 106 颠倒过来是 901。假设某个城市的车牌只由 5 位数字组成，每一位都可以取 0 到 9。请问这个城市最多有多少个车牌倒过来恰好还是原来的车牌？（　　　）

　　A. 60　　　　　　　B. 125　　　　　　C. 75　　　　　　　D. 100

14. 假设一棵二叉树的后序遍历序列为 DGJHEBIFCA，中序遍历序列为 DBGEHJACIF，则其前序遍历序列为（　　　）。

　　A. ABCDEFGHIJ　　B. ABDEGHJCFI　　C. ABDEGJHCFI　　D. ABDEGHJFIC

15. 以下哪个奖项是计算机科学领域的最高奖？（　　　）

　　A. 图灵奖　　　　　B. 鲁班奖　　　　　C. 诺贝尔奖　　　　　D. 普利策奖

二、阅读程序（程序输入不超过数组或字符串定义的范围；判断题正确填"√"，错误填"×"；除特殊说明外，每道判断题 1.5 分，每道选择题 3 分，共 40 分）

（一）

```
01  #include <cstdio>
02  #include <cstring>
03  using namespace std;
04  char st[100];
05  int main() {
```

```
06      scanf("%s", st);
07      int n = strlen(st);
08      for (int i = 1; i <= n; ++i) {
09          if (n % i == 0) {
10              char c = st[i - 1];
11              if (c >= 'a')
12                  st[i - 1] = c - 'a' + 'A';
13          }
14      }
15      printf("%s", st);
16      return 0;
17  }
```

● 判断题

16. 输入的字符串只能由小写字母或大写字母组成。(   )

17. 若将第 8 行的 "i=1" 改为 "i=0"，程序运行时会发生错误。(   )

18. 若将第 8 行的 "i<=n" 改为 "i*i<=n"，程序运行结果不会改变。(   )

19. 若输入的字符串全部由大写字母组成，那么输出的字符串就跟输入的字符串一样。(   )

● 选择题

20. 若输入的字符串长度为 18，那么输入的字符串跟输出的字符串相比至多有（   ）个字符不同。

    A. 18   B. 6   C. 10   D. 1

21. 若输入的字符串长度为（   ），则输入的字符串跟输出的字符串相比，至多有 36 个字符不同。

    A. 36   B. 100000   C. 1   D. 128

（二）

```
01  #include<cstdio>
02  using namespace std;
03  int n, m;
04  int a[100], b[100];
05
06  int main() {
07      scanf("%d%d", &n, &m);
08      for (int i = 1; i <= n; ++i)
09          a[i] = b[i] = 0;
10      for (int i = 1; i <= m; ++i) {
11          int x, y;
12          scanf("%d%d", &x, &y);
13          if (a[x] < y && b[y] < x) {
14              if (a[x] > 0)
```

```
15              b[a[x]] = 0;
16          if (b[y] > 0)
17              a[b[y]] = 0;
18          a[x] = y;
19          b[y] = x;
20      }
21      }
22      int ans = 0;
23      for (int i = 1; i <= n; ++i) {
24          if (a[i] == 0)
25              ++ans;
26          if (b[i] == 0)
27              ++ans;
28      }
29      printf("%d", ans);
30      return 0;
31  }
```

假设输入的 n 和 m 都是正整数，x 和 y 都是在 [1, n] 的范围内的整数，完成下面的判断题和单选题。

● 判断题

22. 当 m>0 时，输出的值一定小于 2n。（   ）

23. 执行完第 27 行的"++ans"时，ans 一定是偶数。（   ）

24. a[i] 和 b[i] 不可能同时大于 0。（   ）

25. 若程序执行到第 13 行时，x 总是小于 y，那么第 15 行不会被执行。（   ）

● 选择题

26. 若 m 个 x 两两不同，且 m 个 y 两两不同，则输出的值为（   ）。

    A. 2n−2m   B. 2n+2   C. 2n−2   D. 2n

27. 若 m 个 x 两两不同，且 m 个 y 都相等，则输出的值为（   ）。

    A. 2n−2   B. 2n   C. 2m   D. 2n−2m

（三）

```
01  #include <iostream>
02  using namespace std;
03  const int maxn = 10000;
04  int n;
05  int a[maxn];
06  int b[maxn];
07  int f(int l, int r, int depth) {
```

```
08          if (l > r)
09              return 0;
10          int min = maxn, mink;
11          for (int i = l; i <= r; ++i) {
12              if (min > a[i]) {
13                  min = a[i];
14                  mink = i;
15              }
16          }
17          int lres = f(l, mink - 1, depth + 1);
18          int rres = f(mink + 1, r, depth + 1);
19          return lres + rres + depth * b[mink];
20      }
21  int main() {
22      cin >> n;
23      for (int i = 0; i < n; ++i)
24          cin >> a[i];
25      for (int i = 0; i < n; ++i)
26          cin >> b[i];
27      cout << f(0, n - 1, 1) << endl;
28      return 0;
29  }
```

● 判断题

28. 如果 a 数组有重复的数字，则程序运行时会发生错误。（   ）

29. 如果 b 数组全为 0，则输出为 0。（   ）

● 选择题

30. 当 n=100 时，最坏情况下，与第 12 行的比较运算执行的次数最接近的是（   ）。

    A. 5000   B. 6000   C. 6   D. 100

31. 当 n=100 时，最好情况下，与第 12 行的比较运算执行的次数最接近的是（   ）。

    A. 100   B. 6   C. 5000   D. 600

32. 当 n=10 时，若 b 数组满足，对任意 $0 \leq i < n$, 都有 b[i]=i+1，那么输出最大为（   ）。

    A. 386   B. 383   C. 384   D. 385

33. （4分）当 n=100 时，若 b 数组满足，对任意 $0 \leq i < n$, 都有 b[i]=1，那么输出最小为（   ）。

    A. 582   B. 580   C. 579   D. 581

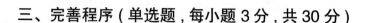

三、完善程序（单选题，每小题 3 分，共 30 分）

（一）【矩阵变幻】有一个奇幻的矩阵，在不停地变幻，其变幻方式为：数字变成矩阵 $\begin{bmatrix} 0 & 0 \\ 0 & 1 \end{bmatrix}$，数字 1 变成矩阵 $\begin{bmatrix} 1 & 1 \\ 1 & 0 \end{bmatrix}$，最初该知阵只有一个元素 0；变幻 n 次后，矩阵会变成什么样？

例如，矩阵最初为 [0]，矩阵变幻 1 次后 $\begin{bmatrix} 0 & 0 \\ 0 & 1 \end{bmatrix}$，矩阵变幻 2 次后：

$$\begin{bmatrix} 0 & 0 & 0 & 0 \\ 0 & 1 & 0 & 1 \\ 0 & 0 & 1 & 1 \\ 0 & 1 & 1 & 0 \end{bmatrix}$$

输入一行一个不超过 10 的正整数 n。输出变幻 n 次后的矩阵。

试补全程序。

提示："<<" 表示二进制左移运算符，例如 $(11)_2<<2=(1100)_2$；而 "^" 表示二进制异或运算符，它将两个参与运算的数中的每个对应的二进制位一一进行比较，若两个二进制位相同，则运算结果的对应二进制位为 0，反之为 1。

```
01   #include <cstdio>
02   using namespace std;
03   int n;
04   const int max_size = 1 << 10;
05   int res[max_size][max_size];
06   void recursive(int x, int y, int n, int t) {
07       if (n == 0) {
08           res[x][y] = ____①____ ;
09           return;
10       }
11       int step = 1 << (n - 1);
12       recursive(____②____, n - 1, t);
13       recursive(x, y + step, n - 1, t);
14       recursive(x + step, y, n - 1, t);
15       recursive(____③____, n - 1, !t);
16   }
17   int main() {
18       scanf("%d", &n);
19       recursive(0, 0, ____④____ );
20       int size = ____⑤____ ;
21       for (int i = 0; i < size; i++) {
```

```
22              for (int j = 0; j < size; j++)
23                  printf("%d", res[i][j]); puts("");
24          }
25      return 0;
26  }
```

34. ① 处应填（   ）。

A. n%2   B. 0   C. t   D. 1

35. ② 处应填（   ）。

A. x−step, y−step   B. x, y−step   C. x−step, y   D. x, y

36. ③ 处应填（   ）。

A. x−step, y−step   B. x+step, y+step   C. x−step, y   D. x, y−step

37. ④ 处应填（   ）。

A. n−1, n%2   B. n, 0   C. n, n%2   D. n−1, 0

38. ⑤ 处应填（   ）。

A. i<<(n+1)   B. 1<<n   C. n+1   D. 1<<(n−1)

（二）【计数排序】计数排序是一个广泛使用的排序方法。下面的程序使用双关键字计数排序，对 n 对 10000 以内的整数，从小到大排序。

例如，有三对整数 (3, 4)，(2, 4)，(3, 3)，那么排序之后应该是 (2, 4)，(3, 3)，(3, 4)。

输入第一行为 n，接下来 n 行，第 i 行有两个数 a[i] 和 b[i]，分别表示第 i 对整数的第一关键字和第二关关键字。

从小到大排序后输出。

数据范围：$1 \leqslant n \leqslant 10^7$，$1 \leqslant a[i]$，$b[i] \leqslant 10^4$

提示：应先对第二关键字排序，再对第一关键字排序。数组 ord[] 存储第二关键字排序的结果，数组 res[] 存储双关键字排序的结果。

试补全程序。

```
01  #include <cstdio>
02  #include <cstring>
03  using namespace std;
04  const int maxn = 10000000;
05  const int maxs = 10000;
06  int n;
07  unsigned a[maxn], b[maxn],res[maxn], ord[maxn];
08  unsigned cnt[maxs + 1];
09  int main() {
10      scanf("%d", &n);
11      for (int i = 0; i < n; ++i)
12          scanf("%d%d", &a[i], &b[i]);
```

```
13        memset(cnt, 0, sizeof(cnt));
14        for (int i = 0; i < n; ++i)
15            ①    ; // 利用 cnt 数组统计数
16        for (int i = 0; i < maxs; ++i)
17            cnt[i + 1] += cnt[i];
18        for (int i = 0; i < n; ++i)
19            ②    ; // 记录初步排序结果
20        memset(cnt, 0, sizeof(cnt));
21        for (int i = 0; i < n; ++i)
22            ③    ; // 利用 cnt 数组统计数
23        for (int i = 0; i < maxs; ++i)
24            cnt[i + 1] += cnt[i];
25        for (int i = n - 1; i >= 0; --i)
26            ④    // 记录最终排序结
27        for (int i = 0; i < n; i++)
28            printf("%d %d",    ⑤    );
29        return 0;
30 }
```

39. ①处应填（   ）。

    A. ++cnt[1]   B. ++cnt[b[1]]

    C. ++cnt[a[i]*maxs+b[i]]   D. ++cnt[a[i]]

40. ②处应填（   ）。

    A. ord[--cnt[a[i]]]=i   B. ord[--cnt[b[i]]]=a[i]

    C. ord[--cnt[a[i]]]=b[i]   D. ord[--cnt[b[i]]]=i

41. ③处应填（   ）。

    A. ++cnt[b[i]]   B. ++cnt[a[i]*maxs+ b[i]]

    C. ++cnt[a[il]   D. ++cnt[i]

42. ④处应填（   ）。

    A. res[--cnt[a[ord[i]]]]=ord[i]   B. res[--cnt[b[ord[i]]]]=ord[i]

    C. res[--cnt[b[i]]]=ord[i]   D. res[--cnt[a[i]]]=ord[i]

43. ⑤处应填（   ）。

    A. a[i],b[i]   B. a[res[i]], b[res[i]]

    C. a[ord[res[i]]], b[ord[res[i]]]   D. a[res[ord[i]]], b[res[ord[i]]]

2024 CSP-S CCF 非专业级别软件能力认证第一轮

（CSP-S1）提高级 C++ 语言试题

认证时间：2024 年 9 月 21 日 14：30—16：30

考生注意事项：

- 满分 100 分。
- 不得使用任何电子设备（如计算器、手机、电子词典等）或查阅任何书籍资料。

一、单项选择题（共 15 小题，每题 2 分，共 30 分；每题有且仅有一个正确选项）

1. 在 Linux 系统中，如果你想显示当前工作目录的路径，应该使用哪个命令？（　　）

   A. pwd　　　　　　　　B. cd　　　　　　　　C. ls　　　　　　　　D. echo

2. 假设一个长度为 n 的整数数组中每个元素互不相同，且这个数组是无序的。要找到这个数组中最大元素的时间复杂度是多少？（　　）

   A. O(n)　　　　　　　　B. O(logn)　　　　　　C. O(nlogn)　　　　　D. O(1)

3. 在 C++ 中，以下哪个函数调用会造成栈溢出？（　　）

   A. int foo() { return 0; }　　　　　　　　B. int bar() { int x=1; return x; }

   C. void baz() { int a[1000]; baz(); }　　　D. void qux() { return; }

4. 在一场比赛中，有 10 名选手参加，前三名将获得金银铜牌，若不允许并列，且每名选手只能获得一枚奖牌，则不同的颁奖方式共有多少种？（　　）

   A. 120　　　　　　　　B. 720　　　　　　　　C. 504　　　　　　　　D. 1000

5. 下面哪个数据结构最适合实现先进先出（FIFO）的功能？（　　）

   A. 栈　　　　　　　　　B. 队列　　　　　　　C. 线性表　　　　　　D. 二叉搜索树

6. 已知 f(1) = 1，且对于 n>=2 有 $f(n)=f(n-1)+f(\lfloor n/2 \rfloor)$，则 f(4) 的值为：（　　）

   A. 4　　　　　　　　　　B. 5　　　　　　　　　C. 6　　　　　　　　　D. 7

7. 假设一个包含 n 个顶点的无向图，且该图是欧拉图。以下关于该图的描述中哪一项不一定正确？（　　）

   A. 所有顶点的度数均为偶数　　　　　　B. 该图联通

   C. 该图存在一个欧拉回路　　　　　　　D. 该图的边数是奇数

8. 对数组进行二分查找的过程中，以下哪个条件必须满足？（　　）

   A. 数组必须是有序的　　　　　　　　　B. 数组必须是无序的

   C. 数组长度必须是 2 的幂　　　　　　　D. 数组中的元素必须是整数

9. 考虑一个自然数 n 以及一个模数 m，你需要计算 n 的逆元（即 n 在模 m 意义下的乘法逆元）。下列哪种算法最为合适？（　　）

   A. 使用暴力方法依次尝试　　　　　　　B. 使用扩展欧几里得解法

   C. 使用快速幂解法　　　　　　　　　　D. 使用线性筛法

10. 在设计一个哈希表时，为了减少冲突，需要使用适当的哈希函数和冲突解决策略。已知某哈希表中有 n 个键值对，表的装载因子为 α（0<α<=1）。在使用开放地址法解决冲突的过程中，最坏情况下查找一个元素的时间复杂度为（　　　）

  A. $O(1)$ B. $O(\log n)$ C. $O(1/(1-\alpha))$ D. $O(n)$

11. 假设有一棵 h 层的完全二叉树，该树最多包含（　　　）个结点。

  A. 2^h-1 B. $2^{(h+1)}-1$ C. 2^h D. $2^{(h+1)}$

12. 设有一个 10 个顶点的完全图，每两个顶点之间都有一条边，有多少个长度为 4 的环？（　　　）

  A. 120   B. 210   C. 630   D. 5040

13. 对于一个整数 n，定义 f(n) 为 n 的各位数字之和，问使 f(f(x))=10 的最小自然数 x 是多少？（　　　）

  A. 29   B. 199   C. 299   D. 399

14. 设有一个长度为 n 的 01 字符串，其中有 k 个 1，每次操作可以交换相邻两个字符。在最坏的情况下将这 k 个 1 移到字符串最右边所需要的交换次数是多少？（　　　）

  A. k   B. k*(k−1)/2   C. (n−k)*k   D. (2n−k−1)*k/2

15. 如图是一张包含 7 个顶点的有向图。如果要删除其中一些边，使得从结点 1 到结点 7 没有可行路径，且删除的边数最少，请问总共有多少种可行的删除边的集合？（　　　）

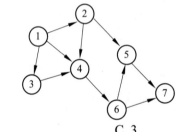

  A. 1   B. 2   C. 3   D. 4

二、阅读程序（程序输入不超过数组或字符串定义的范围；判断题正确填"√"，错误填"×"，除特殊说明外，每道判断题 1.5 分，每道选择题 3 分，共 40 分）

（一）

```
01   #include <iostream>
02   using namespace std;
03
04   const int N = 1000;
05   int c[N];
06
07   int logic(int x, int y) {
08       return (x & y) ^ ((x ^ y) | (~x & y));
09   }
10   void generate(int a, int b, int *c) {
11       for (int i = 0; i < b; i++) {
12           c[i] = logic(a, i) % (b + 1);
13       }
```

```
14    }
15    void recursion(int depth, int *arr, int size) {
16        if (depth <= 0 || size <= 1) return;
17        int pivot = arr[0];
18        int i = 0, j = size - 1;
19        while (i <= j) {
20            while (arr[i] < pivot)  i++;
21            while (arr[j] > pivot)  j--;
22            if(i <= j) {
23                int temp = arr[i];
24                arr[i] = arr[j];
25                arr[j] = temp;
26                i++;j--;
27            }
28        }
29        recursion(depth - 1, arr, j + 1);
30        recursion(depth - 1, arr + i, size - i);
31    }
32
33    int main() {
34        int a, b, d;
35        cin >> a >> b >> d;
36        generate(a, b, c);
37        recursion(d, c, b);
38        for (int i = 0; i < b; i++)  cout << c[i] << " ";
39        cout<<endl;
40    }
```

● 判断题

16. 当 1000>=d>=b 时，输出的序列是有序的（   ）。

17. 当输入 "5 5 1" 时，输出为 "1 1 5 5 5"（   ）。

18. 假设数组 c 长度无限制，该程序所实现的算法的时间复杂度是 O(b)（   ）。

● 单选题

19. 函数 int logic(int x,int y) 的功能是（   ）

　　A. 按位与 　　　　　　　　　　　　　　　B. 按位或

　　C. 按位异或 　　　　　　　　　　　　　　D. 以上都不是

20.（4分）当输入为 "10 100 100" 时，输出的第 100 个数是（   ）

　　A. 91 　　　　　　　B. 94 　　　　　　　C. 95 　　　　　　　D. 98

（二）

```
01    #include <iostream>
02    #include <string>
03    using namespace std;
04
05    const int P = 998244353, N = 1e4 + 10, M = 20;
06    int n, m;
07    string s;
08    int dp[1 << M];
09
10    int solve() {
11        dp[0] = 1;
12        for (int i = 0; i < n; i++) {
13            for (int j = (1 << (m - 1)) - 1; j >= 0; j--) {
14                int k = (j << 1) | (s[i] - '0');
15                if(j != 0 || s[i] == '1')
16                    dp[k] = (dp[k] + dp[j]) % P;
17            }
18        }
19        int ans = 0;
20        for (int i = 0; i < (1 << m); i++) {
21            ans = (ans + 1ll * i * dp[i]) % P;
22        }
23        return ans;
24    }
25    int solve2() {
26        int ans = 0;
27        for (int i = 0; i < (1 << n); i++) {
28            int cnt = 0;
29            int num = 0;
30            for (int j = 0; j < n; j++) {
31                if (i & (1 << j)) {
32                    num = num * 2 + (s[j] - '0');
33                    cnt++;
34                }
35            }
36            if (cnt <= m)   (ans += num) %= P;
37        }
```

```
38          return ans;
39      }
40
41  int main() {
42          cin >> n >> m;
43          cin >> s;
44          if (n <= 20) {
45              cout << solve2() << endl;
46          }
47          cout << solve() << endl;
48          return 0;
49  }
```

假设输入的 s 是包含 n 个字符的 01 串，完成下面的判断题和单选题。

- 判断题

21. 假设数组 dp 长度无限制，函数 solve() 所实现的算法时间复杂度是 $O(n*2^m)$。（　　　）

22. 输入 "11 2 10000000001" 时，程序输出两个数 32 和 23。（　　　）

23. （2分）在 n<=10 时，solve() 的返回值始终小于 410。（　　　）

- 单选题

24. 当 n=10 且 m=10 时，有多少种输入使得两行的结果完全一致？（　　　）

    A. 1024　　　　　　B. 11　　　　　　　C. 10　　　　　　　D. 0

25. 当 n<=6 时，solve() 的最大可能返回值为（　　　）。

    A. 65　　　　　　　B. 211　　　　　　　C. 665　　　　　　　D. 2059

26. 若 n=8，m=8，solve 和 solve2 的返回值的最大可能的差值为（　　　）。

    A. 1477　　　　　　B. 1995　　　　　　C. 2059　　　　　　D. 2187

（三）

```
01  #include <iostream>
02  #include <cstring>
03  #include <algorithm>
04  using namespace std;
05
06  const int maxn = 1000000 + 5;
07  const int P1 = 998244353, P2 = 1000000007;
08  const int B1 = 2, B2 = 31;
09  const int K1 = 0, K2 = 13;
10
11  typedef long long ll;
```

```
12
13  int n;
14  bool p[maxn];
15  int p1[maxn], p2[maxn];
16
17  struct H {
18      int h1, h2, l;
19      H(bool b = false) {
20          h1 = b + K1;
21          h2 = b + K2;
22          l = 1;
23      }
24      H operator + (const H &h)const {
25          H hh;
26          hh.l = l + h.l;
27          hh.h1 = (1ll * h1 * p1[h.l] + h.h1) % P1;
28          hh.h2 = (1ll * h2 * p2[h.l] + h.h2) % P2;
29          return hh;
30      }
31      bool operator == (const H &h) const {
32          return l == h.l && h1 == h.h1 && h2 == h.h2;
33      }
34      bool operator < (const H &h) const {
35          if (l != h.l)return l < h.l;
36          else if (h1 != h.h1)return h1 < h.h1;
37          elsereturn h2 < h.h2;
38      }
39  } h[maxn];
40
41  void init() {
42      memset(p, 1, sizeof(p));
43      p[0] = p[1] = false;
44      p1[0] = p2[0] = 1;
45      for (int i = 1; i <= n; i++) {
46          p1[i] = (1ll * B1 * p1[i - 1]) % P1;
47          p2[i] = (1ll * B2 * p2[i - 1]) % P2;
48          if (!p[i])continue;
49          for (int j = 2 * i; j <= n; j += i) {
50              p[j] = false;
```

```
51              }
52          }
53      }
54
55  int solve() {
56      for (int i = n; i; i--) {
57          h[i] = H(p[i]);
58          if (2 * i + 1 <= n) {
59              h[i] = h[2 * i] + h[i] + h[2 * i + 1];
60          } else if (2 * i <= n) {
61              h[i] = h[2 * i] + h[i];
62          }
63      }
64      cout << h[1].h1 << endl;
65      sort(h + 1, h + n + 1);
66      int m = unique(h + 1, h + n + 1) - (h + 1);
67      return m;
68  }
69
70  int main() {
71      cin >> n;
72      init();
73      cout << solve() << endl;
74  }
```

- 判断题

27. 假设程序运行前能自动将 maxn 改为 n+1，所实现的算法的时间复杂度是 $O(n\log n)$。（　　　）

28. 时间开销的瓶颈是 init() 函数。（　　　）

29. 若修改常数 B1 或 K1 的值，该程序可能会输出不同的结果。（　　　）

- 单选题

30. 在 solve() 函数中，h[] 的合并顺序可以看作是（　　　）。

    A. 二叉树的 BFS 序　　　　　　　　　　　　B. 二叉树的先序遍历

    C. 二叉树的中序遍历　　　　　　　　　　　　D. 二叉树的后序遍历

31. 输入"10"，输出的第一行是（　　　）。

    A. 83　　　　　　　　B. 424　　　　　　　　C. 54　　　　　　　　D. 110101000

32.（4 分）输入"16"，输出的第二行是（　　　）。

    A. 7　　　　　　　　B. 9　　　　　　　　C. 10　　　　　　　　D. 12

三. 完善程序（单选题，每小题 3 分，共 30 分）

（一）【序列合并】有两个长度为 N 的单调不降序列 A 和 B，序列的每个元素都是小于 10^9 的非负整数。在 A 和 B 中各取一个数相加可以得到 N^2 个和，求其中第 k 小的和。上述参数满足 $N<=10^5$ 和 $1<=k<=N^2$。

```
01    #include <iostream>
02    using namespace std;
03    const int maxn = 100005;
04    int n;
05    long long k;
06    int a[maxn], b[maxn];
07    int *upper_bound(int *a, int *an, int ai) {
08        int l = 0, r =    ①    ;
09        while (l < r) {
10            int mid = (l + r) >> 1;
11            if (    ②    ) {
12                r = mid;
13            } else {
14                l = mid + 1;
15            }
16        }
17        return    ③    ;
18    }
19
20    long long get_rank(int sum) {
21        long long rank = 0;
22        for (int i = 0; i < n; i++) {
23            rank += upper_bound(b, b + n, sum - a[i]) - b;
24        }
25        return rank;
26    }
27
28    int solve() {
29        int l = 0, r =    ④    ;
30        while (l < r) {
31            int mid = ((long long)l + r) >> 1;
32            if (    ⑤    ) {
33                l = mid + 1;
34            } else {
```

```
35              r = mid;
36            }
37        }
38        return l;
39  }
40
41  int main() {
42      cin >> n >> k;
43      for (int i = 0; i < n; ++i)
44          cin >> a[i];
45      for (int i = 0; i < n; ++i)
46          cin >> b[i];
47      cout << solve() << endl;
48      return 0;
49  }
```

33. ①处应填（　　　）

A. an−a　　　　　B. an−a−1　　　　　C. ai　　　　　D. ai+1

34. ②处应填（　　　）

A. a[mid]>ai　　　　　　　　　　B. a[mid]>=ai

C. a[mid]<ai　　　　　　　　　　D. a[mid]<=ai

35. ③处应填（　　　）

A. a+l　　　　　　　　　　　　B. a+l+1

C. a+l−1　　　　　　　　　　　D. an−1

36. ④处应填（　　　）

A. a[n−1]+b[n−1]　　　　　　　B. a[n]+b[n]

C. 2*maxn　　　　　　　　　　　D. maxn

37. ⑤处应填（　　　）

A. get_rank(mid)<k　　　　　　　B. get_rank(mid)<=k

C. get_rank(mid)>k　　　　　　　D. get_rank(mid)>=k

（二）【次短路】已知一个 n 个点 m 条边的有向图 G，并且给定图中的两个点 s 和 t，求次短路（长度严格大于最短路的最短路径）。如果不存在，输出一行"−1"。如果存在，输出两行，第一行表示次短路的长度，第二行表示次短路的一个方案。

```
01  #include <cstdio>
02  #include <queue>
03  #include <utility>
04  #include <cstring>
05  using namespace std;
06
```

```
07    const int maxn = 2e5 + 10, maxm = 1e6 + 10, inf = 522133279;
08
09    int n, m, s, t;
10    int head[maxn], nxt[maxm], to[maxm], w[maxm], tot = 1;
11    int dis[maxn << 1], *dis2;
12    int pre[maxn << 1], *pre2;
13    bool vis[maxn << 1];
14
15    void add(int a, int b, int c) {
16        ++tot;
17        nxt[tot] = head[a];
18        to[tot] = b;
19        w[tot] = c;
20        head[a] = tot;
21    }
22
23    bool upd(int a, int b, int d, priority_queue<pair<int, int> > &q){
24        if (d >= dis[b]) return false;
25        if (b < n)    ①    ;
26        q.push(    ②    );
27        dis[b] = d;
28        pre[b] = a;
29        return true;
30    }
31
32    void solve() {
33        priority_queue<pair<int, int> >q;
34        q.push(make_pair(0, s));
35        memset(dis,    ③    , sizeof(dis));
36        memset(pre, -1, sizeof(pre));
37        dis2 = dis + n;
38        pre2 = pre + n;
39        dis[s] = 0;
40        while (!q.empty()) {
41            int aa = q.top().second; q.pop();
42            if (vis[aa]) continue;
43            vis[aa] = true;
44            int a = aa % n;
45            for (int e = head[a]; e ; e = nxt[e]) {
```

```
46                int b = to[e], c = w[e];
47            if (aa < n) {
48                if (!upd(a, b, dis[a] + c, q))
49                        ④
50            } else {
51                upd(n + a, n + b, dis2[a] + c, q);
52            }
53          }
54        }
55  }
56
57  void out(int a) {
58      if (a != s) {
59          if (a < n) out(pre[a]);
60          else out(    ⑤    );
61      }
62      printf("%d%c", a % n + 1, " \n"[a == n + t]);
63  }
64
65  int main() {
66      scanf("%d%d%d%d", &n, &m,&s,&t);
67      s--, t--;
68      for (int i = 0; i < m; ++i) {
69          int a, b, c;
70          scanf("%d%d%d", &a, &b, &c);
71          add(a - 1, b - 1, c);
72      }
73      solve();
74      if (dis2[t] == inf) puts("-1");
75      else {
76          printf("%d\n", dis2[t]);
77          out(n + t);
78      }
79      return 0;
80  }
```

38. ①处应填（　　　）。

A. udp(pre[b], n+b, dis[b], q)　　　　　　B. upd(a, n+b, d, q)

C. upd(pre[b], b, dis[b], q)　　　　　　D. upd(a, b, d, q)

39. ②处应填（　　　）。

   A. make_pair(-d, b)   B. make_pair(d, b)

   C. make_pair(b, d)   D. make_pair(-b, d)

40. ③处应填（　　　）。

   A. 0xff   B. 0x1f   C. 0x3f   D. 0x7f

41. ④处应填（　　　）。

   A. upd(a, n+b, dis[a]+c, q)   B. upd(n+a, n+b, dis2[a]+c, q)

   C. upd(n+a, b, dis2[a]+c, q)   D. upd(a, b, dis[a]+c, q)

42. ⑤处应填（　　　）。

   A. pre2[a%n]   B. pre[a%n]

   C. pre2[a]   D. pre[a%n]+1

2023 CSP-S CCF 非专业级别软件能力认证第一轮

CSP-S 提高级 C++ 语言试题

（认证时间：2023 年 9 月 16 日 14：30—16：30）

考生注意事项：

- 满分 100 分。
- 不得使用任何电子设备（如计算器、手机、电子词典等）或查阅任何书籍资料。

一、单项选择题（共 15 小题，每题 2 分，共 30 分；每题有且仅有一个正确选项）

1. 在 Linux 系统终端中，以下哪个命令用于创建一个新的目录？（　　　）

　A. newdir　　　　　　　B. mkdir　　　　　　　C. creat　　　　　　　D. mkfolder

2. 0，1，2，3，4 中选取 4 个数字，能组成（　　　）个不同四位数。（注：最小的四位数是 1000，最大的四位数是 9999。）

　A. 96　　　　　　　　　B. 18　　　　　　　　　C. 120　　　　　　　　D. 84

3. 假设 n 是图的顶点的个数，m 是图的边的个数，为求解某一问题有下面四种不同时间复杂度的算法。对于 m=O(n) 的稀疏图而言，下面的四个选项，哪一项的渐进时间复杂度最小？（　　　）

　A. $O(m\sqrt{\log n} * \log\log n)$　　　　　　　　　　B. $O(n^2+m)$

　C. $O(n^2/\log m+m\log n)$　　　　　　　　　　　D. $O(m+n\log n)$

4. 假设有 n 根柱子，需要按照以下规则依次放置编号为 1,2,3,… 的圆柱：每根柱子的底部固定，顶部可以放入圆环；每次从柱子顶部放入圆环时，需要保证任何两个相邻圆环的编号之和是一个完全平方数。请计算当有 4 个根柱子时，最多可以放置（　　　）个圆环。

　A. 7　　　　　　　　　　B. 9　　　　　　　　　C. 11　　　　　　　　D. 5

5. 以下对数据结构表述不恰当的一项是（　　　）。

　A. 队列是一种先进先出（FIFO）的线性结构

　B. 哈夫曼树的构造过程主要是为了实现图的深度优先搜索

　C. 散列表是一种通过散列函数将关键字映射到存储位置的数据结构

　D. 二叉树是一种每个结点最多有两个子结点的树结构

6. 以下连通无向图中，（　　　）一定可以用不超过两种颜色进行染色。

　A. 完全三叉树　　　　　B. 平面图　　　　　　C. 边双连通图　　　　D. 欧拉图

7. 最长公共子序列长度常常用来衡量两个序列的相似度。其定义如下：给定两个序列 X={x1, x2, x3, ..., xm} 和 Y={y1, y2, y3, ..., yn}，最长公共子序列（LCS）问题的目标是找到一个最长的新序列 Z={z1, z2, z3, ..., zk}，使得序列 Z 既是序列 X 的子序列，又是序列 Y 的子序列，且序列 Z 的长度 k 在满足上述条件的序列里是最大的。（注：序列 A 是序列 B 的子序列，当且仅当再保持序列 B 元素顺序的情况下，从序列 B 中删除若干个元素，可以使得剩余的元素构成序列 A。）则序列 "ABCAAAABA"

和"ABABCBABA"的最长公共子序列长度为（　　　）。

A. 4   B. 5   C. 6   D. 7

8. 一位玩家正在玩一个特殊的掷骰子的游戏，游戏要求连续掷两次骰子，收益规则如下：玩家第一次掷出 x 点，得到 2x 元；第二次掷出 y 点，当 y=x 时玩家会失去之前的得到 2x 元。而当 y ≠ x 时玩家能保住第一次获得的 2x 元。上述 x,y ∈ {1，2，3，4，5，6}。例如：玩家第一次掷出 3 点得到 6 元后，但第二次再次掷出 3 点，会失去之前得到的 6 元，玩家最终受益为 0 元；如果玩家第一次掷出 3 点，第二次掷出 4 点，则最终受益是 6 元。假设骰子挑出任意一点的概率为 1/6，玩家连续掷两次骰子后，所有可能情形下收益的平均值是（　　　）。

A. 7 元   B. $\dfrac{35}{6}$ 元   C. $\dfrac{16}{3}$ 元   D. $\dfrac{19}{3}$ 元

9. 假设我们有以下的 C++ 代码：

```cpp
int a=5,b=3,c=4;
bool res=a&b||c^b&&a|c;
```

请问 res 的值是什么？（　　　）

提示：在 C++ 中，逻辑运算的优先级从高到低依次为：逻辑非（！），逻辑与（&&），逻辑或（||）。位运算的优先级从高到低依次为：位非（˜），位与（&），位异或（^），位或（|）。同时，双目位运算的优先级高于双目逻辑运算：逻辑非和位非优先级相同，且高于所有双目运算符。

A. true   B. false   C.1   D.0

10. 假设快速排序算法的输入是一个长度为 n 的已排序数组，且该快速排序算法在分治过程总是选择第一个元素作为基准元素。以下哪个选项描述的是在这种情况下的快速排序行为？（　　　）

A. 快速排序对于此类输入的表现最好，因为数组已经排序

B. 快速排序对于此类输入的时间复杂度是 O(nlogn)

C. 快速排序对于此类输入的时间复杂度是 O(n²)

D. 快速排序无法对此类数组进行排序，因为数组已经排序

11. 以下哪个命令，能将一个名为"main.cpp"的 C++ 源文件，编译并生成一个名为"main"的可执行文件？（　　　）

A. g++ -o main main.cpp   B. g++-o main.cpp main

C. g++ main -o main.cpp   D. g++ main.cpp -o main.cpp

12. 在图论中，树的重心是树上的一个结点，以该结点为根时，使得其所有的子树中结点数最多的子树的结点数量最少。一棵树可能有多个重心。请问下面哪种树一定只有一个重心？（　　　）

A.4 个结点的树   B.6 个结点的树   C.7 个结点的树   D.8 个结点的树

13. 如图是一张包含 6 个顶点的有向图，但顶点间不存在拓扑序。如果要删除其中一条边，使这 6 个顶点能进行拓扑排序，请问总共有多少条边可以作为候选的被删除边？（　　　）

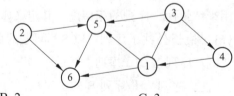

A. 1   B. 2   C. 3   D. 4

14. 若 $n = \sum_{i=0}^{k} 16^i \times x_i$ 定义 $f(n) = \sum_{i=0}^{k} x_i$，其中 $xi \in \{0, 1, \cdots, 15\}$ 对于给定自然数，存在序列 $n_0, n_1, n_2, \cdots,$ n_m 其中对于 $1 \leqslant i \leqslant m$ 都有 $n_i = f(n_{i-1})$，且 $n_m = n_{m-1}$，称为 n_m 为 n_0 关于 f 的不动点。问在 100_{16} 至 $1A0_{16}$ 中，关于 f 的不动点为 9 的自然数个数为（　　　）。

    A. 10   B. 11   C. 12   D. 13

15. 现在用如下代码来计算下 x^n，其时间复杂度为（　　　）。

```
01  double quick_power(double x,unsigned n){
02      if(n==0) return 1;
03      if(n==1) return x;
04      return quick_power(x,n/2) *  quick_power(x,n/2) *  ((n&1) ? x:1);
05  }
```

    A. O(n)   B. O(1)   C. O(logn)   D. O(nlogn)

二、阅读程序（程序输入不超过数组或字符串定义的范围；判断题正确填"√"，错误填"×"；除特殊说明外，每道判断题 1.5 分，每道选择题 3 分，共 40 分）

（一）

```
01  #include<iostream>
02  using namespace std;
03
04  unsigned short f(unsigned short x){
05      x^=x<<6;
06      x^=x>>8;
07      return x;
08  }
09
10  int main(){
11      unsigned short x;
12      cin>>x;
13      unsigned short y=f(x);
14      cout<<y<<endl;
15      return 0;
16  }
```

假设输入的 x 是不超过 65535 的自然数，完成下面的判断题和单选题。

● 判断题

16. 当输入非零时，输出一定不为零。（　　　）

17.（2 分）将 f 函数的输入参数的类型改为 unsigned int，程序的输出不变。（　　　）

18. 当输入为"65535"时，输出为"63"。（　　　）

19. 当输入为"1"时，输出为"64"。（   ）

● 单选题

20. 当输入为"512"时，输出为（   ）。

  A. "33280"   B. "33410"   C. "33106"   D. "33346"

21. 当输入为"64"时，执行完第5行后 x 的值为（   ）。

  A. "8256"   B. "4130"   C. "4128"   D. "4160"

（二）

```
01  #include <iostream>
02  #include <cmath>
03  #include <vector>
04  #include <algorithm>
05  using namespace std;
06
07  long long solve1(int n){
08      vector<bool>     p(n+1,true);
09      vector<long long> f(n+1,0),g(n+1,0);
10      f[1]=1;
11      for(int i=2;i*i<=n;i++){
12          if(p[i]){
13              vector<int> d;
14              for(int k=i;k<=n;k*=i)     d.push_back(k);
15              reverse(d.begin(),d.end());
16              for(int k:d){
17                  for(int j=k;j<=n;j+=k){
18                      if(p[j]){
19                          p[j]=false;
20                          f[j]=i;
21                          g[j]=k;
22                      }
23                  }
24              }
25          }
26      }
27      for(int i=sqrt(n)+1;i<=n;i++){
28          if(p[i]){
29              f[i]=i;
30              g[i]=i;
```

```
31              }
32          }
33          long long sum=1;
34          for(int i=2;i<=n;i++){
35              f[i]=f[i/g[i]]*(g[i]*f[i]-1)/(f[i]-1);
36              sum+=f[i];
37          }
38          return sum;
39      }
40
41      long long solve2(int n){
42          long long sum=0;
43          for(int i=1;i<=n;i++){
44              sum+=i*(n/i);
45          }
46          return sum;
47      }
48
49      int main(){
50          int n;
51          cin>>n;
52          cout<<solve1(n)<<endl;
53          cout<<solve2(n)<<endl;
54          return 0;
55      }
```

假设输入的 n 是不超过 1000000 的自然数，完成下面的判断题和单选题。

- 判断题

22. 将第 15 行删去，输出不变。（   ）

23. 当输入为"10"时，输出的第一行大于第二行。（   ）

24. （2 分）当输入为"1000"时，输出的第一行与第二行相等。（   ）

- 单选题

25. solve1(n) 的时间复杂度为（   ）。

　　A. $O(n\log^2 n)$　　　　　B. $O(n)$　　　　　C. $O(n\log n)$　　　　　D. $O(n\log\log n)$

26. solve2(n) 的时间复杂度为（   ）

　　A. $O(n^2)$　　　　　B. $O(n)$　　　　　C. $O(n\log n)$　　　　　D. $O(n\log\log n)$

27. 输入为"5"时，输出的第二行为（   ）。

　　A. "20"　　　　　B. "21"　　　　　C. "22"　　　　　D. "23"

（三）

```
01  #include <vector>
02  #include <algorithm>
03  #include <iostream>
04
05  using namespace std;
06  bool f0(vector<int> &a, int m, int k) {
07      int s = 0;
08      for (int i = 0, j = 0; i < a.size(); i++) {
09          while (a[i] - a[j] > m)
10              j++;
11          s += i - j;
12      }
13      return s >= k;
14  }
15
16  int f(vector<int> &a, int k) {
17      sort(a.begin(), a.end());
18
19      int g = 0;
20      int h = a.back() - a[0];
21      while (g < h) {
22          int m = g + (h - g) / 2;
23          if (f0(a, m, k)) {
24              h = m;
25          }
26          else {
27              g = m + 1;
28          }
29      }
30
31      return g;
32  }
33
34  int main() {
35      int n, k;
36      cin >> n >> k;
37      vector<int> a(n, 0);
```

```
38        for (int i = 0; i < n; i++) {
39            cin >> a[i];
40        }
41        cout << f(a, k) << endl;
42        return 0;
43    }
```

- 判断题

28. 将第 24 行的 "m" 改为 "m−1"，输出有可能不变，而剩下情况为少 1。(   )

29. 将第 22 行的 "g+(h−g)/2" 改为 "(h+g)>>1"，输出不变。(   )

30. 当输入为 "5 7 2 −4 5 1 −3"，输出为 "5"。(   )

- 单选题

31. 设 a 数组中最大值减最小值加 1 为 A，则 f 函数的时间复杂度为 (   )。

    A. $O(n\log A)$ B. $O(n^2\log A)$ C. $O(n\log(nA))$ D. $O(n\log n)$

32. 将第 10 行中的 ">" 替换为 ">="，那么原输出与现输出的大小关系为 (   )。

    A. 一定小于   B. 一定小于等于且不一定小于

    C. 一定大于等于且不一定大于   D. 以上三种情况都不对

33. 当输入为 "5 8 2 −5 3 8 −12" 时，输出为 (   )。

    A. "13"   B. "14"   C. "8"   D. "15"

三、完善程序（单选题，每小题 3 分，共 30 分）

（一）【第 k 小路径】给定一张 n 个点 m 条边的有向无环图，顶点编号从 0 到 n−1。对于一条路径，我们定义"路径序列"为该路径从起点出发依次经过的顶点编号构成的序列。求所有至少包含一个点的简单路径中，"路径序列"字典序第 k 小的路径。保证存在至少 k 条路径。上述参数满足 $1 \leqslant n, m \leqslant 10^5$ 和 $1 \leqslant k \leqslant 10^{18}$。

在程序中，我们求出从每个点出发的路径数量。超过 10^{18} 的数都用 10^{18} 表示。然后我们根据 k 的值和每个顶点的路径数量，确定路径的起点，然后可以类似地依次求出路径中的每个点。

试补全程序。

```
01    #include <iostream>
02    #include <algorithm>
03    #include <vector>
04    const int MAXN = 100000;
05    const long long LIM = 1000000000000000000ll;
06    int n, m, deg[MAXN];
07    std::vector<int> E[MAXN];
08    long long k, f[MAXN];
09    int next(std::vector<int> cand, long long &k) {
```

```
10        std::sort(cand.begin(),cand.end());
11        for (int u : cand) {
12            if (    ①    ) return u;
13                k -= f[u];
14        }
15        return -1;
16    }
17    int main() {
18        std;:cin >> n >> m >> k;
19        for (int i = 0; i < m; ++i) {
20            int u, v;
21            std::cin >> u >> v;// 一条从 u 到 v 的边
22            E[u].push_back(v);
23            ++deg[v];
24        }
25        std::vector<int> Q;
26        for (int i = 0; i < n; ++i)
27            if (!deg[i]) Q.push_back(i);
28        for (int i = 0; i < n; ++i) {
29            int u = Q[i];
30            for (int v: E[u]) {
31                if (    ②    ) Q.push_back(v);
32                --deg[v];
33            }
34        }
35        std::reverse(Q.begin(), Q.end());
36        for (int u: Q) {
37            f[u] = 1;
38            for (int v: E[u]) f[u] =    ③    ;
39        }
40        int u = next(Q, k);
41        std::cout << u << std::endl;
42        while (    ④    ){
43                ⑤    ;
44            u = next(E[u],k);
45            std::cout << u << std::endl;
46        }
47        return 0;
48    }
```

34. ①处应填（   ）。

    A. k>=f[u]   B. k<=f[u]   C. k>f[u]   D. k<f[u]

35. ②处应填（   ）。

    A. deg[v]==1   B. deg[v]==0   C. deg[v]>1   D. deg[v]>0

36. ③处应填（   ）。

    A. std::min(f[u] + f[v], LIM)   B. std::min(f[u]+f[v]+1, LIM)

    C. std::min(f[u] * f[v], LIM)   D. std::min(f[u]*(f[v]+1), LIM)

37. ④处应填（   ）。

    A. u!=−1   B.!E[u].empty()   C. k>0   D. k>1

38. ⑤处应填（   ）。

    A. k+=f[u]   B. k−=f[u]   C. −−k   D. ++k

（二）【最大值之和】给定整数序列 a_0, a_1, $\cdots$, a_n，求该序列所有 ** 非空连续子序列 ** 的最大值之和。上述参数满足 $1 \leqslant n \leqslant 10^5$ 和 $1 \leqslant a_i \leqslant 10^8$。

一个序列的非空连续子序列可以用两个下标 l 和 r（其中 $0 \leqslant l \leqslant r < n$）表示，对应的序列为 al, al+1, $\cdots$, ar。两个非空连续子序列不同，当且仅当下标不同。

例如，当原序列为 [1,2,1,2] 时，要计算子序列 [1]、[2]、[1]、[2]、[1,2]、[2,1]、[1,2]、[1,2,1]、[2,1,2]、[1,2,1,2] 的最大值之和，答案为 18。注意 [1,1] 和 [2,2] 虽然是原序列的子序列，但不是连续子序列，所以不应该被计算。另外，注意其中有一些值相同的子序列，但由于他们在原序列中的下标不同，属于不同的非空连续子序列，所以会被分别计算。解决该问题有许多算法，以下程序使用分治算法，时间复杂度 O(nlogn)。试补全程序。

```
01   #include <iostream>
02   #include <algorithm>
03   #include <vector>
04   const int MAXN = 100000;
05   int n;
06   int a[MAXN];
07   long long ans;
08   void solve(int l, int r) {
09       if (l + 1 == r) {
10           ans += a[l];
11           return;
12       }
13       int mid = (l + r) >> 1;
14       std::vector<int> pre(a + mid, a + r);
15       for (int i = 1; i < r - mid; ++i) _____①_____ ;
16       std::vector<long long> sum(r - mid + 1);
17       for (int i = 0; i < r - mid; ++i) sum[i + 1] = sum[i] + pre[i];
18       for (int i = mid - 1, j = mid, max = 0; i >= l; --i) {
```

```
19              while (j < r &&    ②    ) ++j;
20              max = std::max(max, a[i]);
21              ans +=    ③    ;
22              ans +=    ④    ;
23          }
24          solve(l, mid);
25          solve(mid, r);
26      }
27  int main() {
28      std::cin >> n;
29      for (int i = 0; i < n; ++i) std::cin >> a[i];
30          ⑤    ;
31      std::cout << ans << std::endl;
32      return 0;
33  }
```

39. ①处应填（   ）。

   A. pre[i] = std::max(pre[i−1], a[i−1])　　　　B. pre[i + 1] = std::max(pre[i], pre[i + 1])

   C. pre[i] = std::max(pre[i−1], a[i])　　　　　D. pre[i] = std::max(pre[i], pre[i−1])

40. ②处应填（   ）。

   A. a[j] < max　　　　　　　　　　　　　　B. a[j] < a[i]

   C. pre[j−mid] < max　　　　　　　　　　　D. pre[j−mid] > max

41. ③处应填（   ）。

   A. (long long)(j−mid) * max　　　　　　　B. (long long)(j−mid) * (i−l) * max

   C. sum[j−mid]　　　　　　　　　　　　　D. sum[j - mid] * (i - l)

42. ④处应填（   ）。

   A. (long long)(r−j) * max　　　　　　　　B. (long long)(r−j) * (mid−i) * max

   C. sum[r−mid]−sum[j - mid]　　　　　　　D. (sum[r−mid]−sum[j−mid]) * (mid−i)

43. ⑤处应填（   ）。

   A. solve(0, n)　　　　　B. solve(0, n−1)　　　　　C. solve(1, n)　　　　　D. solve(1, n−1)

2022 CSP-S CCF 非专业级别软件能力认证第一轮

（CSP-S1）提高级 C++ 语言试题

认证时间：2022 年 9 月 18 日 14：30—16：30

考生注意事项：

- 满分 100 分。
- 不得使用任何电子设备（如计算器、手机、电子词典等）或查阅任何书籍资料。

一、单项选择题（共 15 小题，每题 2 分，共 30 分；每题有且仅有一个正确选项）

1. 在 Linux 系统终端中，用于切换工作目录的命令为（　　　）。

    A. ls   B. cd   C. cp   D. all

2. 你同时用 time 命令和秒表为某个程序在单核 CPU 的运行计时。假如 time 命令的输出如下：

real   0m30.721s

user   0m24.579s

sys   0m6.123s

以下最接近秒表计时的时长为（　　　）。

    A. 30s   B. 24s   C. 18s   D. 6s

3. 若元素 a、b、c、d、e、f 依次进栈，允许进栈、退栈操作交替进行，但不允许连续三次退栈操作，则不可能得到的出栈序列是（　　　）。

    A. dcebfa   B. cbdaef   C. bcaefd   D. afedcb

4. 考虑对 n 个数进行排序，以下最坏时间复杂度低于 $O(n^2)$ 的排序方法是（　　　）。

    A. 插入排序   B. 冒泡排序   C. 归并排序   D. 快速排序

5. 假设在基数排序过程中，受宇宙射线的影响，某项数据异变为一个完全不同的值。请问排序算法结束后，可能出现的最坏情况是（　　　）。

    A. 移除受影响的数据后，最终序列是有序序列

    B. 移除受影响的数据后，最终序列是前后两个有序的子序列

    C. 移除受影响的数据后，最终序列是一个有序的子序列和一个基本无序的子序列

    D. 移除受影响的数据后，最终序列基本无序

6. 计算机系统用小端（Little Endian）和大端（Big Endian）来描述多字节数据的存储地址顺序模式，其中小端表示将低位字节数据存储在低地址的模式、大端表示将高位字节数据存储在低地址的模式。在小端模式的系统和大端模式的系统分别编译和运行以下 C++ 代码段表示的程序，将分别输出什么结果？（　　　）

```
unsigned x = 0xDEADBEEF;
unsigned char *p = (unsigned char *)&x;
```

```
printf("%X", *p);
```

A. EF、EF   B. EF、DE   C. DE、EF   D. DE、DE

7. 一个深度为 5（根结点深度为 1）的完全三叉树，按前序遍历的顺序给结点从 1 开始编号，则第 100 号结点的父结点是第（   ）号。

     A. 95   B. 96   C. 97   D. 98

8. 强连通图的性质不包括（   ）。

     A. 每个顶点的度数至少为 1

     B. 任意两个顶点之间都有边相连

     C. 任意两个顶点之间都有路径相连

     D. 每个顶点至少都连有一条边

9. 每个顶点度数均为 2 的无向图称为"2 正规图"。由编号为从 1 到 n 的顶点构成的所有 2 正规图，其中包含欧拉回路的不同 2 正规图的数量为（   ）。

     A. $n!$ B. $(n-1)!$ C. $n!/2$ D. $(n-1)!/2$

10. 共有 8 人选修了程序设计课程，期末大作业要求由 2 人组成的团队完成。假设不区分每个团队内 2 人的角色和作用，请问共有多少种可能的组队方案。（   ）

     A. 28   B. 32   C. 56   D. 64

11. 小明希望选到形如"省 A·LLDDD"的车牌号。车牌号在"·"之前的内容固定不变；后面的 5 位号码中，前 2 位必须是大写英文字母，后 3 位必须是阿拉伯数字（L 代表 A 至 Z，DD 表示 0 至 9，两个 L 和三个 DD 之间可能相同也可能不同）。请问总共有多少个可供选择的车牌号。（   ）

     A. 20280   B. 52000   C. 676000   D. 1757600

12. 给定地址区间为 0~9 的哈希表，哈希函数为 $h(x) = x \% 10$，采用线性探查的冲突解决策略（对于出现冲突情况，会往后探查第一个空的地址存储；若地址 9 冲突了则从地址 0 重新开始探查）。哈希表初始为空表，依次存储（71, 23, 73, 99, 44, 79, 89）后，请问 89 存储在哈希表哪个地址中。（   ）

     A. 9   B. 0   C. 1   D. 2

13. 对于给定的 n，分析以下代码段对应的时间复杂度，其中最为准确的时间复杂度为（   ）。

```
01   int i, j, k = 0;
02   for (i = 0; i < n; i++) {
03       for (j = 1; j < n; j*=2) {
04           k = k + n / 2;
05       }
06   }
```

     A. $O(n)$ B. $O(n\log n)$ C. $O(n\sqrt{n})$ D. $O(n^2)$

14. 以比较为基本运算，在 n 个数的数组中找最大的数，在最坏情况下至少要做（   ）次运算。

     A. $n/2$ B. $n-1$ C. n D. $n+1$

15. ack 函数在输入参数"(2,2)"时的返回值为（   ）。

```
unsigned ack(unsigned m, unsigned n) {
    if (m == 0) return n + 1;
```

```
    if (n == 0) return ack(m - 1, 1);
    return ack(m - 1, ack(m, n - 1));
}
```

A. 5   B. 7   C. 9   D. 13

二、阅读程序（程序输入不超过数组或字符串定义的范围；判断题正确填"√"，错误填"×"；除特殊说明外，每道判断题 1.5 分，每道选择题 3 分，共 40 分）

（一）

```
01 #include <iostream>
02 #include <string>
03 #include <vector>
04
05 using namespace std;
06
07 int f(const string &s, const string &t)
08 {
09     int n = s.length(), m = t.length();
10
11     vector<int> shift(128, m + 1);
12
13     int i, j;
14
15     for (j = 0; j < m; j++)
16         shift[t[j]] = m - j;
17
18     for (i = 0; i <= n - m; i += shift[s[i + m]]) {
19         j = 0;
20         while (j < m && s[i + j] == t[j]) j++;
21         if (j == m) return i;
22     }
23
24     return -1;
25 }
26
27 int main()
28 {
29     string a, b;
30     cin >> a >> b;
```

```
31        cout << f(a, b) << endl;
32        return 0;
33 }
```

假设输入字符串由 ASCII 可见字符组成，完成下面的判断题和单选题。

● 判断题

16.（1分）当输入为"abcdefg"时，输出为 −1。（　　　）

17. 当输入为"abbababbbababab"时，输出为 4。（　　　）

18. 当输入为"GoodLuckCsp202222"时，第 20 行的"j++"语句执行次数为 2。（　　　）

● 单选题

19. 该算法最坏情况下的时间复杂度为（　　　）。

    A. O(n+m)　　　　　　　B. O(nlogm)　　　　　　C. O(mlogn)　　　　　　D. O(nm)

20. f(a, b) 与下列（　　　）语句的功能最类似。

    A. a.find(b)　　　　　　　　　　　　　　　B. a.rfind(b)

    C. a.substr(b)　　　　　　　　　　　　　　D. a.compare(b)

21. 当输入为"baaabaaabaaabaaaa aaaa"，第 20 行的"j++"语句执行次数为（　　　）。

    A. 9　　　　　　　　　B. 10　　　　　　　　　C. 11　　　　　　　　　D. 12

（二）

```
01 #include <iostream>
02
03 using namespace std;
04
05 const int MAXN = 105;
06
07  int n, m, k, val[MAXN];
08  int temp[MAXN], cnt[MAXN];
09
10  void init()
11  {
12      cin >> n >> k;
13      for (int i = 0; i < n; i++) cin >> val[i];
14      int maximum = val[0];
15      for (int i = 1; i < n; i++)
16      if (val[i] > maximum) maximum = val[i];
17      m = 1;
18      while (maximum >= k) {
19          maximum /= k;
20          m++;
```

```
21          }
22      }
23
24  void solve()
25  {
26      int base = 1;
27      for (int i = 0; i < m; i++) {
28          for (int j = 0; j < k; j++) cnt[j] = 0;
29          for (int j = 0; j < n; j++) cnt[val[j] / base % k]++;
30          for (int j = 1; j < k; j++) cnt[j] += cnt[j - 1];
31          for (int j = n - 1; j >= 0; j--) {
32              temp[cnt[val[j] / base % k] - 1] = val[j];
33              cnt[val[j] / base % k]--;
34      }
35          for (int j = 0; j < n; j++) val[j] = temp[j];
36      base *= k;
37      }
38  }
39
40  int main()
41  {
42      init();
43      solve();
44      for (int i = 0; i < n; i++) cout << val[i] << ' ';
45      cout << endl;
46      return 0;
47  }
```

假设输入的 n 为不大于 100 的正整数，k 为不小于 2 且不大于 100 的正整数，val[i] 在 int 表示范围内，完成下面的判断题和单选题。

● 判断题

22. 这是一个不稳定的排序算法。（   ）

23. 该算法的空间复杂度仅与 n 有关。（   ）

24. 该算法的时间复杂度为 $O(m(n+k))$。（   ）

● 单选题

25. 当输入为 "5 3 98 26 91 37 46" 时，程序第一次执行到第 36 行，val[] 数组的内容依次为（   ）。

　　A. 91 26 46 37 98　　　　B. 91 46 37 26 98　　　　C. 98 26 46 91 37　　　　D. 91 37 46 98 26

26. 若 val[i] 的最大值为 100，k 取（　　）时算法运算次数最少。

A. 2　　　　　　　　　B. 3　　　　　　　　　C. 10　　　　　　　　　D. 不确定

27. 当输入的 k 比 val[i] 的最大值还大时，该算法退化为（　　）算法。

A. 选择排序　　　　　B. 冒泡排序　　　　　C. 计数排序　　　　　D. 桶排序

（三）

```
01    #include <iostream>
02    #include <algorithm>
03
04    using namespace std;
05
06    const int MAXL = 1000;
07
08    int n, k, ans[MAXL];
09
10    int main(void)
11    {
12        cin >> n >> k;
13        if (!n) cout << 0 << endl;
14        else
15        {
16            int m = 0;
17            while (n)
18            {
19                ans[m++] = (n % (-k) + k) % k;
20                n = (ans[m - 1] - n) / k;
21            }
22            for (int i = m - 1; i >= 0; i--)
23                cout << char(ans[i] >= 10 ?
24                    ans[i] + 'A' - 10 :
25                        ans[i] + '0');
26            cout << endl;
27        }
28        return 0;
29    }
```

假设输入的 n 在 int 范围内，k 为不小于 2 且不大于 36 的正整数，完成下面的判断题和单选题。

● 判断题

28. 该算法的时间复杂度为 $O(\log_k n)$。（　　）

29. 删除第 23 行的强制类型转换，程序的行为不变。（　　　）

30. 除非输入的 n 为 0，否则程序输出的字符数为 O($\lfloor \log_k |n| \rfloor$ + 1)。（　　　）

● 单选题

31. 当输入为"100 7"时，输出为"（　　　）"。

    A. 202　　　　　　　　B. 1515　　　　　　　　C. 244　　　　　　　　D. 1754

32. 当输入为"−255 8"时，输出为"（　　　）"。

    A. 1400　　　　　　　　B. 1401　　　　　　　　C. 417　　　　　　　　D. 400

33. 当输入为"1000000 19"时，输出为"（　　　）"。

    A. BG939　　　　　　　B. 87GIB　　　　　　　C. 1CD428　　　　　　　D. 7CF1B

三、完善程序（单选题，每小题 3 分，共 30 分）

（一）【归并第 k 小】 已知两个长度均为 n 的有序数组 a1 和 a2（均为递增序，但不保证严格单调递增），并且给定正整数 k（1 ≤ k ≤ 2n），求数组 a1 和 a2 归并排序后的数组里第 k 小的数值。

试补全程序。

```
01    #include <bits/stdc++.h>
02    using namespace std;
03
04    int solve(int *a1, int *a2, int n, int k) {
05    int left1 = 0, right1 = n - 1;
06    int left2 = 0, right2 = n - 1;
07    while (left1 <= right1 && left2 <= right2) {
08        int m1 = (left1 + right1) >> 1;
09        int m2 = (left2 + right2) >> 1;
10        int cnt = ____①____ ;
11          if ( ____②____ ) {
12              if (cnt < k) left1 = m1 + 1;
13              else right2 = m2 - 1;
14          } else {
15              if (cnt < k) left2 = m2 + 1;
16          else right1 = m1 - 1;
17      }
18    }
19      if ( ____③____ ) {
20          if (left1 == 0) {
21              return a2[k - 1];
22          } else {
23              int x = a1[left1 - 1], ____④____ ;
24              return std::max(x, y);
```

```
25                 }
26         } else {
27             if (left2 == 0) {
28                 return a1[k - 1];
29             } else {
30                 int x = a2[left2 - 1], _____⑤_____ ;
31                 return std::max(x, y);
32             }
33         }
34 }
```

34. ①处应填（　　　）。

A. (m1 + m2) *2

B. (m1−1) + (m2−1)

C. m1 + m2

D. (m1 + 1) + (m2 + 1)

35. ②处应填（　　　）。

A. a1[m1]==a2[m2]

B. a1[m1] <= a2[m2]

C. a1[m1]>=a2[m2]

D. a1[m1] != a2[m2]

36. ③处应填（　　　）。

A. left1 == right1　　　B. left1 < right1　　　C. left1 > right1　　　D. left1 != right1

37. ④处应填（　　　）。

A. y = a1[k−left2−1]

B. y = a1[k−left2]

C. y = a2[k−left1−1]

D. y = a2[k−left1]

38. ⑤处应填（　　　）。

A. y = a1[k−left2−1]

B. y = a1[k−left2]

C. y = a2[k−left1−1]

D. y = a2[k−left1]

（二）【容器分水】有两个容器，容器 1 的容量为 a 升，容器 2 的容量为 b 升；同时允许下列的三种操作，分别为：

（1）FILL(i)：用水龙头将容器 i（i∈{1,2}）灌满水；

（2）DROP(i)：将容器 i 的水倒进下水道；

（3）POUR(i,j)：将容器 i 的水倒进容器 j（完成此操作后，要么容器 j 被灌满，要么容器 i 被清空）。

求只使用上述的两个容器和三种操作，获得恰好 c 升水的最少操作数和操作序列。上述 a、b、c 均为不超过 100 的正整数，且 c ≤ max{a,b}。

试补全程序。

```
01  #include <bits/stdc++.h>
02  using namespace std;
03  const int N = 110;
04
05  int f[N][N];
06  int ans;
```

```
07  int a, b, c;
08  int in it;
09
10  int dfs(int x, int y) {
11      if (f[x][y] != init)
12          return f[x][y];
13      if (x == c || y == c)
14      return f[x][y] = 0;
15      f[x][y] = init - 1;
16      f[x][y] = min(f[x][y], dfs(a, y) + 1);
17      f[x][y] = min(f[x][y], dfs(x, b) + 1);
18      f[x][y] = min(f[x][y], dfs(0, y) + 1);
19      f[x][y] = min(f[x][y], dfs(x, 0) + 1);
20      int t = min(a - x, y);
21      f[x][y] = min(f[x][y],      ①     );
22      t = min(x, b - y);
23      f[x][y] = min(f[x][y],      ②     );
24      return f[x][y];
25  }
26
27  void go(int x, int y) {
28      if (      ③     )
29          return;
30      if (f[x][y] == dfs(a, y) + 1) {
31          cout << "FILL(1)" << endl;
32          go(a, y);
33      } else if (f[x][y] == dfs(x, b) + 1) {
34          cout << "FILL(2)" << endl;
35          go(x, b);
36      } else if (f[x][y] == dfs(0, y) + 1) {
37          cout << "DROP(1)" << endl;
38          go(0, y);
39      } else if (f[x][y] == dfs(x, 0) + 1) {
40          cout << "DROP(2)" << endl;
41          go(x, 0);
42      } else {
43          int t = min(a - x, y);
44          if (f[x][y] ==      ④     ) {
45              cout << "POUR(2,1)" << endl;
46              go(x + t, y - t);
```

```
47              } else {
48                  t = min(x, b - y);
49                  if (f[x][y] ==  ⑤  ) {
50                      cout << "POUR(1,2)" << endl;
51                      go(x - t, y + t);
52                  } else
53                      assert(0);
54              }
55          }
56  }
57
58  int main() {
59      cin >> a >> b >> c;
60      ans = 1 << 30;
61      memset(f, 127, sizeof f);
62      init = **f;
63      if ((ans = dfs(0, 0)) == init - 1)
64          cout << "impossible";
65      else {
66          cout << ans << endl;
67          go(0, 0);
68      }
69  }
```

39. ①处应填（   ）。

A. dfs(x+t, y−t)+1

B. dfs(x+t, y−t)−1

C. dfs(x−t, y+t)+1

D. dfs(x−t, y+t)−1

40. ②处应填（   ）。

A. dfs(x+t, y−t)+1

B. dfs(x+t, y−t)−1

C. dfs(x−t, y+t)+1

D. dfs(x−t, y+t)−1

41. ③处应填（   ）。

A. x == c || y == c

B. x == c && y == c

C. x >= c || y >= c

D. x >= c && y >= c

42. ④处应填（   ）。

A. dfs(x+t, y−t)+1

B. dfs(x+t, y−t)−1

C. dfs(x−t, y+t)+1

D. dfs(x−t, y+t)−1

43. ⑤处应填（   ）。

A. dfs(x+t, y−t)+1

B. dfs(x+t, y−t)−1

C. dfs(x−t, y+t)+1

D. dfs(x−t, y+t)−1

2021 CSP-S CCF 非专业级别软件能力认证第一轮

（CSP-S1）提高级 C++ 语言试题

认证时间：2021 年 9 月 19 日 09：30—11：30

考生注意事项：

- 满分 100 分。
- 不得使用任何电子设备（如计算器、手机、电子词典等）或查阅任何书籍资料。

一、单项选择题（共 15 小题，每题 2 分，共 30 分；每题有且仅有一个正确选项）

1. 在 Linux 系统终端中，用于列出当前目录下所含的文件和子目录的命令为（　　）。

　A. ls　　　　　　　B. cd　　　　　　　C. cp　　　　　　　D. all

2. 二进制数 00101010_2 和 00010110_2 的和为（　　）。

　A. 00111100_2　　　B. 01000000_2　　　C. 00111100_2　　　D. 01000010_2

3. 在程序运行过程中，如果递归调用的层数过多，可能会由于（　　）引发错误。

　A. 系统分配的栈空间溢出　　　　　　　B. 系统分配的队列空间溢出

　C. 系统分配的链表空间溢出　　　　　　D. 系统分配的堆空间溢出

4. 以下排序方法中，（　　）是不稳定的。

　A. 插入排序　　　　B. 冒泡排序　　　　C. 堆排序　　　　D. 归并排序

5. 以比较为基本运算，对于 2n 个数，同时找到最大值和最小值，最坏情况下需要的最小的比较次数为（　　）。

　A. 4n−2　　　　　　B. 3n+1　　　　　　C. 3n−2　　　　　　D. 2n+1

6. 现有一个地址区间为 0～10 的哈希表，对于出现冲突情况，会往后找第一个空的地址存储（到 10 冲突了就从 0 开始往后），现在要依次存储（0，1，2，3，4，5，6，7），哈希函数为 h(x)=x2 mod 11。请问 7 存储在哈希表哪个地址中（　　）。

　A. 5　　　　　　　　B. 6　　　　　　　　C. 7　　　　　　　　D. 8

7. G 是一个非连通简单无向图（没有自环和重边），共有 36 条边，则该图至少有（　　）个点。

　A. 8　　　　　　　　B. 9　　　　　　　　C. 10　　　　　　　D. 11

8. 令根结点的高度为 1，则一棵含有 2021 个结点的二叉树的高度至少为（　　）。

　A. 10　　　　　　　B. 11　　　　　　　C. 12　　　　　　　D. 2021

9. 前序遍历和中序遍历相同的二叉树为且仅为（　　）。

　A. 只有 1 个点的二叉树　　　　　　　B. 根结点没有左子树的二叉树

　C. 非叶子结点只有左子树的二叉树　　　D. 非叶子结点只有右子树的二叉树

10. 定义一种字符串操作为交换相邻两个字符。将"DACFEB"变为"ABCDEF"最少需要（　　）次上述操作。

　A. 7　　　　　　　　B. 8　　　　　　　　C. 9　　　　　　　　D. 6

11. 有如下递归代码

```
solve(t, n):
    if t=1 return 1
    else return 5*solve(t-1,n) mod n
```

则 solve(23,23) 的结果为（　　）。

  A. 1　　　　　　　　B. 7　　　　　　　　C. 12　　　　　　　　D. 22

12. 斐波那契数列的定义为：$F_1=1$，$F_2=1$，$F_n=F_{n-1}+F_{n-2}$ $(n>=3)$。现在用如下程序来计算斐波那契数列的第 n 项，其时间复杂度为（　　）。

F(n):

```
if n<=2 return 1
else return F(n-1) + F(n-2)
```

  A. $O(n)$　　　　　　B. $O(n^i)$　　　　　　C. $O(2^n)$　　　　　　D. $O(n\log n)$

13. 有 8 个苹果从左到右排成一排，你要从中挑选至少一个苹果，并且不能同时挑选相邻的两个苹果，一共有（　　）种方案。

  A. 36　　　　　　　　B. 48　　　　　　　　C. 54　　　　　　　　D. 64

14. 设一个三位数 n= abc，a, b, c 均为 1～9 之间的整数，若以 a、b、c 作为三角形的三条边可以构成等腰三角形（包括等边），则这样的 n 有（　　）个。

  A. 81　　　　　　　　B. 120　　　　　　　　C. 165　　　　　　　　D. 216

15. 有如下的有向图，结点为 A，B，…，J，其中每条边的长度都标在图中。则结点 A 到节点 J 的最短路径长度为（　　）。

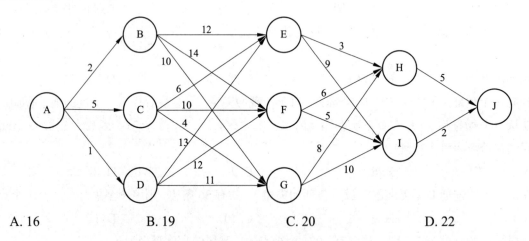

  A. 16　　　　　　　　B. 19　　　　　　　　C. 20　　　　　　　　D. 22

二、阅读程序（程序输入不超过数组或字符串定义的范围；判断题正确填"√"，错误填"×"；除特殊说明外，每道判断题 1.5 分，每道选择题 3 分，共 40 分）

（一）

```
01  #include <iostream>
02  #include <cmath>
03  using namespace std;
```

```
04
05    const double r = acos(0.5);
06
07    int a1, b1, c1, d1;
08    int a2, b2, c2, d2;
09
10    inline int sq(const int x) { return x * x; }
11    inline int cu(const int x) { return x * x * x; }
12
13    int main()
14    {
15        cout.flags(ios::fixed);
16        cout.precision(4);
17
18        cin >> a1 >> b1 >> c1 >> d1;
19        cin >> a2 >> b2 >> c2 >> d2;
20
21        int t = sq(a1 - a2) + sq(b1 - b2) + sq(c1 - c2);
22
23        if (t <= sq(d2 - d1)) cout << cu(min(d1, d2)) * r * 4;
24        else if (t >= sq(d2 + d1)) cout << 0;
25        else {
26            double x = d1 - (sq(d1) - sq(d2) + t) / sqrt(t) / 2;
27            double y = d2 - (sq(d2) - sq(d1) + t) / sqrt(t) / 2;
28            cout << (x * x * (3 * d1 - x) + y * y * (3 * d2 - y)) * r;
29        }
30        cout << endl;
31        return 0;
32    }
```

假设输入的所有数的绝对值都不超过 1000，完成下面的判断题和单选题。

● 判断题

16. 将第 21 行中 t 的类型声明从 int 改为 double，不会影响程序运行的结果。（   ）

17. 将第 26、27 行中的 "/ sqrt(t) / 2" 替换为 "/ 2 / sqrt(t)"，不会影响程序运行的结果。（   ）

18. 将第 28 行中的 "x * x" 改成 "sq(x)"，"y * y" 改成 "sq(y)"，不会影响程序运行的结果。（   ）

19.（2分）当输入为 "0 0 0 1 1 0 0 1" 时，输出为 "1.3090"。（   ）

● 单选题

20. 当输入为"1 1 1 1 1 1 1 2"时, 输出为 (   )。

    A. "3.1416"   B. "6.2832"   C. "4.7124"   D. "4.1888"

21. (2.5分)这段代码的含义为 (   )。

    A. 求圆的面积并   B. 求球的体积并

    C. 求球的体积交   D. 求椭球的体积并

(二)

```
01   #include <algorithm>
02   #include <iostream>
03   using namespace std;
04
05   int n, a[1005];
06
07   struct Node
08   {
09       int h, j, m, w;
10
11       Node(const int _h, const int _j, const int _m, const int _w):
12           h(_h), j(_j), m(_m), w(_w)
13       { }
14
15       Node operator+(const Node &o) const
16       {
17           return Node(
18               max(h, w + o.h),
19               max(max(j, o.j), m + o.h),
20               max(m + o.w, o.m),
21               w + o.w);
22       }
23   };
24
25   Node solve1(int h, int m)
26   {
27       if (h > m)
28           return Node(-1, -1, -1, -1);
29       if (h == m)
30           return Node(max(a[h], 0), max(a[h], 0), max(a[h], 0), a[h]);
31       int j = (h + m) >> 1;
```

```
32          return solve1(h, j) + solve1(j + 1, m);
33      }
34
35      int solve2(int h, int m)
36      {
37          if (h > m)
38              return -1;
39          if (h == m)
40              return max(a[h], 0);
41          int j = (h + m) >> 1;
42          int wh = 0, wm = 0;
43          int wht = 0, wmt = 0;
44          for (int i = j; i >= h; i--) {
45              wht += a[i];
46              wh = max(wh, wht);
47          }
48          for (int i = j + 1; i <= m; i++) {
49              wmt += a[i];
50              wm = max(wm, wmt);
51          }
52          return max(max(solve2(h, j), solve2(j + 1, m)), wh + wm);
53      }
54
55      int main()
56      {
57          cin >> n;
58          for (int i = 1; i <= n; i++) cin >> a[i];
59          cout << solve1(1, n).j << endl;
60          cout << solve2(1, n) << endl;
61          return 0;
62      }
```

假设输入的所有数的绝对值都不超过 1000，完成下面的判断题和单选题。

● 判断题

22. 程序总是会正常执行并输出两行两个相等的数。（   ）

23. 第 28 行与第 38 行分别有可能执行两次及以上。（   ）

24. 当输入为 "5 -10 11 -9 5 -7" 时，输出的第二行为 "7"。（   ）

• 单选题

25. solve1(1, n) 的时间复杂度为（　　）。

　A. O(logn)　　　　　B. O(n)　　　　　C. O(nlogn)　　　　　D. O(n²)

26. solve2(1, n) 的时间复杂度为（　　）。

　A. O(logn)　　　　　B. O(n)　　　　　C. O(nlogn)　　　　　D. O(n²)

27. 当输入为 "10 −3 2 10 0 −8 9 −4 −5 9 4" 时，输出的第一行为（　　）。

　A. "13"　　　　　B. "17"　　　　　C. "24"　　　　　D. "12"

（三）

```
01   #include <iostream>
02   #include <string>
03   using namespace std;
04
05   char base[64];
06   char table[256];
07
08   void init()
09   {
10       for (int i = 0; i < 26; i++) base[i] = 'A' + i;
11       for (int i = 0; i < 26; i++) base[26 + i] = 'a' + i;
12       for (int i = 0; i < 10; i++) base[52 + i] = '0' + i;
13       base[62] = '+', base[63] = '/';
14
15       for (int i = 0; i < 256; i++) table[i] = 0xff;
16       for (int i = 0; i < 64; i++) table[base[i]] = i;
17       table['='] = 0;
18   }
19
20   string encode(string str)
21   {
22       string ret;
23       int i;
24       for (i = 0; i + 3 <= str.size(); i += 3) {
25           ret += base[str[i] >> 2];
26           ret += base[(str[i] & 0x03) << 4 | str[i + 1] >> 4];
27           ret += base[(str[i + 1] & 0x0f) << 2 | str[i + 2] >> 6];
28           ret += base[str[i + 2] & 0x3f];
29       }
30       if (i < str.size()) {
```

```
31              ret += base[str[i] >> 2];
32              if (i + 1 == str.size()) {
33                  ret += base[(str[i] & 0x03) << 4];
34                  ret += "==";
35              }
36              else {
37                  ret += base[(str[i] & 0x03) << 4 | str[i + 1] >> 4];
38                  ret += base[(str[i + 1] & 0x0f) << 2];
39                  ret += "=";
40              }
41          }
42      return ret;
43  }
44
45  string decode(string str)
46  {
47      string ret;
48      int i;
49      for (i = 0; i < str.size(); i += 4) {
50          ret += table[str[i]] << 2 | table[str[i + 1]] >> 4;
51          if (str[i + 2] != '=')
52              ret += (table[str[i + 1]] & 0x0f) << 4 | table[str[i +
                    2]] >> 2;
53          if (str[i + 3] != '=')
54              ret += table[str[i + 2]] << 6 | table[str[i + 3]];
55      }
56      return ret;
57  }
58
59  int main()
60  {
61      init();
62      cout << int(table[0]) << endl;
63
64      int opt;
65      string str;
66      cin >> opt >> str;
67      cout << (opt ? decode(str) : encode(str)) << endl;
68      return 0;
```

```
69    }
```

　　假设输入总是合法的（一个整数和一个不含空白字符的字符串，用空格隔开），完成下面的判断题和单选题。

- 判断题

28. 程序总是先输出一行一个整数，再输出一行一个字符串。（　　　）

29. 对于任意不含空白字符的字符串 str1，先执行程序输入"0 str1"，得到输出的第二行记为 str2；再执行程序输入"1 str2"，输出的第二行必为 str1。（　　　）

30. 当输入为"1 SGVsbG93b3JsZA=="时，输出的第二行为"HelloWorld"。（　　　）

- 单选题

31. 设输入字符串长度为 n，encode 函数的时间复杂度为（　　　）。

A. $O(\sqrt{n})$ 　　　　　B. $O(n)$ 　　　　　C. $O(n\log n)$ 　　　　　D. $O(n^2)$

32. 输出的第一行为（　　　）。

A. "0xff" 　　　　　B. "255" 　　　　　C. "0xFF" 　　　　　D. "−1"

33. （4 分）当输入为"0 CSP2021csp"时，输出的第二行为（　　　）。

A. "Q1NQMjAyMWNzcAv=" 　　　　　B. "Q1NQMjAyMGNzcA=="

C. "Q1NQMjAyMGNzcAv=" 　　　　　D. "Q1NQMjAyMWNzcA=="

三、完善程序（单选题，每小题 3 分，共 30 分）

（一）【魔法数字】 小 H 的魔法数字是 4。给定 n，他希望用若干个 4 进行若干次加法、减法和整除运算得到 n。但由于小 H 计算能力有限，计算过程中只能出现不超过 M = 10000 的正整数。求至少可能用到多少个 4。

　　例如，当 n=2 时，有 2=(4+4)/4，用到了 3 个 4，是最优方案。

　　试补全程序。

```
01    #include <iostream>
02    #include <cstdlib>
03    #include <climits>
04
05    using namespace std;
06
07    const int M = 10000;
08    bool Vis[M + 1];
09    int F[M + 1];
10
11    void update(int &x, int y) {
12        if (y < x)
13            x = y;
```

```
14    }
15
16    int main() {
17        int n;
18        cin >> n;
19        for (int i = 0; i <= M; i++)
20            F[i] = INT_MAX;
21        _____①_____;
22        int r = 0;
23        while (____②____) {
24            r++;
25            int x = 0;
26            for (int i = 1; i <= M; i++)
27                if (____③____)
28                    x = i;
29            Vis[x] = 1;
30            for (int i = 1; i <= M; i++)
31                if (____④____) {
32                    int t = F[i] + F[x];
33                    if (i + x <= M)
34                        update(F[i + x], t);
35                    if (i != x)
36                        update(F[abs(i - x)], t);
37                    if (i % x == 0)
38                        update(F[i / x], t);
39                    if (x % i == 0)
40                        update(F[x / i], t);
41                }
42        }
43        cout << F[n] << endl;
44        return 0;
45    }
```

34. ①处应填（　　　）。

　　A. F[4]=0　　　　　　B. F[1]=4　　　　　　C. F[1]=2　　　　　　D. F[4]=1

35. ②处应填（　　　）。

　　A. !Vis[n]　　　　　　　　　　　　　B. r < n

　　C. F[M] == INT_MAX　　　　　　　　D. F[n] == INT_MAX

36. ③处应填（　　）。

  A. F[i] == r

  B. !Vis[i] && F[i] == r

  C. F[i] < F[x]

  D. !Vis[i] && F[i] < F[x]

37. ④处应填（　　）。

  A. F[i] < F[x]　 B. F[i] <= r　 C. Vis[i]　 D. i <= x

（二）【RMQ 区间最值问题】给定序列 $a_0, \ldots, a_{n-1}$，和 m 次询问，每次询问给定 l, r，求 max $\{a_l, \ldots, a_r\}$。

为了解决该问题，有一个算法叫 the Method of Four Russians，其时间复杂度为 o(n+m)，步骤如下：

- 建立 Cartesian（笛卡尔）树，将问题转化为树上的 LCA（最近公共祖先）问题。

- 对于 LCA 问题，可以考虑其 Euler 序（即按照 DFS 过程，经过所有点，环游回根的序列），即求 Euler 序列上两点间一个新的 RMQ 问题。

- 注意新的问题为 ±1 RMQ，即相邻两点的深度差一定为 1。

下面解决这个 ±1 RMQ 问题，"序列"指 Euler 序列：

- 设 t 为 Euler 序列长度。取 $b = \left\lceil \dfrac{\log_2 t}{2} \right\rceil$。将序列每 b 个分为一大块，使用 ST 表（倍增表）处理大块间的 RMQ 问题，复杂度 $O\left(\dfrac{t}{b} \log t\right) = O(n)$。

- （重点）对于一个块内的 RMQ 问题，也需要 O(1) 的算法。由于差分数组 $2^b - 1$ 种，可以预处理出所有情况下的最值位置，预处理复杂度 $O(b2^b)$，不超过 O(n)。

- 最终，对于一个查询，可以转化为中间整的大块的 RMQ 问题，以及两端块内的 RMQ 问题。

试补全程序。

```cpp
001 #include <iostream>
002 #include <cmath>
003
004 using namespace std;
005
006 const int MAXN = 100000, MAXT = MAXN << 1;
007 const int MAXL = 18, MAXB = 9, MAXC = MAXT / MAXB;
008
009 struct node {
010     int val;
011     int dep, dfn, end;
012     node *son[2]; // son[0], son[1] 分别表示左右儿子
013 } T[MAXN];
014
015 int n, t, b, c, Log2[MAXC + 1];
016 int Pos[(1 << (MAXB - 1)) + 5], Dif[MAXC + 1];
```

```
017 node *root, *A[MAXT], *Min[MAXL][MAXC];
018
019 void build() { // 建立 Cartesian 树
020     static node *S[MAXN + 1];
021     int top = 0;
022     for (int i = 0; i < n; i++) {
023         node *p = &T[i];
024         while (top && S[top]->val < p->val)
025             ____①____ ;
026         if (top)
027             ____②____ ;
028         S[++top] = p;
029     }
030     root = S[1];
031 }
032
033 void DFS(node *p) { // 构建 Euler 序列
034     A[p->dfn = t++] = p;
035     for (int i = 0; i < 2; i++)
036         if (p->son[i]) {
037             p->son[i]->dep = p->dep + 1;
038             DFS(p->son[i]);
039             A[t++] = p;
040         }
041     p->end = t - 1;
042 }
043
044 node *min(node *x, node *y) {
045     return ____③____ ? x : y;
046 }
047
048 void ST_init() {
049     b = (int)(ceil(log2(t) / 2));
050     c = t / b;
051     Log2[1] = 0;
052     for (int i = 2; i <= c; i++)
053         Log2[i] = Log2[i >> 1] + 1;
054     for (int i = 0; i < c; i++) {
055         Min[0][i] = A[i * b];
```

```
056          for (int j = 1; j < b; j++)
057              Min[0][i] = min(Min[0][i], A[i * b + j]);
058          }
059      for (int i = 1, l = 2; l <= c; i++, l <<= 1)
060          for (int j = 0; j + l <= c; j++)
061              Min[i][j] = min(Min[i - 1][j], Min[i - 1][j + (l >>1)]);
062  }
063
064  void small_init() {  // 块内预处理
065      for (int i = 0; i <= c; i++)
066          for (int j = 1; j < b && i * b + j < t; j++)
067              if (    ④    )
068                  Dif[i] |= 1 << (j - 1);
069      for (int S = 0; S < (1 << (b - 1)); S++) {
070          int mx = 0, v = 0;
071          for (int i = 1; i < b; i++) {
072                  ⑤    ;
073              if (v < mx) {
074                  mx = v;
075                  Pos[S] = i;
076              }
077          }
078      }
079  }
080
081  node *ST_query(int l, int r) {
082      int g = Log2[r - l + 1];
083      return min(Min[g][l], Min[g][r - (1 << g) + 1]);
084  }
085
086  node *small_query(int l, int r) {  // 块内查询
087      int p = l / b;
088      int S =     ⑥    ;
089      return A[l + Pos[S]];
090  }
091
092  node *query(int l, int r) {
093      if (l > r)
094          return query(r, l);
```

```
095        int pl = l / b, pr = r / b;
096        if (pl == pr) {
097            return small_query(l, r);
098        } else {
099            node *s = min(small_query(l, pl * b + b - 1),small_query
                                (pr * b, r));
100            if (pl + 1 <= pr - 1)
101                s = min(s, ST_query(pl + 1, pr - 1));
102            return s;
103        }
104 }
105
106 int main() {
107     int m;
108     cin >> n >> m;
109     for (int i = 0; i < n; i++)
110         cin >> T[i].val;
111     build();
112     DFS(root);
113     ST_init();
114     small_init();
115     while (m--) {
116         int l, r;
117         cin >> l >> r;
118         cout << query(T[l].dfn, T[r].dfn)->val << endl;
119     }
120     return 0;
121 }
```

38. ①处应填（   ）。

　A. p->son[0] = S[top--]　　　　　　　B. p->son[1] = S[top--]

　C. S[top--]->son[0] = p　　　　　　　D. S[top--]->son[1] = p

39. ②处应填（   ）。

　A. p->son[0] = S[top]　　　　　　　　B. p->son[1] = S[top]

　C. S[top]->son[0] = p　　　　　　　　D. S[top]->son[1] = p

40. ③处应填（   ）。

　A. x->dep < y->dep　　　　　　　　　B. x < y

　C. x->dep > y->dep　　　　　　　　　D. x->val < y->val

41. ④处应填（　　　　）。

    A. A[i * b+j−1] == A[i * b+j]->son[0]

    B. A[i * b+j]->val < A[i * b+j−1]->val

    C. A[i * b+j] == A[i * b+j−1]->son[1]

    D. A[i * b+j]->dep < A[i * b+j−1]->dep

42. ⑤处应填（　　　　）。

    A. v += (S >> i & 1) ? −1 : 1

    B. v += (S >> i & 1) ? 1 : −1

    C. v += (S >> (i−1) & 1) ? 1 : −1

    D. v += (S >> (i−1) & 1) ? −1 : 1

43. ⑥处应填（　　　　）。

    A. (Dif[p] >> (r−p * b)) & ((1 << (r−l))−1)

    B. Dif[p]

    C. (Dif[p] >> (l−p * b)) & ((1 << (r−l))−1)

    D. (Dif[p] >> ((p+1) * b−r)) & ((1 << (r−l+1))−1)

2024 CSP-J CCF 非专业级别软件能力认证第一轮答案及思路解析

一、单项选择题

题号	1	2	3	4	5	6	7	8	9	10	11	12	13	14	15
答案	C	A	B	D	D	C	D	B	B	A	B	A	D	A	B

【思路解析】

1. 编程的基础知识。32 位 int 类型的存储范围是 −2147483648 ～ +2147483647。

2. 将计算结果转成十进制数是：$(12−10)*13−13=13$。

3. 3 个部门共选出 4 人，必存在某一部门要选 2 人，分三种情况。

A 选 2 人，BC 各 1 人：$C(4,2)*C(3,1)*C(3,1) = 54$。B 选 2 人，AC 各 1 人：$C(3,2)*C(4,1)*C(3,1) = 36$。C 选 2 人，AB 各 1 人：$C(3,2)*C(4,1)*C(3,1) = 36$。合计 54+36+36=126。

4. 格雷码是一种二进制编码方式，也称为葛莱码或二进制反射码。它是由弗兰克·格雷在 1953 年提出的，因此得名格雷码。格雷码的主要特性是其相邻的两个码组之间只有一位不同。这种特性使得在数字转换过程中，当数字发生微小变化时，格雷码仅改变一位，从而减少了出错的可能性。依次判断 4 个选项可知，D 选项正确。

5. 1MB 共有 1024*1024 个字节，一个字节占 8 个二进制位 (bit)，因此 1MB 共有 1024*1024*8=8388608 个二进制位 (bit)。

6. 考查 C++ 语言基础，其中 struct 用来定义结构体，不属于基本数据类型。

7. C++ 循环语句有 for，while 和 do-while。D 选项 repeat-until 是 Pascal、lua 等语言中的循环语句。

8. 'a' 的 ASCII 码为 97，'a'+13 为 110，需要在四个选项中找出 ASCII 为 110 的字符。'n' 的 ASCII 为 110，故选 B。

9. 解法 1：2 的 10 次方 = 1024，因此最多需要 10 次。

解法 2：二分法查找一次，元素数量大约减少一半，1000→500→250→125→62→31→15→7→3→1→0，因此最多需要 10 次。

10. Notepad 不是操作系统，是一个代码编辑器。

11. 在无向图中，每增加 1 条边，总度数会增加 2，因此总度数等于边数的两倍。

12. 先根据前序遍历和中序遍历还原二叉树，如图所示；再用二叉树进行后序遍历。

13. D 选项，1 进 1 出，2 进 3 进，3 出，4 进 5 进，5 出，2 不可能在 4 前面出，故错误。

14. 采用捆绑法解决。第一步：将 3 个女生当作 1 个同学，此时共有 6 位同学，排列数量有 A(6,6)；第二步：将 3 个女生"解绑"，她们的排列数量有 A(3,3)。共有 A(6,6)*A(3,3)=720*6=4320。

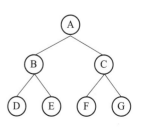

15. 编译器能把高级程序设计语言的源代码，翻译成等价的机器代码。

二、阅读程序

（一）

题号	16	17	18	19	20
答案	√	×	√	B	A

【思路解析】

16. countPrimes() 函数求 2 到 x 有多少个质数，sumPrimes() 函数求 2 到 x 范围内的质数和。

17. 修改条件后，模拟运行输出不是 6。

18. sumPrimes() 函数求 2 到 x 范围内的质数和。

19. 求 1 ~ 50 的质数和，结果是 328。

20. 函数判断 2 到 sqrt(n) 之间如果有约数存在就不是质数，改成 i<=n，包含了 n 本身，所以所有的数字都会返回 false。

（二）

题号	21	22	23	24	25	26
答案	√	×	×	A	B	A

【思路解析】

21. 将值代入，dp 数组为 {0, 10}。第一次循环：cost 数组为 {10, 15, 20}，dp 数组为 {0, 10, 15}。0 与 10 的较小值 0 加 15，和为 15，存入 dp[2]。

第二次循环：cost 数组为 {10, 15, 20}，dp 数组为 {0, 10, 15, 30}。10 与 15 的较小值 10 加 20，和为 30，存入 dp[3]。这里 n 为 3，所以取 dp[2]、dp[3] 中的较小值 15，最终输出 15。

22. 数组会越界，不会编译错误，运行时会出错。

23. 输出 cost 总和最小，而不是 cost 中的最小值。

24. 代入代码，使用的是数组中第 1、3、5、7、8、10 个数据，总和是 6，选 A。

25. 代入代码，使用的是数组中第 2、4、6 个数据，总和是 30，选 B。

26. dp 数组中末尾元素与 cost 中的值顺序相加，重新存入 dp 数组。

cost 数组为 {5, 10, 15}，第一次循环：dp 数组为 {0, 5, 10}，dp[2]=dp[1]+cost[0]，dp[2] 为 10。

第二次循环：dp 数组为 {0, 5, 10, 20}，dp[3]=dp[2]+cost[1]，dp[3] 为 20。由于 n 为 3 时循环结束，dp[2]、dp[3] 中较小值为 10，最终输出 10。

（三）

题号	27	28	29	30	31	32
答案	×	√（×）	×（√）	B	C	D

【思路解析】

27. 递归 4 次，每次 a 的值为 2，所以 customFunction(2,3) 的返回值为 8。

28. 从数学角度考虑，b 每次减 1，始终会小于 0，是正确的。

从 C++ 语言角度考虑，不考虑栈溢出的情况，假设 b=-2147483648，此时 b-1=2147483647，最终会减到 b=0，不会无限递归。因此是错误的。（由于真题本身条件不足，故此题选对错官方均给分）

29. 如果 b>0，每次递归 b-1，直到 b=0 时，递归次数越多时间越长，答案正确。如果 b<0，要么会无限递归，要么有限递归，都会大于 b>0 的情况，因此答案错误。条件未给出 b 的范围。（由于真题本身条件不足，故此题选对错官方均给分）

30. 递归 5 次，每次 a 的值为 5，所以 5*5=25。

31. customFunction(3,3) 的返回值为 12，12^2=144。

32. customFunction(3,3) 的返回值为 3+2+1=6 ，6^2=36。

三、完善程序

（一）

题号	33	34	35	36	37
答案	A	B	D	C	D

【思路解析】

33. 判断是否为完全平方数，因为被开方数的范围是 1 到 num，即 [1,num]，所以开平方后，正的平方根的范围是从 1 到 sqrt(num)，即 [1,sqrt(num)]。从 1 开始验证，所以选 A。

34. 同上，需要验证到 sqrt(num)，floor 函数为向下取整。C、D 是把 num/2 开平方，不会得到正确值，排除。A 选开平方之后，强制转换 int，向下取整，再减去 1 可能就减多了，所以排除 A。

35. A、C 选项用的是 "="，是赋值作用，不是 "=="，排除。判断是否为完全平方数，应为 i*i，而不是 i 的 2 倍，所以排除 B，选 D。

36. 根据第 18 行可知，返回值为 true 的时候，应该判定为是完全平方数。所以，此处如果是完全平方数，则返回 true。选 C。

37. 如果不是完全平方数，返回 false。

（二）

题号	38	39	40	41	42
答案	B	B	B	B	C

【思路解析】

本题是经典的汉诺塔问题，用递归来实现。先把上面的 n-1 个圆盘移动到过渡柱，再把第 n 个圆盘移动到目标柱，再把过渡柱上的 n-1 个圆盘移动到目标柱，当只有一个圆盘的时候为边界条件，直接移动。

38. 此处为递归终止条件。调用的 move 函数，而 move 函数是直接移动。当只剩下 1 个圆盘的时候，为终止条件，直接从起始柱 src 移动到目标柱 tgt 即可。

39. 终止条件下，将唯一圆盘从起始柱 src 移动到目标柱 tgt 上。

40. 把 n-1 个圆盘，从起始柱 src 移动到过渡柱 tmp 上。

41. 把过渡柱 tmp 上的 i-1 个圆盘，移动到目标柱 tgt 上。注意，第⑤个空在第④个空之前。

42. 把过渡柱 tmp 上的 i-1 个圆盘，移动到目标柱 tgt 上。所以层数为 i-1。

2023 CSP-J CCF 非专业级别软件能力认证第一轮答案及思路解析

一、单项选择题

题号	1	2	3	4	5	6	7	8	9	10	11	12	13	14	15
答案	B	D	A	A	C	B	C	A	D	A	A	B	B	A	D

【思路解析】

1. 在创建变量时，加入 const 关键字，如 "const int a=5;"，变量里的值在程序运行时是不可修改的。

2. 两个整数个位对齐，逐位相加，满 8 向高位进 1。给定的两个整数从右（个位）向左逐位相加依次得到 11222222，和为 22222211。故选 D。

3. 联合体成员的访问格式：变量名 . 成员名。题目修改 data 的 value 为 3.14，正确的方式为 data. value=3.14。故选 A。

4. 首先为新结点赋值，然后新结点指向链表首结点，再之后 head 指向新结点，故选 A。

5. 如果要三叉树高度最少，需要每层尽可能达到极限，层数为 i，该层结点数 3^{i-1}。从第 1 层累加各层结点，2023 个结点介于第 7 到第 8 层，所以最少需 8 层。

6. 情况 1：只选一个时间段，共有 7 种情况。情况 2：选 2 个时间段，共有 10 种情况。情况 3：选 3 个时间段，共有 1 种情况。合计 18 种方案。故选 B。

7. 在做乘法时，运算时间与两个数字的位数都有关，而不是其中一个，所以 C 选项不对。

8. 后缀转中缀，从左到右，先看第一个运算符，把运算符左侧两个数合并成一个算式，如 2 3 +，合并为 2+3，然后把 2+3 看作一个数字，第一个运算符变成了 "−"，继续合并减号左侧的两个数字，合并为 6−(2+3)，此时第一个运算符变为 "/"，继续合并 "/" 左侧的两个数字，合并为 8/2，此时第一个运算符变成 "+"，"+" 左侧的两个数字分别为 3 与 (8/2)，合并为 3+8/2，现在第一个符号变成 "*"，"*" 左侧的两个数字分别为 6−(2+3) 与 3+8/2，合并后为 ((6−(2+3)) * (3+8 / 2))，此时合并 "^" 左侧的两个数字分别为 ((6−(2+3)) * (3+8 / 2)) 与 2，合并为 ((6−(2+3)) * (3+8 / 2))^2，此时合并 "+" 左侧的两个数字分别为 ((6−(2+3)) * (3+8 / 2)) ^ 2 与 3，合并为 ((6−(2+3)) * (3+8 / 2)) ^ 2+3，故选 A。

9. 二进制和八进制间转换：从最低位开始，3 位二进制等于 1 位八进制。将八进制 166 转换二进制为 1110110，101101+1110110 = 10100000，A 选项错误。将 10100000 转换八进制、十进制、十六进制，即可得知 D 选项正确。

10. 根据四个选项还原哈夫曼树，只有选项 A 正确。

11. 后序遍历是左、右、根，所以序列为 EDBGFCA，故选 A。

12. 从结点 1 出发，可以向下的目标点有 2、3，所以拓扑排序的顺序可以有 1，2，3，4 或 1，3，2，4，这里只有 B 选项符合。

13. 容量从小到大：比特（bit）＜字节（Byte）＜字（word）＜千字节（kilobyte）。

14. 假设小组一个女生都不选可记为 C(10,3)＝120；小组任选 3 人可记为，C(22,3)＝1540。结果为 1540－120＝1420。

15. 选项 A，B，C 都是操作系统，D 是一种标记语言，用于创建网页。

二、阅读程序

（一）

题号	16	17	18	19	20
答案	√	√	×	A	B

【思路解析】

16. 此题求三角形的面积，利用三角形三条边的边长直接求三角形面积的公式。表达式为面积 $=\sqrt{p(p-a)(p-b)(p-c)}$，其中 p＝(a+b+c)/2。

17. 谁在前都可以，不影响运行结果。

18. sqrt(value) 函数中 value 不能为负数。当输入 1 1 4 时，s＝(1+1+4)/2，即 s＝3，sqrt(3*2*2*(－1)) 会返回错误。

19、20. 利用三角形的三条边的边长直接求三角形面积的公式。

（二）

题号	21	22	23	24	25	26
答案	√	×	√	D	B	D

【思路解析】

21. f 函数求的是 x＋x 和 y 的最长公共子序列，所以最大返回值也就是 n 或 m 的值。

22. 第 26 行调用 f 函数，求的是 x＋x 和 y 的最长公共子序列，并不是两个输入的字符串。

23. 因为 f 函数求的是 x＋x 和 y 的最长公共子序列，所以输入两个完全相同的字符串时，g 函数返回总是 true。

24. 数组可能越界导致非正常退出。

25. 对字符串 "csp-j" 和 "p-jcs" 求最长公共子序列，p-jcs 就是这两个字符串的最长公共子序列，所以结果为 1。

26. 对字符串 "csppsccsppsc" 和 "spsccp" 求最长公共子序列，spsccp 就是这两个字符串的最长公共子序列，所以结果为 1。

（三）

题号	27	28	29	30	31	32
答案	√	√	√	B	D	C

【思路解析】

27. solve2 函数的作用就是计算 n 所有因子的平方和。

28. 避免 n 的平方根计算两次。

29. 质数的因子只有 1 和本身，所以是 1^2+n^2。

30. p 是质数，n 就是完全平方数，如 n=9，p=3，所以结果就是 $3^2+9^2+1^2$。

31. 举例：n=1，因子的平方和与 i 的平方相等。

32. solve2(25) 求 25 的因子的平方和结果为 651，solve1(26) 求 26 的平方。

三、完善程序

（一）

题号	33	34	35	36	37
答案	B	A	C	A	D

【思路解析】

33. 输入的序列如果少了一个数，nums[mid]!=mid+num[0]；例如：输入序列 0 1 2 4 5 6 7 8，下标为 0 1 2 3 4 5 6 7。左区间少了一个数，sums[3]=4。和 mid+sums[0], 不相等。因此左区间继续查找，中间值也符合有可能少一个数，因此 mid 不能抛掉，挪动 right=mid。

34. 根据上面讲解，在左区间查找就需要 "left=mid+1;"，因此选 A。

35. 根据上面讲解输入序列 0 1 2 4 5 6 7 8，下标为 0 1 2 3 4 5 6 7。左区间少了一个数，sums[3]=4，和 mid+sums[0] 不相等。因此左区间继续查找，中间值也符合条件，因此 mid 不能抛掉，挪动 right=mid。

36. 有一个小技巧，参考 22，25 行，"Missing numbers is"，要求输出缺少的数字，因此不可能是 left+1 或者是 right+1。

序列 0 1 2 4 5 6 7 8

下标 0 1 2 3 4 5 6 7

以上面为例：

第一次查找，nums[mid] 的值是 3，但是 nums[3]（值为 4）不能等于 nums[0]+mid(值为 3)。

第二次查找，左区间查找 ,right=mid，left=0，right=3，mid=1，nums[1]（值为 1 ）等于 mid+nums[0]（值为 1)。

第三次查找，右区间查找 left=mid+1，left=2，right=3，mid=2，nums[2]（值为 2 ）等于 mid+nums[0]（值为 2)。

第四次查找，右区间查找 left=mid+1，left=3，right=3，mid=3，nums[3]（值为 4 ）不等于 mid+nums[0]（值为 3)。

因此，left==right 循环终止，return 返回缺少的数。mid 在循环体内定义，其结果不可能是 mid+nums[0]，是 left+nums[0] 或者 right+nums[0]。

37. 判断如果是最后一个元素，那么就是连续的序列。D 是最后一个元素 nums[n-1]。因此选 D。

（二）

题号	38	39	40	41	42
答案	A	B	A	B	C

【思路解析】

38. 当 i=0 时，即求 dp[0][j] 的结果，此时第一个字符串为空串，第二个字符串取前 j 位，那么可以对第一个字符串进行 j 次添加，让第一个字符串与第二个字符串相等，故 dp[0][j]=j。

39. 当 j=0，即问 dp[i][0] 是多少，此时第一个字符串取前 i 位，第二个字符串为空串，那么可以对第二个字符串进行 i 次添加，让第二个字符串与第一个字符串相等，故 dp[i][0]=i。

40. 注意循环边界，等于 m 或等于 n，因此要考虑第 i-1 和 j-1 的字符，选 A。

41. 结合第 40 题，想要知道把 str1[0…i-1] 和 str2[0…j-1] 变成相同字符串的最少操作次数，根据 dp 数组的定义，只需查看 dp[i-1][j-1] 的值。

42. 如果 str1[i]!=str2[j]，而我们想求 dp[i][j]（即让 str1[0…i] 与 str2[0…j] 通过编辑变成相同的字符串，最少需要的操作次数），有以下几种可能性：

①先通过编辑让 str1[0…i-1] 与 str2[0…j] 变成相同字符串，再删除 str1[i]；最少总操作次数都是 dp[i-1][j]+1。

②先通过编辑让 str1[0…i] 与 str2[0…j-1] 变成相同字符串，再在 str1 末尾添加上 str2[j]。最少总操作次数都是 dp[i][j-1]+1。

③先通过编辑让 str1[0…i-1] 与 str2[0…j-1] 变成相同字符串，再通过替换操作，让 str1[i] 变成 str2[j]，最少总操作次数为 dp[i-1][j-1]+1。

综合考虑，dp[i][j]=min(dp[i-1][j], min(dp[i][j-1], dp[i-1][j-1]))+1。

2022 CSP-J CCF 非专业级别软件能力认证第一轮答案及思路解析

一、单项选择题

题号	1	2	3	4	5	6	7	8	9	10	11	12	13	14	15
答案	A	C	D	C	B	B	B	B	C	B	D	D	B	C	B

【思路解析】

1. C 语言是一种面向过程的计算机程序设计语言。printf 是 C 语言的输出函数，所以选 A。

2. 按照 654321 的顺序入栈，3 先出栈，4 不可能在 56 之前出。

3. p 和 g 都存储 y 的地址，所以选 D。

4. 数组的大小固定，链表的大小可以动态调整。

5. 根据题意模拟，求出栈数据最多的时候为 3。

6. 波兰表达式，按要求做即可。

7. 每次选择两个最小的合并，最后构建一棵二叉树，结点到根的边数就是编码位数，所以选 B。

8. 完全二叉树中，如果根的编号为 i，根结点左子树的编号为 2*i，右子树的编号为 2*i+1。所以 9 号结点的兄弟结点为 8，右子树的结点为 9*2+1=19，选 C。

9. 连通 n 个顶点，无向连通图至少需要 n−1 条边。题意是有向图且连通，至少需要几条边，所以邻接矩阵至少有 n 个非零元素。

10. 栈和队列都是线性结构，可以使用两个栈模拟队列。

11. 画图可以得到 D 选项。

12. 考查排序知识。

13. 考查进制转换知识，$(32.1)_8 = 3 \times 8^1 + 2 \times 8^1 + 1 \times 8^{-1} = 24 + 2 + 0.125 = 26.125$。

14. aab、abc、abca、abcab、b、bc、bca、bcab、c、ca、cab 和空字符串，一共 13 个，所以选 B。

15. 考查递归知识。

二、阅读程序

（一）

题号	16	17	18	19	20	21
答案	√	×	×	×	×	B

【思路解析】

16. unsigned 删除后，位数少 1，但不影响结果，因为最大的数字是 0x55=01010101，故不需要最高位。

17. short 类型两个字节，char 类型 1 个字节，若输入两位数字，字符只能存储 1 位，结果错误。

18. 输入"2 2"时结果为 12。

19、20 同上。

21. 位运算，直接算即可。

（二）

题号	22	23	24	25	26	27
答案	×	√	√	C	C	B

【思路解析】

22. 执行了 448 次，递归题目可以通过画图找规律。

23. 两个函数的功能是一样的，一个是递归，一个是循环，所以结果一样。

24. 通过第 14 行可以得到结果。

25. 第 30 行的 for 循环执行 n 次，31 行的 for 循环执行 m 次，33 行的 for 循环根据 30 行的 for 循环决定执行次数，所以是 n×n×m。

26、27. 因为 f 函数和 g 函数是一样的功能，所以带入即可算出结果。

（三）

题号	28	29	30	31	32	33	34
答案	√	√	×	×	C	B	A

【思路解析】

28. solve1 函数是用二分算法，时间复杂度为 O(logn)，solve2 函数中 for 循环执行 k 次。两个函数只调用一次，所以时间复杂度为 O(logn+k)。

29. 求 sqrt(n),k 表示精确的位数，sqrt(9801)=99,所以是对的。

30. 根据自定义函数可以得到，不能开平方根的数字，返回结果为 0，若算术平方根为无理数，则第二个数就是 0。

31. 不会溢出，mid 为 n 的一半并且往前找。

32. sqrt(2)=1.4141414···k 的值为 1 精确 1 位小数，所以是 1.5。

33. sqrt(3)=1.73205···问第一个数，最接近的是 1.732。

34. sqrt(256)=16，故选 A。

三、完善程序

（一）

题号	35	36	37	38	39
答案	A	B	C	D	A

【思路解析】

35. i 是因数（约数）将会进入数组，判断条件是：n%i==0。

36. 输出小于 sqrt(n) 的约数。

37. 判断是否为完全平方数，如果是 i，则只输出一次。

38. 输出完全平方数的约数根号 n，通过上面的条件判断，此时 i 等于根号 n。

39. 输出大于 sqrt(n) 的因子，和 fac[k] 对应的因数是 n/fac[k]。

（二）

题号	40	41	42	43	44
答案	A	B	C	D	A

【思路解析】

40. 判断 image[r][c] 是否需要更改。根据 if 条件，缺少颜色是否相同判断，选 A。

41. 广搜起点位置直接改为目标字符。

42. 四个方向上下左右，缺少一个向下方向的语句。

43. 找到了相邻的相同字符，改为目标字符。

44. 下一个位置入队。

2021 CSP-J CCF 非专业级别软件能力认证第一轮答案及思路解析

一、单项选择题

题号	1	2	3	4	5	6	7	8	9	10	11	12	13	14	15
答案	D	B	A	C	D	D	C	A	B	B	B	A	C	B	B

【思路解析】

1. C 语言是面向过程的语言。

2. 图灵奖。

3. 计算机以二进制方式存储数据。

4. 找最大数，最坏情况是最后一个数字是最大数，所以要比较 N−1 次。

5. 考查栈的基本操作知识模拟即可。

6. 考查可以枚举一下，3 个点，3 条边，删掉 1 条边就能变成一棵树，带入验证选项可得。

7. 考查二进制计算问题。

8. 考查完全二叉树，第五层的点的个数 1 到 16，一共 16 种情况。

9. 考查后缀表达式计算。

10. 排列组合问题，一共有 C(6,2)×C(4,2)×C(2,2) 种，但是不分编号，要除以 A(3,3)，得 15。

11. 赫夫曼编码，每次找最小的，本质是一种贪心的策略。

12. 不同的 3 位数，可以枚举验证选项。

13. 可以递归算法章节教的方法画表格，选 C。

14. 模拟验证可得个数为 2。

15. 可以枚举求得最小时间。

二、阅读程序

（一）

题号	16	17	18	19	20	21
答案	×	×	×	√	×	B

【思路解析】

16. a 数组的大小为 1000，因此下标范围是 0～999，1001 越界。

17. x 为正整数或负整数时 f(x) 均可运行，不会进入死循环。

18. 输出是 f(a[i])+g(a[i])，2 的二进制是 10，有 1 个 1，f(2)=1，g(2) 表示最低位 1 的位数作为 2 的指数，g(2)=2,f(2)+g(2)=3。用同样的方法求 10 的答案，f(10)+g(10)=4，不是 5。

19. 511998 的二进制表示为 1111100111111111110，f(511998)=16,g(511998)=2，因此输出 18。

20. 需要在 main 函数前面声明。

21. 2147483647 实际上就是 int32 的最大正整数值，f(2147483647)=31,g(2147483647)=1，和为 32。

（二）

题号	22	23	24	25	26	27
答案	×	√	√	B	B	C

【思路解析】

22. 错误，有可能会有其他字符出现。

23. 正确，有可能存在。

24. 0xff 二进制表示为补码 11111111，十进制表达即为 −1。

25. 每个字符操作的次数是常数，因此时间复杂度为 O(n)。

26. 模拟操作，选 B。

27. 最后一个字符是 "="，因此最后四个密码字符实际上还原后为 2 个字符，一共应有 3+3+2=8 个字符，模拟最后一个字符还原后为 1，故选 C。

（三）

题号	28	29	30	31	32	33
答案	√	×	×	A	C	C

【思路解析】

28. 当输入不为 1 时，for 循环中包含的下标不会是 1，后续的计算不会受到影响。

29. 在 i%k==0 时才会执行该语句。

30. g 数组存储约数和，也不是单调递增。

31. 线性筛时间复杂度为 O(n)。

32. 打表求出 1 到 100 有 25 个质数，只有下标为质数时 f 数组等于 2。

33. 带入公式计算可得。

三、完善程序

（一）

题号	34	35	36	37	38
答案	D	C	C	D	B

【思路解析】

34. 标号从 0 开始，c 代表出圈人数，小于等于 n−2 个人出圈后循环结束。

35. 若 p 为 1，则出圈。

36. 出圈人数 c 逐渐增加，每次加 1。

37. 实现 p 的 0、1 数值交替出现。

38. 人围成一个环，因此需要进行取模。

（二）

题号	39	40	41	42	43
答案	B	D	C	B	D

【思路解析】

39. 输入各点的坐标，需要对点排序。以 x 为第一关键字，y 为第二关键序排序。

40. 去掉重复的数字。

41. 二分法代码，查找左边界，不用加 1。

42. 在右区间去查找，是 A[mid] 小于 P 的情况。

43. 保证枚举的两点分别为左下和右上两点。

2020 CSP-J CCF 非专业级别软件能力认证第一轮答案及思路解析

一、单项选择题

题号	1	2	3	4	5	6	7	8	9	10	11	12	13	14	15
答案	B	A	C	B	D	B	B	C	C	D	C	D	B	B	D

【思路解析】

1. 每个内存的存储单元都有编号，内存是按照地址编号编址的。

2. 计算机只认识 0、1 的二进制代码，因此代码需要经过编译器翻译成机器指令代码。

3. 与：∧，或：∨。优先级：括号>非>与>异或，或。"(x∧y)"为真，跟任何值或都为真。

4. 位就是 1bit，32 位即 32bit，1Byte=8bit，所以 $2048 \times 1024 \times 32/8/1024/1024 = 8$MB。

5. 最少的比较次数就是数组本身已经有序，只需要比较 n−1 次。

6. 分析代码是求 n 个数的最小值。

7. 数组可以随机访问任意元素，链表必须从表头开始查找。

8. n 个顶点的无向图，至少需要 n−1 条边才能构成连通图。

9. $1 \times 2^3 + 1 \times 2^1 + 1 \times 2^0 = 8+2+1 = 11$。

10. 采用捆绑法，将一些元素捆绑成一个整体，然后按照一定的规则进行排列组合。两个双胞胎必须相邻，看成是一个人。方案就是 4 的全排列 4!=24。双胞胎自己有 2 种排列，再乘 2，24×2=48。

11. 使用的数据结构是栈，栈的特点是先进后出，后进先出。

12. $2^6 = 64$，满二叉树的结点总数是 $2^6 - 1 = 63$，61 个结点的完全二叉树高度是 6。

13. 1949%10=9，1949%12=5，查表可得己丑。

14. 利用插板法。插板法的两个元素：①相同元素；②至少为 1。C_{n-1}^{m-1}，$C_9^6 = 84$。

15. 五副手套中取两副 $C_5^2 = 10$，剩下的三副手套，任选两副手套，并各取一只，$C_3^2 \times 4 = 12$，恰好能配成两副手套的不同取法有 12×10=120 种。

二、阅读程序

（一）

题号	16	17	18	19	20	21
答案	√	×	√	×	C	D

【思路解析】

16. 数组大小只有 26，只能输入大写字母，如果输入小写字母，那么数组越界。

17. T~Z 之间的字母，输出是一样的。

18. 在全局位置上 encoder 字符串只赋值了 3 个字母，所以改成 i＜16，程序运行结果不会改变。

19. 通过程序看出 "decoder[encoder[i]-'A']=i+'A';"，i 影响 decorder 字符串的值。

20. 字符串 decorder[26]：D E A F G H I J K L M N O P Q C R S B T U V W X Y Z。参考 decorder 中的值，输出字符中的 ABC，对应 decoder[2]、decoder[18]、decoder[15]，参考第 27 行代码，则输入的字符分别为字符 CSP。

21. 同上输出 CSP 分别对应 decorder 中的下标 15,17,13。以下标 15 为例，encorder，参考第 27 行，15+65=80，第 80 个字母是 p，17+65=82 是 R，13+65=78 是 N，所以是 PRN。

（二）

题号	22	23	24	25	26	27
答案	×	×	√	D	A	D

【思路解析】

22. 当 k=1，n=1 时，1en 为 2。

23. n=1，k＞1，ans=n。

24. 1en 位的 k 进制，n 的最大值为 $k^{len}-1$，因此 $k^{len}>n$。

25. k=1 时，直接进位，1en 为 2，但 1en++ 不执行，1en 一直是 2，每次 d[0]++ 都会进位，因此 ans=n。

26. 第 1 位，每 k 次运算进位 1 次；第 2 位，每 k^2 次运算进位 1 次……因此，第 1 位会产生 $3^{30}/3$ 次进位，第 2 位会产生 $3^{30}/3^2$ 次进位……最后一位会产生 1 次进位。因此根据等比数列求和，答案 =$3^{30}/3+3^{30}/3^2+\cdots+1$。

27. 同上一问，分别除以 10，除以 100……，求和得到答案。

（三）

题号	28	29	30	31	32	33
答案	×	√	×	C	B	D

【思路解析】

28. n=0，程序结束。

29. 模拟验证，输入都为 0，答案为 0。

30. 例如输入：

  0 0

  5 5

输出就是 0。

31. 第 1 次合并是 9+9=9×2，第 2 次合并是 18+9=9×3，第 3 次合并是 27+9=9×4……第 19 次合并是 9×20，9×2＋9×3＋…＋9×20=1881

32. 第 1 次合并是 5-5=0，第 2 次合并是 5+5-5=5=5×1，第 3 次合并是 10+5-5=10=5×2，……第 29 次合并：5×30-5=5×28，求和 =5×(1+2+…+28)=2030。

33. 对于第 1 列的情况，第 1 次合并 =15+14，第 2 次合并 =15+14+13……最后 1 次合并 =

$15+14+13+12+\cdots+1$。和是 $15\times14+14\times14+13\times13+\cdots+1\times1=1225$。

对于第 2 列的情况，第 1 次合并 $=15-14$，第 2 次合并 $=15+14-13$，第 3 次合并 $=15+14+13-12\cdots\cdots$ 第 14 次合并 $=15+14+13+12+\cdots+2-1$，和是 $15\times13+14\times12+\cdots+3\times1=1001$，这里加上 14 个 1，最终答案是 2240。

三、完善程序

（一）

题号	34	35	36	37	38
答案	D	D	D	A	D

34. 2 是最小因数，选 i = 2。

35. 因子最大为 n 的开根号，i * i。

36. 一个因子可能被多次分解。

37. 分解操作，n 是 1 或者质数，判断其他是否是质数。

38. 如果不是 1 就单独输出。

（二）

题号	39	40	41	42	43
答案	C	C	C	B	B

39. 按照区间起点排序。

40. 实现交换。

41. 筛掉被包含的区间，即起点靠后、终点靠前的区间。

42. 优先选择和前一个区间连接右端点更靠右的区间。

43. 更新 r，作为右端点的值。

2019 CSP-J CCF 非专业级别软件能力认证第一轮答案及思路解析

一、单项选择题

题号	1	2	3	4	5	6	7	8	9	10	11	12	13	14	15
答案	A	D	C	A	A	D	C	C	B	C	C	A	C	B	A

【思路解析】

1. 常识题，中国顶级域名是 cn。

2. 逻辑与，当且仅当 2 个数对应位都为 1。

3. 1Byte（字节）=8 bit（位），32/8=4。

4. s 初始化为 a；for 循环执行 c 次，每次 s 减 1，共减 c，所以 s=a−c。考查 for 循环的应用。

5. 折半查找，首先将待查记录所在范围缩小一半，然后再缩小一半，即对 100 个元素进行折半查找，第一次比较范围缩小到 50，第二次缩小到 25，第三次缩小到 17，第四次缩小到 7，第五次缩小到 4，第六次缩小到 2，最多七次就可以查找到所要元素。

6. 链表没有下标，只能一个个去查找。

7. 把整数 8 拆分成 5 个数字之和，允许有 0，我们可以按照非零数字个数进行枚举，1 个 1 种，2 个 4 种，3 个 5 种，4 个 5 种，5 个 3 种，累加起来一共 18 种。

8. 根据题目描述直接计算就可以了，((1×2+1)×2+1)×2+1=15。

9. 97 最大且为素数（100 以内）。

10. 使用辗转相除法计算 (319,377)=(319,58)=(58,29) = 29。

11. 设方案 1、2 各 i、j 天，由题意，3*i+5*j<=21，i+j<=7，i<=3，求 300*i+600*j 的最大值。枚举所有情况，当 i=2，j=3 时，最大值为 2400。

12. 抽屉原理，13 张牌最坏情况就是 4 种花色分别为 3，3，3，4 张，也就是至少 4 张一样花色。

13. 考查乘法原理，第 1、2 位有 5 种选法 (0,1,6,8,9)，第三位有三种 0、1、8，第 4、5 位由前两位决定，所以答案是 5×5×3=75。

14. 考查二叉树的遍历。后序遍历最后一个结点 A 是根。中序遍历中，A 的左边 DBGEHJ 是左子树，右边 CIF 是右子树。依次类推可画出完整的树，再求先序遍历序列。

15. 考查常识问题，答案是图灵奖。

二、阅读程序

（一）

题号	16	17	18	19	20	21
答案	×	√	×	√	B	B

【思路解析】

16. 可以输入包含其他字符的字符串。

17. 不能对 0 进行取余操作。

18. 求约数，不是判断质数，i*i<=n 只能取到 n 的前半部分约数。

19. 按题意说明即可判断要求特定位置的大小写转换。

20. 18 的约数是 1，2，3，6，9，18。所以最多判定 6 次。

21. 和上题同理。枚举 4 个选项。36 有 9 个约数，1 有 1 个约数，128 有 8 个约数，100000 有 36 个约数。故选 B。

（二）

题号	22	23	24	25	26	27
答案	√	×	×	×	A	A

【思路解析】

22. 按照题意，a 数组和 b 数组赋值为 0，若 a[x] < y && b[y] < x 成立，计算求和，最终结果肯定小于 2n。

23. 不一定，可以举例求出 ans 不是偶数的情况。

24. 举例即可找到反例。

25. 同样举例可以实现。

26. 根据题意，m 次循环中会有 2m 个位置的值会变化，ans=2n−2m。

27. 如果 m 个 x 各不相同，那么循环里面的 if 都不会执行。对数组 a，b 赋值，只修改了 2 个位置。也可举以下例子。

3 3

3 3

2 3

1 3

答案是 4。

（三）

题号	28	29	30	31	32	33
答案	×	√	A	D	D	B

【思路解析】

28. 分析代码，有重复的数字不会导致程序运行出错。

29. 如果 b 数组是 0，那么可以递归函数的退出条件 l>r 返回 0，根据 "return lres + rres + depth * b[mink];"，返回结果总是 0。

30. 最坏的情况下，a 有序，总是求 mink 和 min 最小值，需要判断 100+99+98+…+2+1=5050，选 A。

31. 最好的情况下，每次都二分，总次数为 100，层数为 6<$\log_2 100$<7，总次数约为 [6*100,7*100]，选 D。

32. n＝10，深度最大是10，根据代码：1*b[0]+2*b[1]+…+10*b[9]＝1*1+2*2+3*3+…+10*10＝385。

33. b[i]＝1，即求一个总共有100个结点的完全二叉树，结点深度之和最小为多少。画图后，计算为 1*1+2*2+4*3+8*4+16*5+32*6+37*7＝580。

三、完善程序

（一）

题号	34	35	36	37	38
答案	C	D	B	B	B

【思路解析】

34. 当需要计算的是单位矩阵时，相应元素赋值为t，不需要再经任何变换。

35. 根据题意有四个方向，x，y是当前坐标。根据下面参数，参数分别是x,y;x,y+step;x+step,y;x+step,y+step。

36. 左上角 (x, y) 且大小 2n×2n 的矩阵，可以分成 4 个 (2n−1)×(2n−1) 的矩阵分别计算。此处需要计算的是 4 个矩阵中位于右下方的矩阵，该矩阵的左上角坐标为 (x+2n−1, y+2n−1)。

37. 第一次调用 recursive 函数，n 是矩阵规模，初始值为 n，t 是取反次数，所以 t 初始为 0 或者 1。

38. size 是输出矩阵的边长，即 2^n，位运算是 1<<n。

（二）

题号	39	40	41	42	43
答案	B	D	C	A	B

【思路解析】

39. 提示：应先对第二关键字排序，再对第一关键字排序。

40. cnt[b[i]] 表示第 i 个数按第二关键字排序。ord[i] 表示第 i 个数的原位置值。

41. 对第一关键字进行计数。

42. 对应填空②，此处 res[i] 记录第一关键字第 i 的数的原位置。

43. res[i] 记录第 i 个数的原位置值，根据该值输出 a、b 两个数组。

2024 CSP-S CCF 非专业级别软件能力认证第一轮答案及思路解析

一、单项选择题

题号	1	2	3	4	5	6	7	8	9	10	11	12	13	14	15
答案	A	A	C	B	B	B	D	A	B	D	A	C	B	C	D

【思路解析】

1. pwd（print work directory）命令用于显示工作目录。cd（change directory）命令用于改变当前工作目录的命令，切换到指定的路径。ls（list directory contents）命令用于显示指定工作目录下的内容。echo 命令通常用于 shell 脚本中，用于显示消息或输出其他命令的结果。

2. n 个元素找最大值，最坏情况下每个元素都要参与比较，要比较 n−1 次，时间复杂度为 O(n)。

3. C 选项是递归函数，没有递归出口，会一直递归调用，直到栈溢出。

4. 依次选取金牌、银牌、铜牌选手，金牌 10 种选法，银牌 9 种选法，铜牌 8 种选法，结果是 10 选 3 的排列，A(10,3)=10*9*8=720。

5. 实现先进先出（FIFO，first in first out）功能的最适合的数据结构是队列（queue）。

6. 按公式计算即可，注意是向下取整。

f(1)=1

f(2)=f(1)+f(1)=2

f(3)=f(2)+f(1)=2+1=3

f(4)=f(3)+f(2)=5

7. 欧拉无向图是指含有欧拉回路的无向连通图。欧拉回路，要求通过图中所有边，且每边仅通过一次，并且最终回到起点。欧拉图中，奇点（度数为奇数的点）个数为 0，所有点度数均为偶数，A 正确。该图连通，所以 B 正确。存在欧拉回路，所以 C 正确。对于 D 选项，比如一个四个点练成一个圈，四条边，也是一个欧拉图，显然边数不一定是奇数，所以 D 错误。

8. 二分查找，序列必须是有序的。

9. 计算逆元，可以使用扩展欧几里得解法，由于 m 不一定是质数，所以不能用费马小定理，也就不能用快速幂。

10. 最好情况：当没有发生冲突时，直接找到目标元素，时间复杂度为 O(1)。

最坏情况：当所有元素都映射到同一个位置时，需要遍历整个哈希表，时间复杂度为 O(n)。

平均情况：平均情况为 O(1/(1−a))，其中 a 为装载因子。

11. 根结点深度为 1，h 层的完全二叉树最多有 2^h-1 个结点，可以用 h=1 的特值计算。

12. 首先，从 10 个顶点中选 4 个点的全排列为 A(10, 4)。

其次，因为是一个环，相当于 4 个点的圆排列，所以要除以 4。

再者，一个环，顺时针看和逆时针看是对称的，所以再除以 2。综上，结果为 A(10,4)/4/2=10*9*8*7/4/2=630。

13. 将选项代入公式，f(f(199))=f(19)=10，所以选择 B 选项。

14. 最坏情况是 k 个 1 全部在左侧，通过交换全部移动到最右侧。一个 1 移动到右侧交换 (n−k) 次，共需要 (n−k)*k。

15. 可以删除 {(1,2)(4,6)}，{(2,5)(4,6)}，{(4,6)(5,7)}，(6,7)(5,7)}，共 4 种情况。

二、阅读程序

（一）

题号	16	17	18	19	20
答案	√	×	×	B	C

【思路解析】

题述代码可实现快速排序，以首个元素为基准，将所有小于基准的元素放在左侧，大于基准的元素放在右侧。代码实现时，每次找到左侧一个大于基准的元素与右侧一个小于基准的元素交换。注意有一个参数 depth 用来控制快排递归的层数。

此外，logic 函数进行一系列位运算，19 题解释了这个函数实际是按位或；generate 函数用于对给定参数生成一个序列。

16. 快速排序时，d 是快排递归的层数，d>=b 时，一定是排好序的。

17. 输入生成的序列为 5 5 1 1 5，d=1，模拟代码操作一次以后，序列变为 5 1 1 5 5。

18. 快排的最坏时间复杂度时 $O(n^2)$。

19. 可以发现都是位运算，因此考虑 x，y 分别为 0/1 的四种可能，根据结果可知是求按位或。

x	y	logic(x,y)
0	0	0
0	1	1
1	0	1
1	1	1

20. 排序 100 层，最后一个数一定是生成的数里的最大值，相当于问 (10|0)%101 到 (10|99)%101 里的最大值，10|95 = 95，是能取到的最大值。

（二）

题号	21	22	23	24	25	26
答案	√	√	√	B	C	C

【思路解析】

先看 solve2 函数，因为循环里主要和 n 相关，循环变量 i 枚举了 2^n 种可能，然后枚举 n 位，这样操作完成后，num 就是 s 串和 i 状态对应的一个子序列，cnt 统计 i 中 1 的数量，也就是当前枚举的子序列的长度，因而答案就是对所有长度小于等于 m 的子序列的二进制值求和。

而 solve 是一个 dp 的转移，分析可得是求长度小于等于 m 的子序列，只有 2^m 种可能，因而循环变量 i 枚举第 i 位，循环变量 j 枚举子序列。

如果选择第 i 个字符：dp[i][(j << 1) | s[i] – '0'] += dp[i−1][j]，代表之前的子序列是 j，现在选择了第 i 个字符，子序列变成 (j << 1) | s[i]−'0'。如果不选择第 i 个字符：dp[i][j] += dp[i−1][j]；这个 dp 类

似背包问题，因而可以优化掉第一维，同时注意需要倒着枚举。

此时再看代码中的特判，if (j != 0 || s[i] == '1')，只有之前序列不是空的，或者现在选的字母是 1 时才转移，即不能在序列最开始选 0。

总结：solve2() 为统计 s 串所有长度不超过 m 的子序列，t 对应二进制值的和；solve() 为统计 s 串所有长度不超过 m 的子序列，t（不能包含前导零）对应二进制值的和。

21. 分析函数里面的循环，时间复杂度是 $O(n2^m)$。

22. m=2，只有 0，1，01，10，11 共 5 种子序列，分别统计求和。注意 0，01 是有前导零的方案，1，10，11 是无前导零的方案。

23. 字符串为全 1 答案最大，此时值不超过 4^{10}。solve() 为统计 s 串所有长度不超过 m 的子序列 t（不能包含前导零）对应二进制值的和，字符串全 1 时，每个字序列都是全 1，这时的结果一定是最大的且不超过 $(1111111111)_2 = 2^{10} - 1$，一共有 2^{10} 个子序列，所以结果 $<(2^{10} - 1) * 2^{10} < 4^{10}$。

24. 要结果一致就要保证所有包含前导零的方案的和为 0，也就是 s 只能是一段 1 加上一段 0，共有 11 种方案，即 0000000000，1000000000，1100000000，…，1111111111，共 11 个。

25. 直接对每个长度的子序列分别计数，就可以得出答案。1*C(6,1) + 3*C(6,2) + 7*C(6,3) + 15*C(6,4) + 31*C(6,5) + 63*C(6,6) = 665。

26. 01111111 是差值最大的方案，这种情况下，包含前导零的方案正好对应一个不包含前导零的方案。差值就是前导零方案生成的，计算可以发现 01111111 的输出结果差值大于 00111111，总结归纳，得出一定是一个 0 之后全为 1 时差值最大。

（三）

题号	27	28	29	30	31	32
答案	√	×	√	C	A	C

【思路解析】

本题涉及埃氏筛法，哈希算法，其中哈希算法使用的是双哈希，我们可以发现每个元素通过埃氏筛法得到了初始值 p[]，这个数组 0 代表合数，1 代表质数。

另外主函数将序列变成了一个完全二叉树的形式，合并时 h[i] = h[2 * i] + h[i] + h[2 * i + 1]，观察 H 结构体，重新定义的 +，可以发现这是哈希算法通过两个子串 s1，s2 的哈希值，求出 s1 和 s2 的哈希值的过程，这部分代码是在拼接 p[]。

27. sort 的平均时间复杂度是 $O(n\log n)$。

28. init 函数的瓶颈在埃氏筛法，时间复杂度是 $O(n\log\log n)$，整体的瓶颈在 sort 函数。

29. 有可能出现哈希结果冲突，如果把 B1 改成 1，那 H 结构体里的 h1 就变成统计 1 的数量，另一组 hash 值也容易发生冲突。

30. 按照字符串的合成顺序：左孩子→自己→右孩子，符合中序遍历的顺序。

31. 把序列构建成树的形状，依次向上合并，可以得到 H(1) 对应的二进制串是 0001010011，哈希的结果为 83。如图所示。

32. 第 66 行调用 unique，这一段代码是去重操作，输出的第二个值 m 正是去重后的数量，类似上一题的方式画出树，统计不同二进制串的数量，共 10 个。

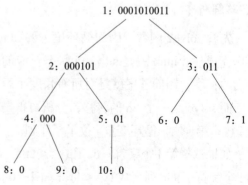

三、完善程序

（一）

题号	33	34	35	36	37
答案	A	A	A	A	A

【思路解析】

根据题意，可以用自定义样例数据来带入，求解。例如：a[]={1,2,3,4,5}；b[]={1,1,1,1,1}，k=4。

33. upper_bound 函数，找到第一个大于的位置。根据参数是指针，如果没有答案，r 应该指向最后一个没有元素位置，也就是 n，地址就是 an-a。

34. 找大于的元素，故选 A。

35. 返回 a 数组的第 1 个位置。

36. 根据主函数的语句，执行 solve 函数，求 r 等于多少。根据范围，取不到 a[n] 和 b[n]，数字最大可能是 10^9，故答案选 A。

37. 模拟运行 get_rank 函数，rank 关键字，含义有排行的意思，带入自定义样例数据模拟运行，mid=3，小于 3 的就有 5 个，因此，答案要小于 3。只能 AB 选项。B 选项等于的时候，L=mid+1，mid 可能是答案，B 选项排除掉了。因此选 A。

（二）

题号	38	39	40	41	42
答案	A	A	B	A	A

【思路解析】

次短路求解的逻辑是次短路一定是从前一个点的最短路／次短路更新来的，否则一定可以找到一条更短的路来替代它。因为本题代码的思路是在算法中定义 2n 个点，前 n 个点表示最短路，后 n 个表示次短路，所以在之后求解的过程中，只需要通过点的 id 是否小于 n，就能判断是最短路还是次短路。由于两类点共用一组边，所以对点 i 枚举边时，只需要枚举 i%n 保存的连边即可。

更新的逻辑是假如从点 a 的最短路更新点 b，首先判断当前距离是否小于 b 的最短路。如果满足，那么 b 之前的最短路应该变成次短路；如果不满足，再去和 b 的次短路做比较。假如从点 a 的次短路更新点 b，直接和 b 的次短路做比较即可。

38. 相当于 dis[0] 到 dis[n-1] 保存最短路，dis[n] 到 dis[2n-1] 保存次短路，在此之前的判断说明找到了新的最短路，那么应该将之前的最短路更新为次短路。upd(int a, int b, int d, priority_queue<pair<int, int>> &q) 用来更新从 a 更新一条到 b 的最短路为 d，当 b>n 时，相当于是 b%n 的次短路。

39. q 是优先队列，用来维护距离，优先队列默认排序是从大到小，是大根堆，所以应该存负的 dist，队首元素绝对值才能是最小值，pair 里保存的数据是距离在前，节点编号在后。

40. 注意无解的判断是 dis2[t] == inf，而 inf = 0x1f1f1f1f，所以 memset 时应该是 0x1f。

41. 如果当前找到的路径比之前找到的最短路大，那么应该再和次短路做比较，也就是从 a 更新一条到 b 的次短路（对应结点编号 b+n）。

42. 也可以输出 pre[a]，题目中没有这个选项，注意到 pre2=pre+n；所以 a 大于等于 n 时，pre2[a%n] 等于 pre[a]。

2023 CSP-S CCF 非专业级别软件能力认证第一轮答案及思路解析

一、单项选择题

题号	1	2	3	4	5	6	7	8	9	10	11	12	13	14	15
答案	B	A	A	C	B	A	C	B	A	C	A	C	C	B	A

【思路解析】

1. linux 中创建目录命令是 "mkdir"。mkdir 命令是 make directories 的缩写。

2. 最高位有 4 种选择，后面的百位、十位、个位分别是 4、3、2 种，因此：$4×4×3×2=96$。

3. 渐进时间复杂度就是当 n 趋于无穷大的时候，f(n) 得到的极限值；m=O(n) 指当 n 趋于无穷大的时候，m 趋近于 n。显然排除 B，C，而 $O(\log\log n)<O(\sqrt{\log n})$，$O(m\sqrt{\log n}\log\log n)=O(n\sqrt{\log n}\log\log n)<O(n\sqrt{\log n}\sqrt{\log n})=O(n\log n+m)$，故选 A。

4. 假设四根柱子分别为 a，b，c，d，放置的顺序和编号为 a1，b2，c3，d4，d5，c6，b7，a8，b9，c10，d11，最多可以放置 11 个圆环。

5. 可参考哈夫曼树的定义。

6. 完全三叉树可以用 2 种颜色进行染色，其他数据结构不一定会少于 2 种。

7. 分析一下 2 个字符串：

ABCAAAABA

ABABCBABA

发现前 2 个和后 3 个是一样的，中间有 1 个公共子序列 C，则最长公共子序列为 ABCABA，因此答案是 C。

8. 解析：（x，y）共有 6*6=36 种情况。

①x=y：6 种，受益为 0；

②x≠y，x=1：5 种，受益为 2；

③x≠y，x=2：5 种，受益为 4；

④x≠y，x=3：5 种，受益为 6；

⑤x≠y，x=4：5 种，受益为 8；

⑥x≠y，x=5：5 种，受益为 10；

⑦x≠y，x=6：5 种，受益为 12。

受益期望为 $\dfrac{6}{36}×0+\dfrac{5}{36}×(2+4+6+8+10+12)=\dfrac{35}{6}$。

9. 根据优先级计算 3&5=1，后面跟着 || 运算，之后的计算可以不做，数据类型是 bool 类型，故选 A。

10. 该数列是有序数列，是快速排序中遇到的最坏的情况，时间复杂度是 $O(n^2)$。因此选 C。

11. 可参考 g++ 的命令格式，选 A。

12. 树的重心可以是 1 到 2 个，奇数个结点的树，重心只有 1 个。

13. 根据图发现，3 条边（1-3,3-4,4-1）构成 1 个回路，去掉任意 1 条即可，因此有 3 条边可作为候选，选 C。

14. f 的作用是求某 16 进制数的各位数字之和，如果不动点为 9，那么该数字有两种情况：①各位数字之和为 9，这种情况有 108/117/126/135/144/153/162/171/180 共 9 个数字；②各位数字之和为 24=$(18)_{16}$，所以 f(24)=9，这种情况有 18F 和 19E 共 2 个数字。总共 11 个数字。

15. 根据代码，要处理数据规模是 n 的函数可以推出 T(n)=2T(n/2)，可以根据主定理，或者变量带入 n=2^k，求出时间复杂度是 O(n)。（主定理：a=2, b=2, f(n)=0）

二、阅读程序

（一）

题号	16	17	18	19	20	21
答案	√	×	√	×	B	D

【思路解析】

16. 只有 x=0 的时候，运算才得 0。

17. unsigned int 是 4 个字节，unsigned short 是 2 个字节，会溢出。

18. 当输入为"65535"时，二进制是 1111111111111111，位运算可以得出答案。

19. 当输入为"1"时，二进制是 0000000000000001，位运算可以得出答案。

20. 512 的二进制是 1000000000，计算可得 B 选项。

21. 64 的二进制是 0000000001000000，计算可得 D 选项。

（二）

题号	22	23	24	25	26	27
答案	×	×	√	D	B	B

【思路解析】

22. reverse(d.begin(),d.end())；这条语句是翻转整个数组，删除 15 行之后排列的数组是正序，输出内容就发生改变。

23. solve2() 和 solve1() 求的是接近 n2 的值，输出的结果都是相同的。

24. solve2() 和 solve1() 输出结果相同。

25. 主要看 for 循环嵌套的循环次数，和埃氏筛法相似，每次循环变量变化不一样。时间复杂度为 D 选项。

26. 观察函数，里面是一重循环，时间复杂度是 O(n)。

27. 代入代码计算可得。

（三）

题号	28	29	30	31	32	33
答案	√	√	√	C	B	B

【思路解析】

28. 原来的代码，在左区间查找，移动 h=m，包含中间值 m 的情况，如果改成 m−1，即中间 −1，不包含中间值，那么在中间值不是我们要找的结果的时候，是正确的。所以题里面说输出有可能不变是正确的，剩下的情况，因为把中间值 −1，不包含中间值的情况，因此题里面说剩下情况少 1，也是正确的。

29. g+(h−g)/2=g+h/2−g/2=(g+h)/2=(g+h)>>1。

30. 代入程序，当 m ≤ 4 时，函数返回值为 false，当 m ≥ 5 时，函数返回值为 true，所以输出最小值为 5。

31. f 函数的 sort 排序是 nlogn，二分算法时间复杂度是 logA，f0 函数是双指针算法，是 O(n)，时间复杂度是 nlogn+nlogA=O(nlog(An))。

32. 加上 >= 代表相同的数也统计，所以一定小于等于且不一定小于是正确的。

33. 验证程序，当 m ≥ 14 时，函数返回值为 true，所以输出最小值 14。

三、完善程序

（一）

题号	34	35	36	37	38
答案	B	A	A	D	C

【思路解析】

34. f[u] 记录的是从 u 开始向后可以走的路径数量，当 f[u]>=k 时，说明要走第 k 大的路下一步需要走 u，故选 B。同时若 f[u]<k，则说明走完 u 之后的全部路径也不够 k，因而 k-=f[u]，并继续寻找。

35. 求图的拓扑序，当点度数为 0 时，将该点放入队列，因为在 --deg[v] 之前操作，需要判断 deg[v] == 1，故选 A。

36. 求出拓扑序后 dp 求 f[u]，f[u]=1+sum{v in E[u]}f[v]，故选 A，与 LIM 取 min 是为了保证不超出 long long 范围。

37. 结合 38 题，当 k=1 时，再 --k 后，k=0，此时已经找到了答案，因而不需要再继续循环找新的结点，故需要再 k=1 时退出循环，即 while(k>1)，选 D。

38. 每次走到一个新点，需要减去从初始结点走到该结点的方案，所以需要 --k，选 C。

（二）

题号	39	40	41	42	43
答案	D	B	A	C	A

【思路解析】

39. pre 数组求出 [mid, r) 中的前缀 max，sum 数组求出 [mid, r) 中的前缀 max 和，故选 D。

40. 对于固定的左端点 i，求解右端点在 [mid, r) 的所有答案，可以发现区间 [mid, r) 中的点被分为左右两份，对于左半部分 [mid, j)，$\forall x \in [mid, j)$, $\max\{a_i, a_i+1, ..., a_x\}$=max，其中 max 就是题中维护的 max，对于右侧部分 [j, r)，$\forall x \in [j, r)$, $\max\{a_i, a_i+1, ..., a_x\}$=$\max\{a_{mid}, a_{mid}+1, ..., a_x\}$=$pre_x$，而两部分的边界 j，就是第一个满足 a[j]>=a[i] 的 j，即 while (j < r && a[j] < a[i])，故选 B。

41. 该部分在统计 40 题的解析提到的左半部分 [mid, j) 的贡献，由定义可知，左端点为 i，右端点在 [mid,j) 中时，区间的最大值即为统计的 max，故这些区间的总贡献为 (r−j) * max，选 A。

42. 该部分在统计 40 题的解析提到的右半部分 [j,r) 的贡献，由定义可知，左端点为 i，右端点在 [j, r) 中时，区间的最大值即为，故这些区间的总贡献为选 C。

43. 根据 solve 中的实现和边界条件 if (l+1 == r)，可以发现 solve(l, r) 在统计区间 [l, r) 中的答案，故应为 solve(0, n)，选 A。

2022 CSP-S CCF 非专业级别软件能力认证第一轮答案及思路解析

一、单项选择题

题号	1	2	3	4	5	6	7	8	9	10	11	12	13	14	15
答案	B	A	D	C	A	B	C	B	D	A	C	D	B	B	B

【思路解析】

1. Linux 中 "cd" 为切换目录命令。

2. "real" 为实际时间，"user" 为用户 CPU 时间，"sys" 为系统 CPU 时间。

3. 考查栈的基本操作。

4. 考查归并排序最坏时间复杂度是 $O(n\log n)$。

5. 考查基数排序的性质。

6. 考查计算机内存知识，选最低位的 EF，选最高位的 DE。

7. 考查多叉树。前序遍历为先遍历根结点，然后对子结点按照从左至右的顺序依次前序遍历。因为是 5 层完全树的结点是 $1+3+9+27+81=121$，根结点每个孩子的结点总数是 40，最右边的子树根结点是 82，100 在第 3 课子树，模拟求出 100 的父结点是 97。

8. 连通图不一定满足 B 选项。

9. 考查欧拉回路，可以带入特定值验证。

10. 根据题意是组合问题，$C(8, 2)=28$。

11. $10^3 \times 26^2 = 676000$。

12. 解决哈希表冲突，带入模拟即可。

13. 第一层循环 n 次，第二层每次都乘 2，是 $\log n$ 次，选 B。

14. 两两比较，最坏会比较 $n-1$ 次。

15. ack 函数用递归算法求解。代入数据，求出答案。

二、阅读程序

(一)

题号	16	17	18	19	20	21
答案	√	×	√	D	A	B

【思路解析】

16. 字符串做匹配运算，无此结果输出 −1。

17. 从下标 0 开始存储，输出应该是 3。

18. 最后一次会直接跳到后面的 3 个位置，只会执行 2 次。

19. 存储字符跳跃最小值，最坏的情况下会执行所有次数，所以是 O(nm)。

20. f 函数记录的是匹配过程中，字符串 a 中找字符串 b 第一次出现的位置。

21. 按照程序模拟求解即可。

（二）

题号	22	23	24	25	26	27
答案	×	×	√	D	D	C

【思路解析】

22. 基数排序是稳定的排序算法。

23. cnt 数组和 k 的大小有关。

24. 双重循环，第一重执行 m 次，第二重执行 n+k 次，所以时间复杂度是 O(m(n+k))。

25. 3 进制的第一位比较，即数字 2，2，1，1，1 比较。

26. 复杂度和 n 有关，n 不同，k 不同。

27. 数字只有一位，计数排序。

（三）

题号	28	29	30	31	32	33
答案	√	×	√	A	B	B

【思路解析】

28. 求时间复杂度，正确。

29. 需要强制转换，否则会输出 int 类型值。

30. 根据题意，余数会加一。

31～33. 这三道题是同一类型，按输入数据模拟执行，求出结果即可。

三、完善程序

（一）

题号	34	35	36	37	38
答案	C	B	C	C	A

【思路解析】

34. m1 和 m2 代表 2 个数组的一半的位置，比较 k 应该在哪个区间。

35. 比较两个数组中间位置的元素的大小，求小的值，因此两者大的放在合并序列最后。

36. while 循环结束后，应找到答案，得到第 k 小值在哪个数组中。根据③里面 if 语句判断，选 C。

37. 总长度是 k，a_1 提供 left1-1 个元素，相减得到 a2 数组的下标。

38. 总长度是 k，a_2 提供 left2-1 个元素，相减得到 a1 数组的下标。

（二）

题号	39	40	41	42	43
答案	A	C	A	A	C

【思路解析】

39. ①上面 t 的值表示容器还能装多少水，下面操作应该是容器 2 中的水倒入容器 1。

40. 思路与上相同，下面操作是容器 1 中的水倒入容器 2。

41. 两个容器任意一个有 C 升的水则退出。

42. 是否需要将容器 2 的水倒入容器 1。

43. 是否需要将容器 2 的水倒入容器 1。

2021 CSP-S CCF 非专业级别软件能力认证第一轮答案及思路解析

一、单项选择题

题号	1	2	3	4	5	6	7	8	9	10	11	12	13	14	15
答案	A	B	A	C	C	C	C	B	D	A	A	C	C	C	B

【思路解析】

1. ls 命令用于显示指定工作目录下的内容（列出目前工作目录所含的文件及子目录）。

2. 考查二进制加法。

3. 递归需要使用到系统栈空间。

4. 选择排序、希尔排序、快速排序、堆排序是不稳定的排序。

5. 先将 2n 个数字两两比较 n 次，将数字分为两组：大的一组，小的一组；大的组进行 n−1 次比较得出最大值；同理小的组进行 n−1 次比较得出最小值，总共 n+n−1+n−1=3n−2 次。

6. 按照函数 hash 计算即可。

7. 注意是非连通图，9 个点最多构成的边是 9×8/2=36 条边。非边通图至少再加一个点，所以选 C。

8. 树为完全二叉树时高度最小，所以 $2^{10} \leqslant 2021 < 2^{11}$。

9. 根据前序遍历和中序遍历去验证。

10. ADCFEB->ACDFEB->ACDEFB->ACDEBF->ACDBEF->ACBDEF->ABCDEF，共 7 次。等同于冒泡排序求逆序对，有 7 对。

11. 根据用费马小定理，p 是素数，$a^{p-1} \equiv 1（\bmod p）$，所以 $522 \equiv 1(\bmod 23)$。

12. 考查斐波那契数列，T(n)=T(n−1)+T(n−2) 时间复杂度是 $O(2^n)$。

13. 只选 1 个苹果，有 8 种结果；选 2 个苹果，根据插空法，有 C(7, 2)=21 种；选 3 个苹果，有 C(6, 3)=20 种；选 4 个苹果，有 C(5, 4)=5 种。选 5 个以上没答案。8+21+20+5=54。

14. a=b≠c 的情况：边长为 1，无解。边长为 2，有 2+2−1−1=2 种。边长为 3，有 4 种。边长为 4，有 6 种。后面 5 到 9 都有 8 种。所以 8×5+6+4+2=52。而 a=b=c 有 9 种。所以 52×3+9=165。

15. 用单源最短路径模拟。

二、阅读程序

（一）

题号	16	17	18	19	20	21
答案	√	×	×	√	D	C

【思路解析】

16. 没有任何需要向下取整的操作，并且结果也是 double。

17. sqrt 返回浮点值，除 2 返回整数，丢失精度。

18. 类型不匹配，函数内是 int 类型，x 和 y 是 double 类型。

19. 手动模拟推导。

20. 可以举例，例如半径 r=1，4/3×π。

21. 分析代码，是求球的体积交。

（二）

题号	22	23	24	25	26	27
答案	√	×	×	B	C	B

【思路解析】

22. 分析代码该说法正确。用两种算法求最大子段和，结果不变。

23. 当区间只有 2 个数值时（二分），相等会被特判，不会执行。

24. n=5，最大字段和是 11。

25. 分析程序，得出 $T(n)=2T(n/2)+1$，推导可得时间复杂度是 $O(n)$。

26. 执行次数是 $T(n)=2T(n/2)+n$，时间复杂度是 $O(n\log n)$。

27. 根据数据 n 是 10，最大字段和为 2 10 0 −8 9 −4 −5 9 4＝17。

（三）

题号	28	29	30	31	32	33
答案	×	√	×	B	D	D

【思路解析】

28. 解码成换行符 '\n'，就不会只是一行。

29. 正确。题目里加了不含空白字符的条件，所以操作可以互逆。

30. 模拟程序，答案错误。W 应该是小写。

31. 只有一个 for 循环，时间复杂度是 $O(n)$。

32. table 数组是 char 类型，char 类型占用一个字节，第 15 行初始化 0xff，11111111 是 −1 的补码。结果是 −1。

33. 直接模拟解决问题。0 表示 enoode，对 3 取模得 1，模拟代码得到答案。

三、完善程序

（一）

题号	34	35	36	37
答案	D	A	D	C

【思路解析】

34. 4 的操作数是 1。

35. 根据题意，n 没算出来不会结束。

36. 根据题意，选出一个 x，满足 F 值最小且没有访问过的。

37. 选出来后再进行下一次判断。

（二）

题号	38	39	40	41	42	43
答案	A	D	A	D	D	C

【思路解析】

38. 建笛卡尔树，根据题意，新元素的左儿子设为最后一个出栈数据。

39. 栈顶元素的右儿子设置为新元素，然后将其做入栈操作。

40. 代码中的 min 函数求最小值，按照笛卡尔树的性质，深度越小值越大。

41. 根据题意，只有 +1 和 −1 两种操作，用二进制表示这两种情况，存储信息。

42. 结合上下代码，其目的是遍历差分二进制 2^{b-1} 对应的最值的位置。求深度最小，S 需要右移，表示朝深度降低的方向求解。

43. 查询区间 (l, r) 的值，p 是块的值，块中的结点深度关系存储在 Dif 数组中，将数组中的值赋值给 S。